低碳自密实混凝土基础与应用

龙武剑 等 著

科 学 出 版 社

北 京

内 容 简 介

本书针对现代自密实混凝土面临的使用效能低、环境负荷大、协同设计难的问题，深入探讨了低碳自密实混凝土设计理论与方法。基于复合颗粒堆积理论，研究了可压缩堆积模型及其修正模型，阐明了多粒级微粉体系、骨料体系颗粒复合堆积的复杂性机理，分析了堆积密度与塑性黏度、屈服应力关联影响规律，提出了全材料尺度颗粒最紧密堆积低碳自密实混凝土设计方法，最后对机器学习方法应用于低碳自密实混凝土多性能预测及协同设计进行了介绍。本书对于推广应用低碳自密实混凝土、促进现代土木工程绿色高质量发展具有重要参考价值。

本书可作为高性能混凝土材料相关领域的研究人员，以及高等院校土木工程和建筑材料专业研究生的参考用书。

图书在版编目（CIP）数据

低碳自密实混凝土基础与应用 / 龙武剑等著. —北京：科学出版社，2024.6

ISBN 978-7-03-078040-9

Ⅰ. ①低… Ⅱ. ①龙… Ⅲ. ①混凝土－研究 Ⅳ. ①TU528

中国国家版本馆 CIP 数据核字（2024）第 039509 号

责任编辑：郭勇斌 邓新平 常诗尧 / 责任校对：高辰雷
责任印制：赵 博 / 封面设计：义和文创

科学出版社 出版
北京东黄城根北街 16 号
邮政编码：100717
http://www.sciencep.com
三河市春园印刷有限公司印刷
科学出版社发行 各地新华书店经销
*
2024 年 6 月第 一 版 开本：720 × 1000 1/16
2025 年 1 月第二次印刷 印张：14 3/4
字数：290 000

定价：158.00 元

（如有印装质量问题，我社负责调换）

缩 写 表

ANFIS，adaptive neuro-fuzzy inference system，自适应神经模糊推理系统
ANN，artificial neural network，人工神经网络
BP，back propagation，反向传播
BSF，binder space factor，胶凝材料颗粒间隙指数
C，cement，水泥
CA，coarse aggregate，粗骨料
CG，cement grade，水泥等级
CPM，compressible packing model，可压缩堆积模型
CSF，cement space factor，水泥颗粒间隙指数
DDE，dynamic data exchange，动态数据交换
DL，deep learning，深度学习
ECSF，equivalent cement space factor，等效水泥颗粒间隙指数
FA，fly ash，粉煤灰
FD，fractal dimension，分形维数
GA，genetic algorithm，遗传算法
GBM，gradient boosting machine，梯度提升机
GEP，gene expression programming，基因表达式编程
HPC，high-performance concrete，高性能混凝土
IPP，image pro-plus，数字图像处理技术手段
LP，limestone powder，石灰石粉
LSSVM，least square support vector machine，最小二乘支持向量机
LSTM，long short term memory，长短期记忆
MAE，mean absolute error，平均绝对误差
MAXD，maximum particle diameter，最大颗粒直径
ML，machine learning，机器学习
MSE，mean square error，均方误差
NT，nano-TiO_2，纳米二氧化钛
PCE，polycarboxylate superplasticizer，聚羧酸高效减水剂
PR，pass rate，通过率

PSD，particle size distribution，粒径分布

RASCC，recycled aggregate self-compacting concrete，再生骨料自密实混凝土

RBF，radial basis function，径向基函数

RBFNN，radial basis function neural network，径向基函数神经网络

RF，random forest，随机森林

RFECV，recursive feature elimination with cross-validation，带交叉验证的递归特征消除法

RMSE，root mean square error，均方根误差

RVM，relevance vector machine，相关向量机

S，sand，砂

SCC，self compacting concrete/self-consolidating concrete，自密实混凝土

SF，slump flow，坍落扩展度

SHAP，shapley additive explanation，SHAP 解释机器学习模型输出

SSM，solid suspension model，固体悬浮模型

SVM，support vector machine，支持向量机

SVR，support vector regression，支持向量回归

UFS，ultra-fine sand，超细砂粉

VF，v-funnel emptying time，V 漏斗排空时间

VSI，visual stability index，视觉稳定性指数

前　言

随着我国社会、经济高质量发展进程加快，现代大型基础设施已逐渐向深地、深海、深空、极地等地域规模化拓展。上述工程往往面临自然灾害、极端气候等恶劣复杂环境的作用，对混凝土材料的各项性能提出了更高的要求。同时，水泥混凝土行业是“中国建造”品牌和国民经济发展的基础支撑性产业，在建筑行业“碳达峰、碳中和”进程中，承担着重要的使命与责任。混凝土材料从生产到使用的全生命周期都在产生碳排放，大量的能源消耗及CO_2排放与全球绿色可持续发展主题相悖。在此背景下，减少建筑业对环境的负面影响变得尤为重要。因此，迫切需要开发更环保的建筑材料，以适应当今社会可持续发展带来的挑战。自密实混凝土是混凝土材料领域的创新技术，能够显著提高混凝土的性能和施工效率。

虽然自密实混凝土具有出色的施工便利性，但需要指出的是，为了保证其良好的工作性能，自密实混凝土配合比设计中水泥的用量通常高于普通混凝土。较高的水泥用量会导致混凝土产生较大的徐变、收缩，增加额外的经济成本和碳排放。考虑到环境负荷问题，在保证各项性能的前提下，如何在其制备过程中减少水泥用量，减轻对环境的压力，仍然是一个亟待解决的技术挑战。此外，原材料构成的多样性及胶凝材料水化进程的复杂性，导致自密实混凝土材料设计“节材”与“增效”存在一定矛盾。使用传统的基于经验试错法设计的自密实混凝土存在设计不精细、试错成本高、设计周期长等问题，需要寻求新技术，进行自密实混凝土性能精确预测及智能化设计，实现在降低碳排放的同时，保障现代工程自密实混凝土性能的复杂需求。

本书主要内容涵盖多个方面，包括自密实混凝土的模型理论、性能研究、设计方法、仿真分析和机器学习应用等。深入探讨了基于颗粒堆积理论的设计原则，介绍了可压缩堆积模型及其修正模型，讨论了如何优化堆积密度以实现低碳自密实混凝土的设计目标。利用最新的机器学习方法，进行低碳自密实混凝土的建模和性能预测。采用机器学习方法进行低碳自密实混凝土材料设计，能够大幅提高设计效率、减少人工和材料成本、降低环境影响，为保障高性能混凝土结构的低能耗、安全性、耐久性提供新的路径，对推动建材行业数字化、智能化转型和低碳化发展具有重要意义。本书还提供了实验室测试、仿真分析和实际应用案例，以帮助读者更好地理解和应用这些方法。

本书分工如下：龙武剑策划和组织全书撰写；龙武剑参与了第 1 章和第 2 章

的撰写，胡凯玥、耿松源参与了第 3 章的撰写，罗启灵、胡凯玥参与了第 4 章的撰写，冯甘霖参与了第 5 章的撰写，程博远参与了第 6 章的撰写；最后由龙武剑、罗启灵负责修改、补充并定稿。

如果没有邢锋教授的直接指导，本书研究工作很难按照既定路径和时间完成。感谢美国密苏里科技大学 Khayat Kamal 教授以及深圳大学董必钦教授对本研究技术工作的支持。感谢深圳大学土木与交通工程学院、广东省滨海土木工程耐久性重点实验室以及深圳市低碳建筑材料与技术重点实验室全体科研人员对本研究相关工作的大力支持。感谢陈谨祥、石金广、廖锦勋、周波、唐懿、郭泓汝、舒雨清对本书进行的全文校对。

感谢各类科研计划的支持。本书涉及的研究工作获得国家自然科学基金联合基金重点项目及面上项目（U2006223/51778368/51578341），广东省自然科学基金项目（2019B111107003），以及深圳市低碳建筑材料与技术重点实验室（ZDSYS20220606100406016）等科研项目及资金的资助。

本书的撰写参考了许多专家、学者的专著、论文和其他文献，在此表示诚挚的谢意。限于作者的理论水平和实践经验，书中难免存在不足和疏漏之处，恳请广大读者和专家批评指正。

龙武剑
深圳大学土木与交通工程学院
2023 年 10 月

目　录

第1章　绪　　论

混凝土作为当今世界上应用最广泛的建筑材料，其由于良好的综合性能已成为房屋、桥梁、隧道、港口、码头等现代化建筑的首选材料。混凝土的生产及应用在带给人们巨大便利的同时，也带来了十分严峻的资源、能源及环境问题。目前每年全世界混凝土的使用量为28亿～30亿m^3，其中，我国约为17亿m^3。普通混凝土的正常生产约需要12%的水泥、8%的拌和水和80%的骨料，这意味着全世界混凝土每年除了要使用16亿t水泥以外，还要消耗近100亿t的砂石和10亿t的水，即每年消耗约126亿t原材料，是世界上最大的自然资源用户。同时，作为混凝土原材料之一的水泥胶凝材料，其生产不仅耗能大，而且生产过程中要排放大量的CO_2。烧制1 t水泥熟料需要约178 kg标准煤，同时排放出近1 t CO_2。按照1 m^3混凝土大致需要0.4 t水泥，1 t水泥大致需要0.75 t水泥熟料计算，我国每年生产混凝土所需的水泥需要燃烧近1.8亿t标准煤，直接产生的CO_2近9亿t，约占全世界CO_2排放量的1/10。除此之外，巨大数量骨料的开采、加工和运输还要消耗相当多的能源，会对地球的生态环境产生严重的负面影响。由此可见，传统混凝土大量消耗自然资源，污染严重，阻碍了循环经济与节能的发展。1997年3月在我国举行的“高强与高性能混凝土”会议上，吴中伟院士首次提出绿色高性能混凝土概念，并指出绿色高性能混凝土是混凝土的发展方向，更是混凝土的未来，中国必须走绿色高性能混凝土道路[1]。

自密实混凝土（SCC）自首次在日本研制成功至今已有30多年时间。它是一种流动性大且具有适宜黏聚性的高性能混凝土，在浇筑过程中不离析，在不借助外部振捣的情况下能够通过钢筋填满模板内的空隙，在重力作用下自行密实。自密实混凝土优异的施工性能可大大加快施工速率，消除因振捣而带来的噪声，节约能源和劳动力，施工过程便捷和环境相容性好。由于自密实混凝土的绿色施工性能和良好的力学性能，日本、欧洲和北美等国家或地区对自密实混凝土的使用已经相当普遍。在我国，这种绿色高性能混凝土的使用率还偏低，暂未得到普遍推广的重要原因之一就是其性能系统研究缺失。虽然自密实混凝土在世界范围内得到了广泛使用，但需要指出的是，为了保证其良好的工作性能，自密实混凝土配合比设计中胶凝材料的用量通常高于普通混凝土，随之带来了经济成本、体积稳定性等方面的问题。根据欧洲标准规范、美国混凝土协会规范（ACI 237）和中国《自密实混凝土应用技术规程》（JGJ/T 283—2012）

要求，自密实混凝土胶凝材料用量最大值处于 550～600 kg/m^3。较高的胶凝材料用量还将带来额外的经济成本以及严重的碳排放问题。考虑自密实混凝土中胶凝材料较高使用量带来的环境负荷问题，在保证其各项性能的前提下，降低胶凝材料用量成了自密实混凝土材料设计的要点之一。由于现代自密实体系通常还包含除水泥之外的粉煤灰（FA）、矿渣等多种胶凝材料，因此胶凝材料用量的降低并非完全等同于水泥用量的降低，即降低胶凝材料总含量并非解决了水泥大幅使用带来的 CO_2 排放问题。基于此，研究者提出了以低水泥用量为核心的低胶凝材料用量自密实混凝土。目前，低胶凝材料用量（尤其是低水泥用量）自密实混凝土的设计及性能研究已成为可持续绿色土木工程材料领域的重要研究方向。

与此同时，传统的自密实混凝土设计方法是根据规范和经验公式确定原料配合比，再通过实验不断调整和优化，最后得到满足目标性能要求的自密实混凝土配合比。但这种基于传统经验模型回归的配合比设计方法在量化表征自密实混凝土的工作、力学、耐久等关键性能与材料组分间的复杂映射关系时面临较多不确定性，且难以考虑材料成本、碳排放、能源消耗等隐含环境效益的影响。随着大数据及人工智能技术的迅猛发展，数据驱动的机器学习方法在多维非线性复杂问题（包括回归预测和目标优化）中表现出色，应用基于材料大数据库和机器学习算法的智能化手段准确预测现代自密实混凝土各项指标性能，并以性能为导向进行优化配合比设计展现出广阔的应用前景。

1.1 自密实混凝土

混凝土材料是一种耐久性较好的建筑材料，但施工过程中的振捣不充分或过度振捣等人为因素，以及混凝土工作性能不良（流动性不好）等材料因素，都会导致硬化混凝土出现严重质量问题，引发混凝土使用寿命缩短等问题。自 20 世纪 80 年代后期自密实混凝土在日本成功应用开始，其在各种高、特、新、大结构（大跨桥梁、超高层结构、钻井平台等）的浇筑中起到了极其重要的作用。在日本，自密实混凝土广泛应用于密集配筋工程中，基于抗震等结构设计的需要，自密实混凝土在很大程度上已经取代了普通混凝土。欧洲在 20 世纪 90 年代中期第一次将自密实混凝土用于瑞典的交通网络民用工程中，随后欧盟建立了一个多国合作研究自密实混凝土的指导项目。目前北美对自密实混凝土的硬化性能的研究还未完善，现阶段自密实混凝土更多用于预制结构中。在美国，超过 40%的预制预应力混凝土采用自密实混凝土。

与国际上对自密实混凝土的研究相比，我国自密实混凝土的研究和应用尚处于初级阶段。自 20 世纪 90 年代初期开始，自密实混凝土在我国的发展应用速度逐步加快。北京、上海、深圳、广州等城市陆续开始使用自密实混凝土，其应用领域也从房屋建筑扩大到水利、桥梁、隧道等大型工程中，主要用于密筋、形状复杂等无法浇筑或浇筑困难的部位。使用自密实混凝土解决了施工扰民等问题，缩短了建设工期，延长了构筑物的使用寿命，取得了较好的技术、经济和社会效益。

目前国际上对于自密实混凝土的研究主要集中于其配合比优化设计、生产质量控制、现场施工工艺、工程应用等方面，如美国认证协会 237R-07 “Self-Consolidating Concrete”规范，国际材料与结构研究实验联合会 TC 174-SCC “Self Compacting Concrete—Progress Report”报告，日本土木工程学会“Recommendation for Self-Compacting Concrete”规范，加拿大标准协会 A23.1 “Specifications for the Use of Self-Compacting Concrete”规范，以及欧洲“The European Guidelines for Self-compacting Concrete”等都对自密实混凝土配合比设计及工作性能做了详细的描述及规定。在配合比优化方面，主要针对自密实混凝土对材料及其配合比的敏感性，分析外加剂、矿物掺合料、骨料等因素对自密实混凝土工作性能的影响，建立定量关系。利用优化理论，研究基于地域材料特点的自密实混凝土最佳配合比方法；在材料性能试验方面，研究主要从混凝土的流变性能和工作性能、力学性能和抗渗性等方面展开。德国的 Proske 等[2]对以降低水泥用量为主的环境友好型混凝土的设计提出了一个设计准则：选用生态水泥、高强度水泥；用萘系等减水剂降低其用水量；利用硅灰、粉煤灰等添加物可以优化低水胶比混凝土浆体体积，产生较好的和易性。专家通过实验证明了 150 kg/m^3 水泥掺 145 kg/m^3 的矿渣同样能够达到设计要求的流动度与其他力学性能（40 N/mm^2）。Mueller 等[3]的研究发现，通过掺入惰性粉体材料，可改善自密实混凝土胶凝材料体系的堆积状态，进而减少润滑剂的用量并提高混凝土性能的稳定性，从而实现低碳自密实混凝土。早在 1954 年，美国的 Davis 教授提出，具有火山灰效应的矿物掺合料能够有针对性地提高混凝土的某种性能，不能单纯地将其看作硅酸盐水泥的替代物[4]。1985 年加拿大 Malhotra 等[5]对大掺量粉煤灰混凝土进行了研究，并推荐了其典型配合比。Dunstan 于 1986 年提出了关于大掺量粉煤灰的配合比三维设计法，并提出粉煤灰是混凝土的第四组分[4]。Jones 等[6]分别利用 Dewar 模型、Toufar 模型、De Larrard 线性堆积模型和可压缩堆积模型（CPM）对混凝土混合料的堆积密实度的计算结果进行对比分析。Kwan 和 Chen[7]用三参数颗粒堆积模型研究了掺量为 0～60%的粉煤灰对水泥基材料密实度、流动度和强度的影响，结果表明掺量为 40%的超细粉煤灰对水泥基材料的堆积密实度的贡献最大，且超细粉煤灰有助于提高浆体黏度。Sebaibi 等[8]提出了一种基于 CPM 的自密实混凝土配合比设计方法。

1.2 低碳自密实混凝土

水泥混凝土行业是支撑“中国建造”与国民经济建设的基础产业，在建材行业“碳达峰、碳中和”的进程中，承担着重要的使命与责任。建材工业是国民经济的支柱性产业之一，也是“高碳”产业。其中，作为混凝土主要原材料的水泥胶凝材料，其生产耗能和碳排放量巨大，2020 年我国水泥产量为 23.77 亿 t，排放 CO_2 约 14.66 亿 t，约占全国碳排放总量的 14.3%。2021 年 10 月 24 日，国务院印发了《2030 年前碳达峰行动方案》（简称《方案》）。在《方案》的“推动建材行业碳达峰”中提出了“加强新型胶凝材料、低碳混凝土、木竹建材等低碳建材产品研发应用”的目标。低碳混凝土的概念首次出现在了国务院发布的重磅文件中。这意味着低碳混凝土将在国家“双碳”（碳达峰和碳中和）目标实现的历史性进程中，成为建材产业的一个重要引擎和推手。近年来，国内外学者对混凝土低碳化技术进行了大量的研究[9]，都是从两个方面着手进行研究：一是减少水泥用量；二是综合利用自然资源与可再生资源。在减少水泥用量方面，国内外学者的研究重点放在了使用矿物掺合料替代水泥后对混凝土性能影响上，从混凝土混合料级配优化方向去减少水泥用量的研究相对较少。在低碳混凝土高性能化过程中，细颗粒含量对混凝土堆积密实度及性能的影响重大，且鉴于低碳混凝土的低粉率的特点，优化粉体体系的堆积密度就变得尤为重要。因此，研究绿色低碳自密实混凝土非常关键。

1.2.1 低碳自密实混凝土设计

绿色低碳自密实混凝土在保证其优秀工作性能的基础上，应同时具有满足设计和使用要求的力学性能及耐久性能；同时，在设计、生产和使用过程中，其应和环境相容共生，对环境无负面效应。国内外在低碳自密实混凝土设计方法上有一些研究成果。但目前都是根据工程要求、现有的配合比设计方法及混凝土的实际经验对自密实混凝土进行初步配合比的设计，然后通过试配，经调整后确定最终配合比。自密实混凝土概念的提出者——日本学者 Okamura 认为通过骨料含量的限制、低水胶比的选取、高效减水剂的运用可配制出自密实混凝土。其技术原则概括为，粗骨料含量取其堆积密度 50%；细骨料占砂浆体积的 40%左右；水胶比（体积比）取值区间为[0.9，1.0]；高效减水剂的掺量与最终水胶比由拌和物的自密实性能确定。

自 Okamura 提出自密实混凝土设计理念以后，众多研究者在此基础上进行改进。Long 等[10, 11]利用统计模型来设计自密实混凝土，选择多个配合比参数进行配合比设计，并建立了相关性能的数值模型，该方法减少了大量的尝试性实验过程。Brouwers 和 Radix[12]以堆积理论为出发点，将自密实混凝土看作由水和固体混合料（碎石、砂、填料、水泥）组成的混合物，研究所有固体颗粒组分的堆叠情况对混凝土性能的影响。一些学者对比了 Andreasen & Andersen 粒径分布（PSD）曲线与 Funk & Dinger 粒度分布曲线，并最终采用改进的 A & A 模型进行研究。同时研究了 3 种不同细度的砂对混凝土性能的影响，结果表明，特细砂能起到优化固体颗粒级配分布的作用，有利于增加自密实混凝土拌和物（也叫新拌混凝土）的流动性和稳定性。Su 等[13]认为，现有的诸如 Metha 和 Aitcin 倡导的高性能混凝土（HPC）设计方法以及法国路桥试验中心、瑞典水泥与混凝土研究所等提出的自密实混凝土配合比设计理念应用领域有限，在中等强度流动性混凝土设计中往往会有较多的浆体富余，会影响耐久性能、经济效益且会造成环境负担。Su 等提出了一种简便的低水泥用量中等强度流动性混凝土配合比设计新方法，倡导通过利用工业副产品粉煤灰和高炉矿渣部分取代水泥来减少资源浪费及对环境的破坏，以利于可持续发展。

综上所述，现有的设计方法均难以涵盖全面体现自密实混凝土工作性、物理性能及长期性能之间内在联系的设计因素，研究可以被广泛接受的低碳自密实混凝土设计方法是亟待解决的问题。

1.2.2 基于颗粒堆积的低碳自密实混凝土设计理论与方法

在混凝土技术领域中，关于颗粒堆积方面的研究主要利用颗粒堆积模型计算出骨料堆积的孔隙率，从而进行混凝土配合比设计，为建立混凝土优化配合比设计专家系统奠定了基础，促进混凝土科学由经验科学向计算科学发展[14]。固体颗粒的堆积形式能够主导颗粒状材料的主要性能，因此成为众多材料科学分支研究的核心。在固体颗粒堆积密度的测量方面，对于粗颗粒而言，堆积密度的测量较为容易；但对于细颗粒，由于颗粒的重力和颗粒间剪切力相对较小，分子间作用力和静电力的作用效应增大，细颗粒之间的相互作用变得复杂，加上现今的测量方法仍然存在不足而难以精确地对其进行测量。此外，细颗粒的堆积密度对压实作用有较大的敏感性，这导致干堆积方法不适用于细颗粒研究。相对而言，湿堆积方法对压实作用的敏感性较低，所以其适用于细颗粒堆积系统研究。

在固体颗粒堆积密度的预测方面，已经有很多研究人员着眼于用一些半经验半理论的数学模型来预测固体颗粒混合物的堆积密度。20 世纪 30 年代，Furnas[15]首先开始进行理想球形颗粒堆积的理论和试验研究，最初的 Furnas 模型仅适用于忽略两个粒级之间相互影响的情况（即粗颗粒远远大于细颗粒，因为只有在这种情况下颗粒间的松动效应和附壁效应可以忽略）。然而这并不符合实际情况。随后的几十年，研究人员在 Furnas 理论的基础上提出了许多颗粒堆积模型，模型从简单的只考虑圆形颗粒、两到三种颗粒粒径且颗粒间互相不影响的体系发展到多种粒径颗粒间、连续级配且颗粒间相互影响的体系；同时也都或多或少考虑了松动效应和附壁效应。Aim 和 Le Goff[16]于 1967 年建立的模型首次考虑了附壁效应。1999 年 De Larrard 在线性堆积模型和固体悬浮模型（SSM）的基础上发展出 CPM[17]，该模型最大的创新之处在于区分了虚拟堆积密实度和真实堆积密实度，建立了虚拟堆积密实度与堆积过程的关系。与 Toufar 模型和 Dewar 模型的单一粒径假设不同，该模型充分考虑了颗粒的粒径分布及不同堆积形式对颗粒堆积密度的影响，可以预测任何粒级组合的堆积密度。

在绿色低碳混凝土高性能化过程中，由于混凝土胶凝材料（即粉体材料）含量较低的特点，优化粉体体系的堆积密度就变得尤为重要。目前的颗粒堆积模型能够为粗颗粒体系提供一个较为精确的堆积密度值，这是因为对于粗颗粒而言，表面力相对于由颗粒形状及粒径分布所产生的颗粒间的剪力和重力是可以忽略不计的。但在计算细颗粒（粉体）体系时，由于颗粒间的相互作用效应增大，颗粒尺寸越小模型的计算结果就会越偏离实际值。在需要添加水和减水剂的情况下，粗颗粒体系的干堆积密度和湿堆积密度可被认为是相等的，但对于细颗粒体系，就必须考虑湿堆积对颗粒堆积密度的影响。综上所述，CPM 由于考虑了颗粒结构堆积效应（松动效应和附壁效应）和堆积形式，并且能够直接使用干堆积和湿堆积去计算堆积密度，在应用于水泥基复合材料领域的以上几种颗粒堆积密度模型中，其适用性最强（可预测任何粒级组合的颗粒堆积密实度）；同时，在 CPM 中，De Larrard 通过实验提出并校正了对应不同压实过程的压实指数 K 值，该值反映了颗粒堆积密度虚拟值与实际值之间的关系，且仅取决于颗粒体系的实际堆积过程，但该值是否适用于流动度大的水泥基复合材料中的自密实堆积效应研究值得探讨。

虽然国内外已有部分学者利用各种数学模型对混凝土的粗骨料、细骨料及水泥基材料的堆积密实度做了研究，但其主要停留在对堆积密实度的计算上，并没有把堆积密实度的计算结果与混凝土的物理化学性质结合起来，如 Jones 等[6]分别利用 Dewar 模型、Toufar 模型、De Larrard 线性堆积模型、CPM 计算了混凝土粗骨料、细骨料、水泥基材料的二元和三元颗粒体系的堆积密实度。

1.2.3 机器学习在自密实混凝土设计及性能预测中的研究与应用

1. 机器学习在自密实混凝土配合比设计中的初步探索

自密实混凝土配合比设计即确定各组分间的恰当比例，来保证自密实混凝土的新拌和硬化性能。目前的自密实混凝土配合比设计方法主要分为5类，即经验设计法、抗压强度设计法、骨料紧密堆积法、统计因子模型和浆体流变模型。总体而言，在自密实混凝土配合比设计过程中，需通过大量理论计算及试配工作，才能得到满足目标性能的配合比，这会耗费大量的人力、物力和时间。

鉴于此，部分学者尝试将机器学习（ML）方法应用于自密实混凝土的配合比设计过程中，以实现自密实混凝土配制过程的智能化、精准化。赵庆新利用反向传播神经网络（BP神经网络）对自密实混凝土的配合比进行设计，将水泥强度、水胶比、砂石含量等原材料参数作为输入变量，以对应的优化配合比作为网络输出，研究结果表明应用BP神经网络可以在满足各项性能要求的前提下，预测不同情况下的自密实混凝土的配合比。Yaman构建了人工神经网络（ANN）来预测自密实混凝土坍落扩展度（SF）和力学强度，然后反向推导了配合比与性能之间的关系模型，最后得出各组分含量，研究发现构建的ANN模型的预测精度较低。后续相关研究发现，ANN模型的隐藏层在自密实混凝土配合比预测中发挥着重要作用，通过增加隐藏层的数量并在特定模型中组合多个激活函数可使预测精度显著提高。因此，可以通过对ANN模型的参数进行优化来提高其预测性能。与此同时，为了更好地提高机器学习方法的预测性能，一种基于自适应神经模糊推理系统（ANFIS）的创新集成机器学习方法应运而生。

综上所述，利用机器学习方法进行自密实混凝土配合比设计，不仅可以高效地构建混凝土材料性能参数、工作性能、力学性能与混凝土各组分质量的关系模型，还能减少配合比计算工作量和试验试配次数。但目前基于机器学习方法的自密实混凝土配合比设计还存在不少挑战，最重要的一点是用于模型训练的数据量少，而且自密实混凝土的实验数据多为高维数据，致使部分机器学习方法预测精度较低。因此，为了使机器学习方法具有更好的配合比设计性能，在数据层面需要大量的实验数据集用于机器学习方法训练。另外，在模型层面则需要尝试更多不同的机器学习方法并对机器学习方法进行改进以提高其预测精度。

2. 基于机器学习的低碳自密实混凝土设计

1）基于机器学习的低碳自密实混凝土工作性能研究

自密实混凝土的工作性能优异，具有普通混凝土所不具备的高流动性、间隙通过性和抗离析性等。对混凝土工作性能进行测试与评价常用的方法有坍落扩展度试验、J形流动仪试验、L形流动仪试验、V形漏斗试验等。通常对自密实混凝土工作性能进行测试和评价需采用两种或两种以上测试方法，测试过程较为烦琐复杂。此外，在对自密实混凝土工作性能进行实际调配过程中，人们主要根据工程经验对自密实混凝土配合比进行调整，以获得目标工作性能。可能同时调整水灰比、减水剂掺量、水泥掺量、砂石含量等配合比参数，这种调整方式实质上是在一个高维空间中寻找最优配合比点，这一调整工作高度依赖工程师或技术人员的经验和直觉，难以付诸自动化生产。

近年来，支持向量机（SVM）被广泛应用于自密实混凝土工作性能预测的研究。一些学者将 SVM 和优化算法相结合对自密实混凝土工作性能进行预测，展现出了良好的前景。部分学者则尝试使用神经网络方法对自密实混凝土的流动性进行预测分析，发现采用神经网络方法对自密实混凝土的流动性进行预测是一种切实可行的途径。然而，自密实混凝土的工作性能对外界因素（温度、湿度、骨料表面含水率等）的干扰非常敏感，尤其是在实际生产过程中骨料表面含水量的连续波动会使其工作性能发生很大变化，即鲁棒性差。对此，左文强建立了一种鲁棒性评估模型，用于研究自密实混凝土各组分的微观性质或含量变化对自密实混凝土宏观流动性的影响，同时可以明确解释自密实混凝土鲁棒性的影响因素、影响机理及影响程度，这为自密实混凝土实现自动化生产提供了较强的理论和应用价值。此外，丁仲聪利用一种深度学习（DL）模型较为准确地预测了自密实混凝土的工作性能，实现了对自密实混凝土工作性能的实时调整（图 1.1），这为自密实混凝土生产过程的烦琐及传统依靠经验和直觉调整配合比提供了新的解决方法。

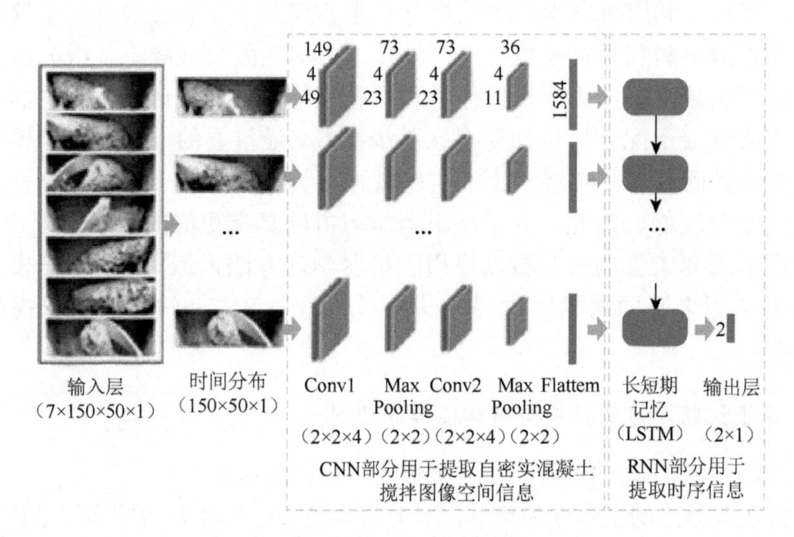

图 1.1 自密实混凝土工作性能实时预测研究模型结构[18]

CNN 为卷积神经网络，RNN 为循环神经网络

综上所述可见，目前国内外已经有学者使用 SVM、ANN、DL 模型等对自密实混凝土的工作性能开展了一些研究，较为准确地预测了自密实混凝土的工作性

能，包括 SF 和 V 漏斗排空时间（VF）。在预测的基础上，基于 SF/VF 值实时推算拌和物的含水情况。这为实时调整自密实混凝土的工作性能、开发无须人工干预的智能搅拌系统提供了关键技术研究。此外，通过深度学习可以实现对自密实混凝土工作性能的实时调整并解决鲁棒性差的问题，其在自密实混凝土的工作性能预测中具有良好的应用前景。

2）基于机器学习的低碳自密实混凝土力学性能研究

抗压强度是混凝土最重要的力学性能之一，影响混凝土抗压强度的因素有很多，主要与水泥等级、矿物掺合料、水灰比、骨料质量、外加剂、施工条件、养护温度和湿度等相关。抗压强度影响因素有高维复杂化的特点，普通的线性或非线性回归分析难以揭示抗压强度与特征变量之间的映射关系，因此需要建立稳健的机器学习预测模型。

大量研究发现 ANN 模型对自密实混凝土的抗压强度预测具有较好的可靠性，模型评价相关系数 R^2 通常在 0.93 以上，ANN 模型用于预测抗压强度的基本流程如图 1.2 所示。部分研究则发现其他机器学习模型在自密实混凝土力学性能预测方面比 ANN 模型更好。Furqan 利用 300 组实验数据分别采用 ANN 模型、SVM 和基因表达式编程（GEP）模型来预测自密实混凝土的力学性能，结果表明 GEP 模型在抗压强度预测的准确性方面表现最佳，误差范围为±3.71 MPa。Asri 使用四种不同机器学习模型［多元线性回归、随机森林（RF）回归、决策树回归和支持向量回归（SVR）］来预测龄期为 28 天的自密实混凝土抗压强度，结果表明 RF 回归模型对自密实混凝土抗压强度的预测最有效。Bhairevi 建立了基于最小二乘支持向量机（LSSVM）、相关向量机（RVM）和 ANN 模型的自密实混凝土抗压强度预测模型，结果表明 RVM 和 LSSVM 的性能优于 ANN 模型，RVM 预测性能最佳。部分学者则尝试将 ANN 模型与部分优化算法集成使用以提高 ANN 模型的适用性，其中 Hadi 应用 ANN 模型与粒子群优化的集成算法，对自密实混凝土抗压强度进行预测，发现将粒子群优化算法与 ANN 模型相结合是一种提升 ANN 模型预测性能的优化策略。此外，Pazouki 提出了一种由萤火虫算法辅助的径向基函数神经网络（RBFNN）方法，应用它来预测再生骨料自密实混凝土（RASCC）的抗压强度，模型表现出良好的模拟学习输入和输出之间关系的能力且预测 RASCC 抗压强度的准确性和可靠性高。也有研究者使用 RVM 来预测自密实混凝土的抗压强度，预测值与真实值具有较好的一致性。

综上所述可见，关于机器学习方法在自密实混凝土力学性能预测分析方面的研究较多，将 ANN 模型或 ANN 模型与其他优化算法相结合的应用最为广泛。然而，ANN 模型在自密实混凝土力学性能预测方面主要存在过拟合问题，这导致模型泛化能力差，因此，如何解决 ANN 模型应用于自密实混凝土力学性能研究时的过拟合问题是需解决的关键问题。

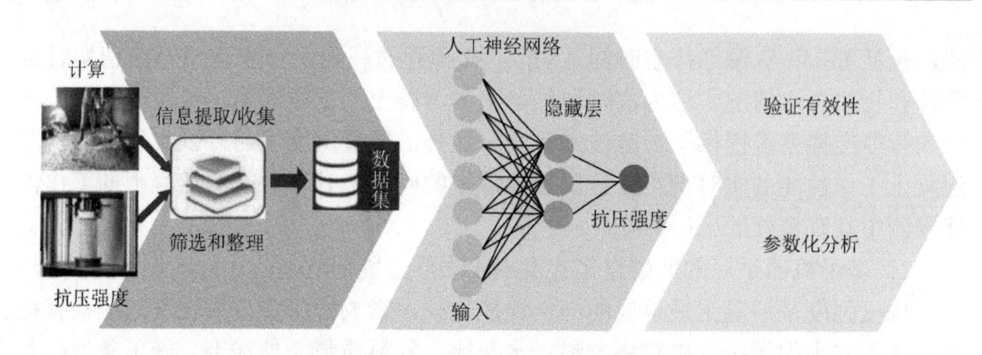

图 1.2 ANN 模型预测抗压强度研究方法流程图[19]

3）基于机器学习的自密实混凝土耐久性研究

耐久性是自密实混凝土多种性能的综合体现，无法通过单一指标完全表征，工程实际中通常采用抗渗性、抗碳化性、抗冻性及抗氯离子渗透性等来定性或定量表征混凝土的耐久性。随着人工智能的快速发展，机器学习方法逐级应用于自密实混凝土耐久性问题的研究中（图 1.3）。Yuan 开发了基于混合灰狼优化算法的支持向量回归模型来预测快速氯离子渗透系数，以水泥、粉煤灰、硅灰及粗细骨料掺量为特征变量，抗氯离子渗透系数为目标值，通过 5 个统计性能标准［R^2、均方根误差（RMSE）、平均绝对误差（MAE）、平均绝对百分比误差和性能指标］评估单一模型和混合优化模型的预测精度，发现带优化算法的混合支持向量回归模型的预测值与实验真实值具有良好的一致性。Danial 基于实验数据利用 ANN 模型来探索纳米 SiO_2 对天然沸石自密实砂浆耐久性的影响，发现应用 ANN 模型可以有效地预测自密实混凝土的电阻率和快速氯离子渗透系数。此外，钢筋的腐蚀起始时间是决定钢筋混凝土使用寿命一个重要的参数，它取决于混凝土材料组成、暴露环境和暴露时间，准确地确定腐蚀起始时间将有助于钢筋混凝土结构耐久性设计。Salami 研究了五种单独的机器学习方法［线性回归、ANN 模型、SVR、K-近邻算法（KNN）和 RF］来构建腐蚀电位预测模型，并将其用于估计嵌入自密实混凝土中钢筋的腐蚀起始时间，发现使用 RF 可以出色地预测钢筋混凝土结构中钢筋的腐蚀起始时间，其也可用于估计腐蚀速率。

3. 基于机器学习的 3D 打印混凝土设计

与传统建筑施工方法相比，将 3D 打印技术应用于建筑行业中不仅能够制造出具有复杂结构的建筑，还能够减少对人力资源、高成本投资和施工模板的需求[21]。但迄今为止，建筑 3D 打印技术尚未被大规模推广和应用。这主要是因为利用 3D 打印技术进行实际建造施工时，在材料设计方面存在不可忽视的挑战[22]。

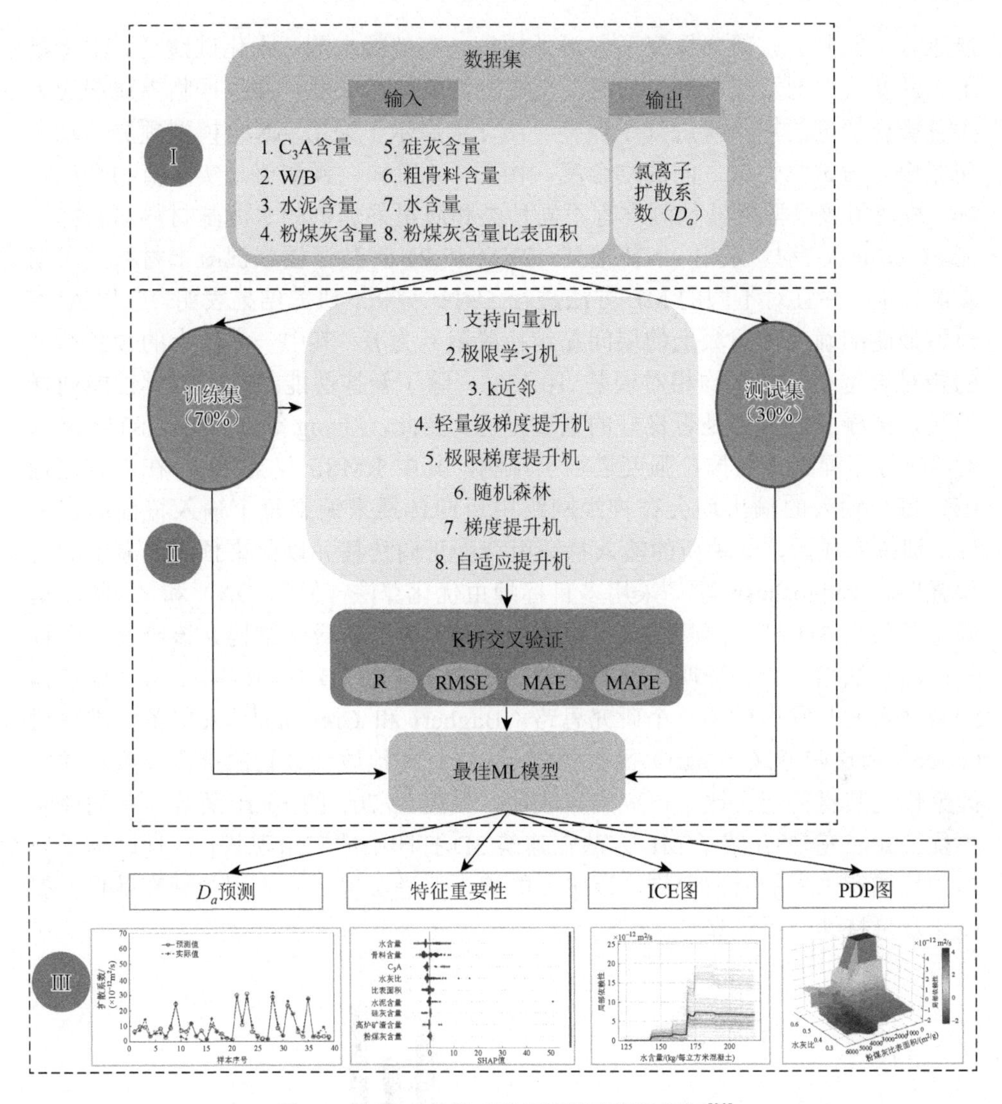

图 1.3 氯离子扩散系数预测模型设计框架[20]

由于层层叠加的 3D 打印技术对打印材料的要求较高，故需要根据不同的施工环境对混凝土配合比进行动态调整，以此来保证施工所用的混凝土材料具有良好的可挤出性和可建造性[23]。现阶段，利用 ML 技术对传统浇筑混凝土配合比进行预测的相关内容较多[24]。因此，对于生产模式更加复杂的 3D 打印混凝土，将 ML 技术应用于其配合比的选取可以大大提高建筑生产效率及节约施工成本。由于新拌性能是评估混凝土配合比的重要指标之一，故 Charrier 和 Ouellet-Plamondon[25]采用 ANN 模型对指定的 3D 打印混凝土配合比的流变性能进行了预测。该研究探究了各类外加剂（高效减水剂、水化硅酸钙、纳米黏土、黏度改性剂及速凝剂）与混凝土流变性能的相关性，并根据临界屈服应力对各类外加剂的掺入量进行了调整。图 1.4 展示了采用 ANN 模型预测的动态屈服应力与试验数据之间的吻合度。由图 1.4 可知，预测值与实际值吻合度良好，故使用该模型能够预测含有不同种类和质量外加剂的水泥基材料的新拌性能。Czarnecki 等[26]采用 ANN 模型、SVM 和 RF 评估了层状混凝土材料的层间黏结性能，并且对不同的 ML 方法进行了对比分析。研究结果表明，应用 ANN 模型最能准确评估混凝土的层间黏结拉脱附着力 f_b，其中一半以上的预测结果的相对误差小于其平均相对误差 10.13%。除了新拌性能之外，力学性能同样是决定混凝土配合比是否良好的重要指标。因此，Zhang 等[27]采用 LSTM 网络对 3D 打印混凝土的抗拉强度进行了预测，其中 RMSE 仅为 2%。在训练过程中，每个输入的输出均会在神经网络中反向传播来调整每个输入特征的相关性。训练完成后，一种新的输入特征组合会正向传播并以此来预测混凝土的抗拉强度。Izadgoshasb 等[28]采用多目标蝗虫优化算法（MOGOA）和 ANN 模型确定了预测 3D 打印混凝土抗压强度的 ANN 模型的最佳结构。该研究将两种常用的方法相结合并证明了其有效性，这为未来对 3D 打印混凝土力学性能预测新技术的开发提供了一个研究思路。Bagheri 和 Cremona[29]采用条件推理树（ctree）和递归分区（rpart）函数预测了 3D 打印地质聚合物的抗压强度，并以此来优化其材料配合比。研究结果表明，精度为 70%的 rpart 函数的预测性能更优。Geng 等[30]介绍了 ML 方法在建筑 3D 打印中的应用现状，并且讨论了当前的挑战和未来的研究范围。该研究能够为促进实现土木工程领域高效化、智能化及可持续化提供参考。

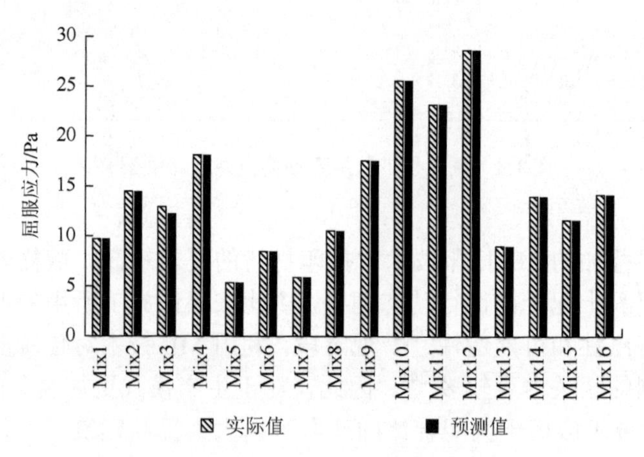

图 1.4 动态屈服应力的实际值与预测值对比[28]

Mix 表示混凝土不同配合比

1.3 低碳自密实混凝土未来发展

综上所述，目前自密实混凝土配合比设计中胶凝材料的用量（高水泥用量）明显大于普通混凝土，过高的水泥用量会导致更高的碳排放；同时，胶凝材料含量过大也易出现混凝土体积稳定性较差（如收缩、徐变过大）及温度梯度过大的问题，从而出现裂缝等系列工程问题。通常来说，在低胶凝材料含量的低碳混凝土材料设计中经常使用微颗粒粉体材料，该微粒材料对于混凝土性能的影响尤为重要。因此，降低胶凝材料含量，特别是水泥含量是实现自密实混凝土绿色低碳化的关键技术途径之一。在保证自密实混凝土工作性能及力学性能的前提下，降低其胶凝材料含量来制备低碳混凝土首要解决的问题就是骨料及胶凝材料堆积密实度较低的问题。

虽然国内外部分专家和学者对堆积密度理论做了研究，但目前在水泥基复合材料中使用的各类型颗粒堆积模型仍不完善，模型对微颗粒体系的密实效应、化学效应及二者共同作用的复合效应系统性研究不足，对于微粉材料体系，颗粒间的表面力的相互作用效应在颗粒堆积模型中所起作用的机理性研究存在空白。同时，针对颗粒堆积模型的研究表明，尽管在众多应用于水泥基材料领域的颗粒堆积模型中 CPM 的精度最高，但在 CPM 的原始模型中，并未考虑粒径小于 125μm 的微粒粒形、微粒间表面力对附壁效应和松动效应的影响，故该模型对于水泥基复合材料设计过程中微粉体系的堆积密度计算存在较大误差。CPM 中压实指数对于大流动度高性能混凝土的对应取值需要被深入研究。在低碳自密实混凝土材料设计中，在粗细骨料-胶凝材料搭配情况下，关于应用精确理论模型计算堆积密实度的研究同样缺失。同时需要指出的是，目前国内外的主要研究还停留在理论密实度的计算上，并没有把密实度计算结果与水泥基复合材料的物理、化学性质有效结合起来。解决上述水泥基胶凝复合材料设计中存在的多元集料复合堆积效应的复杂机理性问题，建立对微粉体系、骨料-微粉体系模拟具有较高精度的颗粒堆积模型；保证低胶凝材料自密实水泥基复合材料具有适宜工作的特性，以及流变性能、必要的力学性能和耐久性能，对于低碳水泥基复合材料设计具有重要的现实意义。同时，在基于强度及耐久性双性能设计指标的理论指导下，要在早期准确预测混凝土长期性能，完善并形成系统的低碳自密实混凝土材料设计方法，以提高资源、能源的利用率，以及混凝土材料的可持续利用率。

参考文献

[1] 吴中伟. 绿色高性能混凝土：混凝土的发展方向[J]. 混凝土与水泥制品，1998（1）：3-6.

[2] Proske T，Hainer S，Rezvani M，et al. Eco-friendly concretes with reduced water and cement contents：Mix design

principles and laboratory tests[J]. Cement and Concrete Research，2013，51：38-46.

[3] Mueller F V，Wallevik O H，Khayat K H. Linking solid particle packing of Eco-SCC to material performance[J]. Cement and Concrete Composites，2014，54：117-125.

[4] 覃维祖. 大掺量粉煤灰混凝土与高性能混凝土[J]. 混凝土与水泥制品，1995，(2)：22-26.

[5] Malhotra V M，Hammings R T. Blended cements in North America：A review[J]. Cement and Concrete Composites，1995，17（1）：23-35.

[6] Jones M R，Zheng L，Newlands M D. Comparison of particle packing models for proportioning concrete constitutents for minimum voids ratio[J]. Materials and Structures，2002，35（5）：301-309.

[7] Kwan A K H，Chen J J. Adding fly ash microsphere to improve packing density，flowability and strength of cement paste[J]. Powder Technology，2013，234：19-25.

[8] Sebaibi N，Benzerzour M，Sebaibi Y，et al. Composition of self compacting concrete（SCC）using the compressible packing model，the Chinese method and the European standard[J]. Construction and Building Materials，2013，43：382-388.

[9] 蒋正武，尹军. 可持续混凝土发展的技术原则与途径[J]. 建筑材料学报，2016，19（6）：957-963.

[10] Long W J，Khayat K H，Yahia A，et al. Rheological approach in proportioning and evaluating prestressed self-consolidating concrete[J]. Cement and Concrete Composites，2017，82：105-116.

[11] Long W J，Gu Y C，Liao J X，et al. Sustainable design and ecological evaluation of low binder self-compacting concrete[J]. Journal of Cleaner Production，2017，167：317-325.

[12] Brouwers H J H，Radix H J. Self-compacting concrete：Theoretical and experimental study[J]. Cement and Concrete Research，2005，35（11）：2116-2136.

[13] Su N，Hsu K C，Chai H W. A simple mix design method for self-compacting concrete[J]. Cement and Concrete Research，2001，31（12）：1799-1807.

[14] 龙武剑，周波，梁沛坚，等. 颗粒堆积模型在混凝土中的应用[J]. 深圳大学学报（理工版），2017，34（1）：63-74.

[15] Furnas C C. Grading aggregates-I.-mathematical relations for beds of broken solids of maximum density[J]. Industrial and Engineering Chemistry，1931，23（9）：1052-1058.

[16] Aim R B，Le Goff P. Effet de paroi dans les empilements désordonnés de sphères et application à la porosité de mélanges binaires[J]. Powder Technology，1968，1（5）：281-290.

[17] De Larrard F. Concrete mixture proportioning：A scientific approach[M]. Boca Raton：CRC Press，1999.

[18] 丁仲聪. 基于深度学习的自密实混凝土工作性能实时调整方法研究[D]. 北京：清华大学，2018.

[19] Serraye M，Kenai S，Boukhatem B. Prediction of compressive strength of self-compacting concrete（SCC）with silica fume using neural networks models[J]. Civil Engineering Journal，2021，7（1）：118-139.

[20] Tran V Q. Machine learning approach for investigating chloride diffusion coefficient of concrete containing supplementary cementitious materials[J]. Construction and Building Materials，2022，328：127103.

[21] Zhang J，Khoshnevis B. Optimal machine operation planning for construction by Contour Crafting[J]. Automation in Construction，2013，29：50-67.

[22] Gosselin C，Duballet R，Roux P，et al. Large-scale 3D printing of ultra-high-performance concrete：A new processing route for architects and builders[J]. Materials & Design，2016，100：102-109.

[23] Tay Y W，Panda B，Paul S C，et al. Processing and properties of construction materials for 3D printing[J]. Materials Science Forum，2016，861：177-181.

[24] Young B A，Hall A，Pilon L，et al. Can the compressive strength of concrete be estimated from knowledge of the

mixture proportions：New insights from statistical analysis and machine learning methods[J]. Cement and Concrete Research，2019，115：379-388.

[25] Charrier M，Ouellet-Plamondon C M. Artificial neural network for the prediction of the fresh properties of cementitious materials[J]. Cement and Concrete Research，2022，156：106761.

[26] Czarnecki S，Sadowski A，Hoła J. Evaluation of interlayer bonding in layered composites based on non-destructive measurements and machine learning：Comparative analysis of selected learning algorithms[J]. Automation in Construction，2021，132：103977.

[27] Zhang J J，Wang P，Gao R X. Deep learning-based tensile strength prediction in fused deposition modeling[J]. Computers in Industry，2019，107：11-21.

[28] Izadgoshasb H，Kandiri A，Shakor P，et al. Predicting compressive strength of 3D printed mortar in structural members using machine learning[J]. Applied Sciences，2021，11（22）：10826.

[29] Bagheri A，Cremona C. Formulation of mix design for 3D printing of geopolymers：A machine learning approach[J]. Materials Advances，2020，1（4）：720-727.

[30] Geng S Y，Luo Q L，Liu K，et al. Research status and prospect of machine learning in construction 3D printing[J]. Case Studies in Construction Materials，2023，18：e01952.

第 2 章　可压缩堆积模型理论

2.1　引　　言

混凝土主要由不同颗粒粒径的胶凝材料、粗细骨料及液相水组成，并经过胶凝材料水化反应后胶结硬化形成一个整体。这个整体通常可以看作由各种颗粒之间相互接触并形成某种堆积状态的固体颗粒混合物，内部的空隙由空气和水分填充。固体颗粒混合物中的骨料颗粒系统也是一个非常复杂的体系，由于颗粒尺寸、形状不同，其在与胶凝材料拌和前呈现出自然堆积的松散状态，此时由颗粒之间的摩擦力和自身重力达到平衡状态；其与胶凝材料拌和之后，骨料颗粒之间存在一层润滑膜层，这使得骨料颗粒之间的接触状态发生变化，而这层厚度不一的浆体层是混合料新拌阶段产生流动性的关键，流动性取决于骨料颗粒的堆积密实度。因此，根据固体颗粒混合料的堆积密实度来研究降低自密实混凝土胶凝材料用量、同时平衡胶凝材料用量与混凝土性能之间的关系具有关键性意义。

在预测固体颗粒密实度的相关研究中，众多研究学者提出了 Furnas 模型、Toufar 模型、Aim 和 Goff 模型及线性堆积模型和 Dewar 模型等[1]，然而以上大多数模型仅仅考虑了有限数量的骨料或者将每一个骨料均看作简单化的颗粒分布，在计算混合料堆积密实度上存在不同程度的局限性问题。法国路桥试验中心经过长期的研究分析，提出了能预测计算具有任意分布形式及任何骨料数量的颗粒的堆积密实度的模型——CPM[2]。CPM 充分考虑了不同粒径颗粒之间的相互作用，引入了不同堆积过程的压实指数，定义了虚拟堆积密实度。由于在混凝土混合料堆积密实度计算上具有较好的精确度及较强的实用性，CPM 受到各国相关学者的广泛认可及应用。

2.2　CPM 的推导

混合料堆积密实度是指在某一容器中，混合料中固体颗粒部分所占的体积与总体积的比值，用 α_t 表示。虚拟堆积密实度是指在单位体积里，某种混合料的所有颗粒堆积在一起所能达到的最大堆积密实度，用 γ_i 表示。剩余堆积密实度是指在单位空间内，某种材料中单一粒径的颗粒堆积时所能占据的最大空间，用 β_i 表示。

混合料固体颗粒间相互堆积存在三种堆积状态：虚拟堆积状态、悬浮堆积状态和实际堆积状态，如图 2.1 所示。第一种颗粒堆积状态的颗粒间排列有序，处于紧密堆积状态，堆积密实度最好；第二种颗粒堆积状态的颗粒间互不接触，处于最松散的堆积状态，堆积密实度最差；第三种颗粒堆积状态的堆积密度介于前两种堆积状态的堆积密度之间。

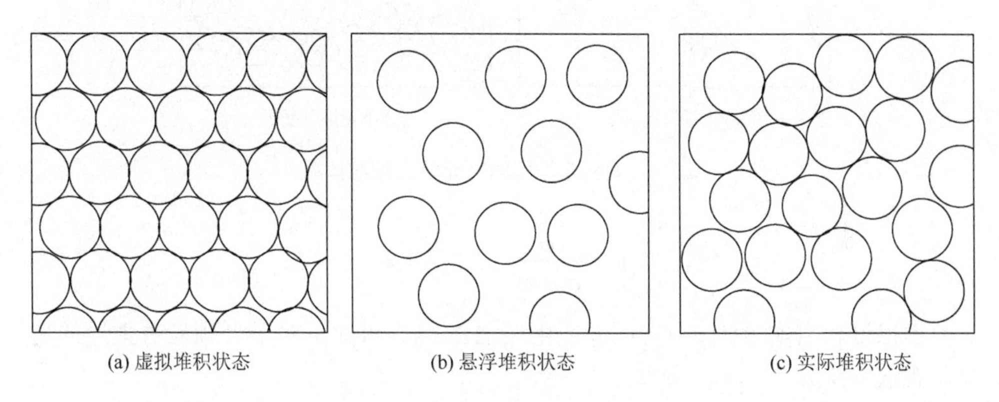

(a) 虚拟堆积状态　(b) 悬浮堆积状态　(c) 实际堆积状态

图 2.1　固体颗粒堆积的三种状态

混凝土混合料由多种材料组成，这里将每种颗粒称为相或元。混合颗粒体系中，各种颗粒有各种粒径，这里根据粒径分布将不同粒径区间称为粒级。每个粒级有一个特征粒径。

颗粒的堆积结构有三种：①无相互作用；②完全相互作用；③部分相互作用。以下对这三种情况进行详细阐述，并推导多元分散颗粒虚拟堆积密实度公式。

2.2.1　无相互作用

无相互作用为某一粒级颗粒的堆积状态不受其他粒级颗粒堆积状态的影响，不会改变原有堆积状态。当某一粒级颗粒粒径均远远大于下一粒级颗粒粒径，即 $d_1 \gg d_2 \gg \cdots \gg d_n$ 时，可认为没有相互作用。

以二元混合颗粒体系为例阐述两种情况（图 2.2）：①当大颗粒占主导时，小颗粒堆积在大颗粒间的空隙中，因而不会影响大颗粒的堆积结构；②当小颗粒占主导时，大颗粒分布于小颗粒中，因而不会影响小颗粒的堆积结构。

假设两种颗粒的粒径为 d_1、d_2（且 $d_1 \gg d_2$），剩余堆积密实度分别为 β_1 和 β_2，混合时两者所占体积分别为 φ_1 和 φ_2，单位体积所能占有的最大固体体积分别为 φ_1^* 和 φ_2^*，体积含量比分别为 y_1 和 y_2，其中，

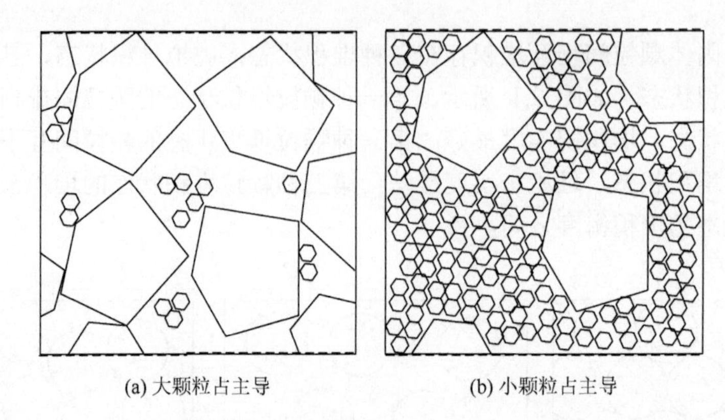

(a) 大颗粒占主导　　(b) 小颗粒占主导

图 2.2　无相互作用的二元混合颗粒体系

$$y_i = \frac{\varphi_i}{\varphi_1 + \varphi_2} \qquad i = 1,2 \tag{2.1}$$

虚拟堆积密实度为$\gamma = \varphi_1 + \varphi_2$。由图 2.2（a）可知，对于大颗粒占主导的情况，有$\varphi_1 = \beta_1, \varphi_2 = y_2\gamma$，所以

$$\gamma = \varphi_1 + \varphi_2 = \varphi_1 + y_2\gamma \tag{2.2}$$

即

$$\gamma = \gamma_1 = \frac{\beta_1}{1 - y_2} \tag{2.3}$$

式中，γ_1为大颗粒占主导时的虚拟堆积密实度。由图 2.2（b）可知，当小颗粒占主导时，有$\varphi_1 = y_1\gamma, \varphi_2 = \varphi_2^* = \beta_2(1-\varphi_1)$，所以

$$\gamma = \varphi_1 + \varphi_2 = \varphi_1 + \varphi_2^* = y_1\gamma + \beta_2(1 - y_1\gamma) = \beta_2 + (1-\beta_2)y_1\gamma \tag{2.4}$$

即

$$\gamma = \gamma_2 = \frac{\beta_2}{1 - (1-\beta_2)y_2} \tag{2.5}$$

式中，γ_2为小颗粒占主导时的虚拟堆积密实度。

两种情况均有以下约束条件：

$$\varphi_1 \leqslant \varphi_1^* = \beta_1 \Leftrightarrow \varphi_1 + \varphi_2 \leqslant \frac{\beta_1}{1 - \varphi_2 / (\varphi_1 + \varphi_2)} \Leftrightarrow \gamma \leqslant \gamma_1 \tag{2.6}$$

$$\varphi_2 \leqslant \varphi_2^* = \beta_2(1-\varphi_1) \Leftrightarrow \varphi_1 + \varphi_2 \leqslant \frac{\beta_1}{1 - (1-\beta_2)\varphi_1 / (\varphi_1 + \varphi_2)} \Leftrightarrow \gamma \leqslant \gamma_2 \tag{2.7}$$

因此，二元混合颗粒体系的虚拟堆积密实度为$\gamma = \min(\gamma_1, \gamma_2)$。

2.2.2　完全相互作用

当$d_1 = d_2 = \cdots = d_n$，两种颗粒的β_i不同时，两种颗粒间存在着完全相互作用。以二元混合颗粒体系为例，将两种颗粒分开堆积，并使其达到最大堆积密实度，如图 2.3 所示。则有

$$\frac{\varphi_1}{\beta_1} + \frac{\varphi_2}{\beta_2} = \frac{\varphi_1^*}{\beta_1} + \frac{\varphi_2^*}{\beta_1} = 1 \tag{2.8}$$

$$\begin{aligned}\gamma &= \gamma_1 = \varphi_1 + \varphi_2 = \varphi_1^* + \varphi_2^* \\ &= \beta_1\left(1 - \frac{\gamma y_2}{\beta_2}\right) + \gamma y_2 = \beta_1 + \left(1 - \frac{\beta_1}{\beta_2}\right)\gamma y_2\end{aligned} \tag{2.9}$$

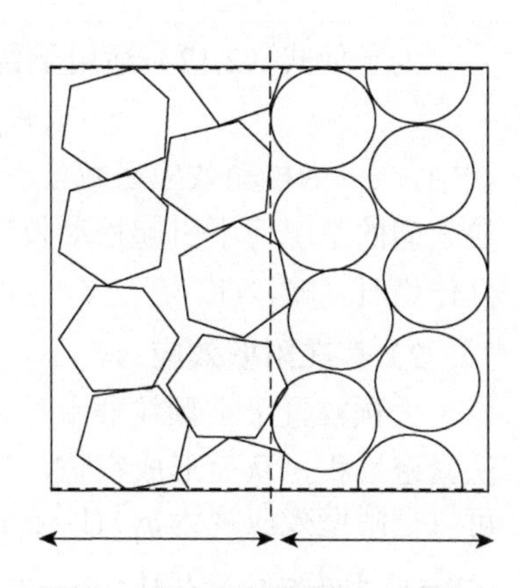

图 2.3　完全相互作用的二元混合颗粒体系

所以，

$$\gamma = \begin{Bmatrix} \gamma_1 = \dfrac{\beta_1}{1-(1-\beta_1/\beta_2)y_2} \\ \gamma_2 = \dfrac{\beta_2}{1-(1-\beta_2/\beta_1)y_1} \end{Bmatrix} \tag{2.10}$$

2.2.3　部分相互作用

1. 二元混合颗粒体系的虚拟堆积密实度

二元混合颗粒体系的颗粒在堆积过程中会存在两种效应：①松动效应：当大颗粒占大部分体积进行填充时，小颗粒的存在会扰动大颗粒的紧密堆积状态；②附壁效应：当小颗粒占大部分体积进行填充时，小颗粒靠近大颗粒侧壁附近的堆积无法达到紧密堆积状态。下面分别推导这两种情况下的堆积密实度。

1）存在松动效应

存在某种堆积情况使得单一小颗粒无法完全足够填充大颗粒间的空隙，即局部降低了大颗粒的堆积体积，如图 2.4 所示。若细颗粒间的距离足够大，那么可将松动效应视为关于φ_2的线性函数，即

$$\gamma = \varphi_1 + \varphi_2 = \beta_1(1-\lambda_{2\to1}\varphi_2) + \varphi_2 = \beta_1 + (\varphi_1 + \varphi_1)(1-\beta_1\lambda_{2\to1})y_2 = \beta_1 + \gamma(1-\beta_1\lambda_{2\to1})y_2 \tag{2.11}$$

式中，$\lambda_{2\to1}$为常数，其值取决于两种颗粒总体的特性。因此，二元混合颗粒体系的虚拟堆积密实度为

$$\gamma = \gamma_1 = \beta_1/[1-(1-\beta_1\lambda_{2\to1})y_2] \tag{2.12}$$

为了使式（2.12）适用于普遍颗粒堆积情况，将γ_1改写为下式：

$$\gamma_1 = \beta_1 / [1-(1-a_{12}\beta_1/\beta_2)y_2] \tag{2.13}$$

式中，a_{12}为松动效应系数。当$d_1 \gg d_2$时，即d_2足够小时，小颗粒仅填充于大颗粒之间的空隙而不引起松动效应时，$a_{12}=0$；而当$d_1=d_2$时，即两种颗粒完全相互作用时，$a_{12}=1$。

2）存在附壁效应

大颗粒置于小颗粒群中时，在小颗粒与大颗粒外壁接触界面附近，小颗粒无法紧密堆积，从而形成空隙，如图 2.5 所示。当大颗粒之间的间隔足够大时，则可以把附壁效应视为$\varphi_1/(1-\varphi_1)$的线性函数，则有

$$\gamma = \varphi_1 + \varphi_2 = \varphi_1 + \beta_2[1-\lambda_{2\to 1}\varphi_1/(1-\varphi_1)](1-\varphi_1) = \beta_2 + \gamma[1-\beta_2(1+\lambda_{2\to 1})]y_1 \tag{2.14}$$

同理，二元混合颗粒体系的虚拟堆积密实度为

$$\gamma = \gamma_2 = \beta_2 / \{1-[1-\beta_2(1-\lambda_{2\to 1})]y_2\} \tag{2.15}$$

将γ_2改为如下形式：

$$\gamma_2 = \beta_2 / \{1-[1-\beta_2 + b_{21}\beta_2(1-1/\beta_1)]y_2\} \tag{2.16}$$

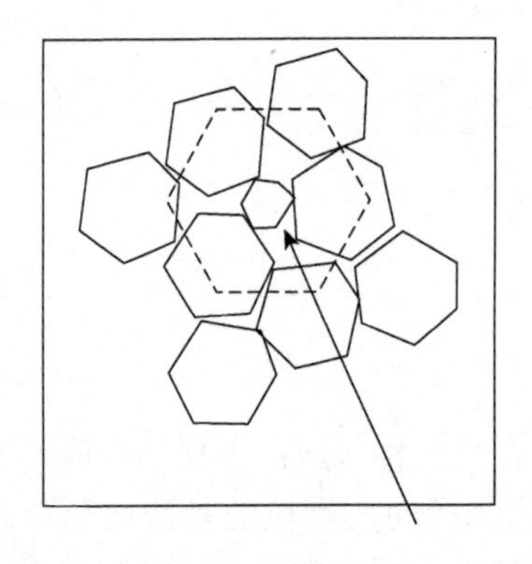

图 2.4　松动效应

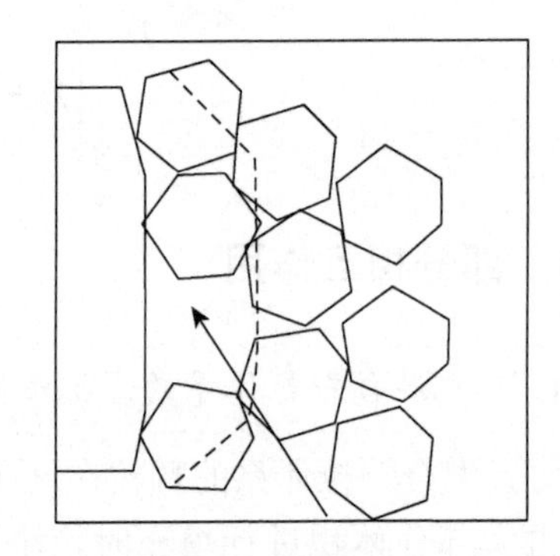

图 2.5　附壁效应

式中，b_{21}为附壁效应系数。当$d_1 \gg d_2$时，颗粒间无相互作用，$b_{21}=0$；而当$d_1=d_2$时，颗粒间为完全相互作用，$b_{21}=1$。

由于某一颗粒的不可贯入约束条件[3]，无论是存在松动效应还是附壁效应，均可用式（2.17）计算二元混合颗粒体系的虚拟堆积密实度：

$$\gamma = \mathrm{Min}(\gamma_1, \gamma_2) \tag{2.17}$$

2. 普适情况下多元分散混合体系的虚拟堆积密实度

要推导多元分散混合体系的虚拟堆积密实度，需先从三元混合颗粒体系[4]着手，由于三元以上的混合料堆积会同时存在松动效应及附壁效应[5]，因此堆积密

实度计算需要考虑两种效应叠加后所产生的效果，且通用的计算公式按照颗粒堆积原理表现为加法原理。

以下先分析三元混合颗粒体系，也即

$$d_1 \geqslant d_2 \geqslant d_3 \tag{2.18}$$

在三元混合颗粒体系中，颗粒 2 为主要多数颗粒，那么颗粒 3 将对颗粒 2 产生松动效应，同时颗粒 1 将对颗粒 2 产生附壁效应，如图 2.6 所示。

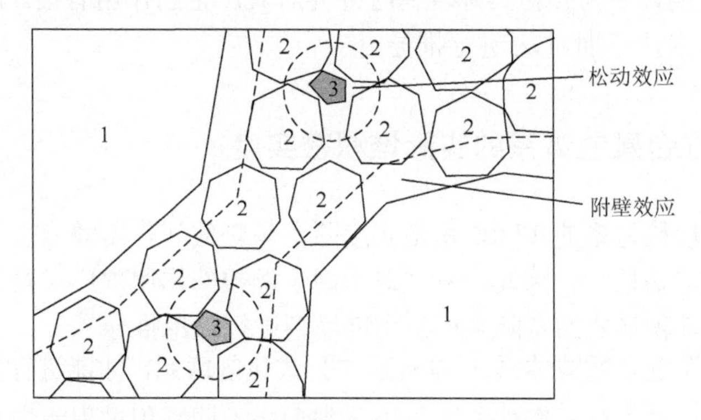

图 2.6　三元混合颗粒体系中两种作用效应情况

三元混合颗粒体系的虚拟堆积密实度为

$$\begin{aligned}\gamma &= \varphi_1 + \varphi_2 + \varphi_3 \\ &= \varphi_1 + \beta_2[1 - \lambda_{3\to 2}\varphi_3 / (1-\varphi_1) - \lambda_{1\to 2}\varphi_1 / (1-\varphi_1)](1-\varphi_1) + \varphi_3 \\ &= \beta_2 + \gamma[1 - \beta_2(1+\lambda_{2\to 1})]y_1 + \gamma(1-\lambda_{3\to 2})y_3\end{aligned} \tag{2.19}$$

将 γ_2 改写为一般形式：

$$\gamma = \gamma_2 = \beta_2 / \{1 - [1 - \beta_2 + b_{21}\beta_2(1 - 1/\beta_1)]y_1 - (1 - a_{23}\beta_2/\beta_3)y_3\} \tag{2.20}$$

式（2.20）充分考虑了任意粒级颗粒对其他粒级颗粒堆积状态所产生的所有相互作用的累加性，因此其适用于多元混合颗粒体系。因此，多元混合颗粒体系中当第 i 粒级颗粒为主要材料时，虚拟堆积密实度为

$$\gamma_i = \beta_i \Bigg/ \left\{1 - \sum_{j=1}^{i-1} \sum [1 - \beta_i + b_{ij}\beta_i(1 - 1/\beta_j)]y_j - \sum_{j=i+1}^{n}(1 - a_{ij}\beta_i/\beta_j)y_j\right\} \tag{2.21}$$

式中，γ_i 为第 i 粒级颗粒的虚拟堆积密实度；

β_i 为第 i 粒级颗粒的剩余堆积密实度；

a_{ij} 为第 j 粒级颗粒对第 i 粒级颗粒所产生的松动效应系数；

b_{ij} 为第 j 粒级颗粒对第 i 粒级颗粒所产生的附壁效应系数；

y_j 为第 j 粒级颗粒的体积分数。

根据大量实验及公式推导，对 a_{ij} 和 b_{ij} 进行标定，表达式如下：

$$a_{ij}=\sqrt{1-(1-d_j/d_i)^{1.02}}\qquad (j=i+1,i+2,\cdots,n)\tag{2.22}$$

$$b_{ij}=1-(1-d_j/d_i)^{1.50}\qquad (j=1,2,3,\cdots,i-1)\tag{2.23}$$

根据颗粒粒级 i 的不可贯入约束条件[4]，可得

$$\gamma=\mathrm{Min}(\gamma_i)\ \ (1\leqslant i\leqslant n)\tag{2.24}$$

由上述理论推导得出关于 γ_i 的计算公式。多元混合颗粒体系实际堆积密实度 α_t 除了受 γ_i 影响，还与颗粒实际堆积时外界对其产生的作用有关。因此，需要将 γ_i 与 α_t 联系起来，下面对 α_t 进行推导。

2.2.4　多元混合颗粒体系的实际堆积密实度

多元混合颗粒体系的实际堆积密实度除了与颗粒间作用效应有关外，还与颗粒堆积的过程密切相关。因此，下文对考虑了颗粒间作用效应（松动效应和附壁效应）和颗粒堆积形式的实际堆积密实度模型进行理论推导。

需要对多元混合颗粒体系 α_t 与 γ_i 建立公式化的联系，才能进行实际应用，而这个联系与颗粒堆积过程密切相关，因此需考虑不同堆积过程因素来建立实际堆积密实度模型。由于不同的作用方式有不同的作用程度，这里以压实指数 K 来表示。K 表示压实程度，反映了 γ_i 和 α_t 之间的关系，可以理解为将实际混合料作用密实到与理论混合物相同的密实程度所需要的能量。对于 n 元干固体混合料堆积情况，K 的取值取决于堆积方式，其理论公式如下：

$$K=\sum_{i=1}^{n}K_i=\sum_{i=1}^{n}\frac{V_i/V_i^*}{1-V_i/V_i^*}\tag{2.25}$$

将式（2.25）变形，可得

$$K=\sum_{i=1}^{n}\frac{y_i/\beta_i}{(1/\phi)-\left\{\sum_{j=1}^{i-1}[1-b_{ij}(1-1/\beta_j)]y_i+\sum_{j=i+1}^{n}(a_{ij}/\beta_j)y_i+y_i/\beta_i\right\}}$$

经过运算最后得

$$K=\sum_{i=1}^{n}K_i=\sum_{i=1}^{n}\frac{y_i/\beta_i}{(1/\alpha_t)-(1/\gamma_i)}\tag{2.26}$$

式中，K 为压实指数；

α_t 为实际堆积密实度；

y_i 为第 i 粒级颗粒的体积分数；

γ_i 为以第 i 粒级颗粒为主时的虚拟堆积密实度。

K 为常量，是某一种作用方式的特征量，表征不同粒级颗粒为优势颗粒时的

压实程度。K 越大，实际堆积密实度越接近虚拟堆积密实度；当 K 趋于无穷大时，两者趋于相等。通过各种试验，De Larrard 给出了干堆积混合料及湿堆积浆体堆积方式的 K，见表 2.1。

表 2.1　不同堆积方式的 K

堆积方式	K
简单倾倒（干堆积）	4.1
捣插（干堆积）	4.5
振捣（干堆积）	4.75
振捣加压（10 kN）（干堆积）	9
均匀黏稠的浆体（湿堆积）	6.7

对于流动性大的新拌混凝土而言，由于其骨料之间存在一层浆体层，骨料颗粒不再直接接触，当混合料具有较大的塑性变形能力且能发生流动变形时，骨料颗粒之间可发生相对运动，每个固体颗粒的位置也可能发生变化，从而使混合料的堆积状态发生变化。因此，De Larrard[2]通过可浇筑性概念来描述给定体积拌和物达到密实状态所需要的作用量，且对应的是混合物浇筑过程的最后密实状态。新拌自密实混凝土要想流动性大且密实，必须对其添加高效减水剂，与塑性变形较差的普通混凝土相比，高效减水剂的添加能减少达到完全密实状态所需要的能量，对于这种不一致性，需要最大压实指数 K'来修正，这个 K'不但取决于堆积过程，而且取决于高效减水剂是否存在。根据在以往大量实际工程中进行的滞后计算，总结出与浇筑工艺相关的自密实混凝土 K'为 7。

2.3　CPM 的应用

应用 CPM 来计算 n 元混合料的 α_t 时，需要先算出混合料中各粒级颗粒的 d_i、β_i、y_i 3 个参数，然后将这 3 个参数代入式（2.21）中计算出混合料的 γ_i，进而根据混合料的实际堆积方式选择相应的 K，最终通过反算式（2.26）得出混合料的 α_t。

2.3.1　CPM 基本材料参数的确定

根据应用 CPM 求解实际堆积密实度的数学推导来确定其相关的基本参数。

1. d_i

先要确定所用各种材料的颗粒粒径分布，对颗粒粒径进行适当的区间划分，然后将区间内的最大粒径和最小粒径代入式（2.27）中，可得该区间的特征粒径。

$$\lg(d_i)=[\lg(d_{\max})+\lg(d_{\min})]/2 \tag{2.27}$$

2. 每种材料的 y_i

对于砂石等骨料，可以应用标准振筛机对其进行筛分获得 y_i；对于粉体材料，可以采用超声波仪对其分散后，采用激光粒度仪扫描获得 y_i。

3. 每种材料的 β_i

对砂石骨料进行筛分之后，通过实验测量出每一粒级颗粒的 α_t，并将其代入式（2.28）中，反算得出 β_i；式（2.28）是基于划分的每一颗粒粒级区间内 $d_1=d_2=\cdots=d_n=d_i$ 且 $y_1=y_2=\cdots=y_n=y_i$，并将其代入式（2.21）和式（2.26）中所得。

$$\alpha_t=\frac{\beta_i}{1+(1/K)} \tag{2.28}$$

对于粉体材料，由于难以对其进行粒级筛分及分别对每一粒径区间颗粒进行 α_t 测量，因此假设每个粒级粉体材料的 β_i 均相等，也即 $\beta_1=\beta_2=\cdots=\beta_n=\beta_i$，然后通过实验计算每个粒级粉体材料的 α_t，同样根据式（2.19）和式（2.24）进行反算求得所需的 β_i。

2.3.2 多元混合颗粒体系的参数确定

混凝土混合料在搅拌前主要是由具有不同粒径颗粒的胶凝材料与粗细骨料等材料复合而成。每种材料都有各自的颗粒粒径分布范围，然而将各种材料进行混合后，将会存在粒径范围重叠的部分[6]，特别是对应用最为广泛的现代混凝土粉体材料进行多元复合后，计算其实际堆积密实度时，需要预先对复合材料参数进行复合处理[7]，即将不同粒径颗粒材料的重叠粒径区间合并成一个粒级，根据复合后的区间进行复合体积分数 y_i^* 和复合剩余堆积密实度 β_i^* 的计算。

下文以水泥与粉煤灰两种粉体材料混合为例，设定粉煤灰与水泥以 $r_c:r_f$ 的体积分数比进行复合，可将粉煤灰的第 i 粒级颗粒的体积分数设为 y_{if}，水泥第 i 粒级颗粒的体积分数设为 y_{ic}，对两个粒级颗粒进行复合可得复合体积分数为

$$y_i^*=y_{ic}r_c+y_{if}r_f \tag{2.29}$$

复合剩余堆积密实度为

$$\beta_i^*=1/\left(\frac{y_{ic}r_c}{y_i^*\beta_c}+\frac{y_{if}r_f}{y_i^*\beta_f}\right) \tag{2.30}$$

根据式（2.29）和式（2.30），可得以下适用于多元复合材料的公式：

$$y_i^* = \sum_j^n y_{ij} r_j \tag{2.31}$$

$$\beta_i^* = 1 / \sum_j^n \frac{y_{ij} r_j}{y_i^* \beta_{ij}} \tag{2.32}$$

式中，y_i^* 为复合后的第 i 粒级颗粒的体积分数；

y_{ij} 为第 j 种材料的第 i 粒级颗粒的体积分数；

r_j 为第 j 种材料在复合材料中所占的体积比例；

β_i^* 为复合后的第 i 粒级颗粒的剩余堆积密实度；

β_{ij} 为第 j 种材料的第 i 粒级颗粒的剩余堆积密实度。

2.3.3 CPM 的计算机实现

根据 CPM 的颗粒作用基本原理和计算机语言编制了实际堆积密实度的计算程序，这样不仅可以很大程度降低模型参数运算的复杂性，并且可以减小运算过程中出错的概率，有利于快速处理混凝土原材料的基本参数。应用 CPM 进行计算的流程如图 2.7 所示，其相应的软件操作界面及修正后的 CPM 操作界面如图 2.8 所示。

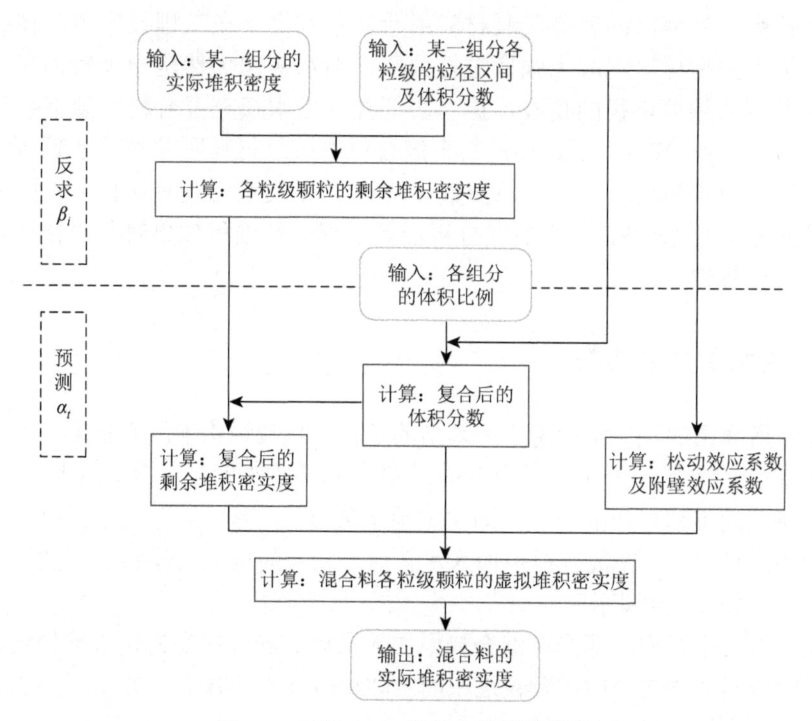

图 2.7　应用 CPM 进行计算的流程图

(a) CPM

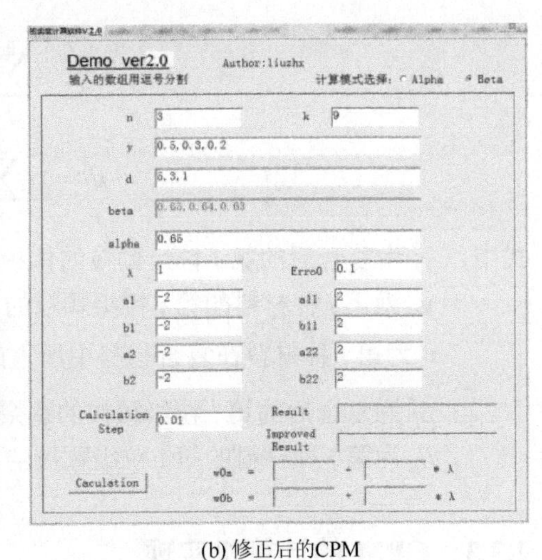

(b) 修正后的CPM

图 2.8　密实度计算软件界面

2.4　用水量富余指数及颗粒间隙指数

混凝土是一个多相体的组合，其力学性能及耐久性能与混合料的多种因素有关，其中最为突出的就是胶凝材料用量及水灰比。在工程设计中，往往以水灰比为最重要指标对混凝土强度进行预测，但水灰比仍然是一个较为粗略的指标。本节将从颗粒堆积的角度，提出表征拌和用水填充混合料空隙富余程度的用水量富余指数 W，表征新拌混凝土混合料中胶凝材料颗粒与其他颗粒之间间隙的参数，即胶凝材料颗粒间隙指数（BSF），以及考虑胶凝材料活性的等效水泥颗粒间隙指数（ECSF），为后文分析混凝土混合料堆积效果对其硬化性能的影响打下理论基础。

2.4.1　用水量富余指数

前文所介绍的颗粒堆积密实度均指的是稳定颗粒结构下的密实度，即不含水的密实度，空隙率 $v=1-\alpha_t$。实际混凝土拌和物是含水的，总用水量 V_w 一部分用于填充颗粒间堆积形成的空隙，即空隙用水量 V_{vw}；另一部分用于提供流动度，即富余用水量 V_{ew}。在混合料中加入水之后，颗粒的堆积结构将会变成混合料的实际结构，如图 2.9 所示。

这里有一个假定，即当在混合料中加入水后，混合料变为含水堆积状态。由于加水混合料的均匀分散，颗粒堆积的空隙相应放大 $1/W$ 倍，W 由式（2.33）计算得出，记为用水量富余指数。

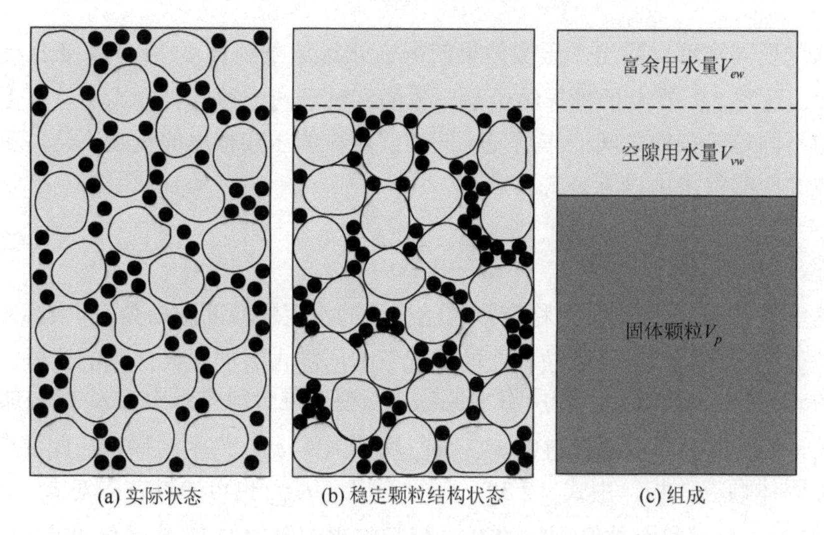

(a) 实际状态　(b) 稳定颗粒结构状态　(c) 组成

图 2.9　单位体积混凝土的混合料状态及组成

$$W=\frac{V_p/\alpha_t}{V_p+V_w}=\frac{V_p}{(V_p+V_w)\alpha_t} \tag{2.33}$$

式中，W 为用水量富余指数，量纲一；

V_w 为总用水量，m^3；

V_p 为固体颗粒体积，m^3；

α_t 为固体颗粒体积/固体颗粒堆积时的体积，量纲一。

由式（2.33）可知，V_p+V_w 为单位体积混凝土，而 V_p/α_t 为单位体积固体颗粒堆积时的体积，即 $V_p/\alpha_t=V_p+V_{vw}$，V_{vw} 为用于填充颗粒间堆积形成的空隙用水量。W 是一个反映富余用水量的指数，当 $W=1$ 时，表示拌和用水刚好可以填满固体颗粒体系空隙；当 $W>1$ 时，表示拌和用水不能填满固体颗粒体系空隙；当 $W<1$ 时，则表明拌合用水不仅可以填满固体颗粒体系空隙，而且还有富余用水量为颗粒体系提供流动度。

2.4.2　颗粒间隙指数

De Larrard 在对 CPM 进行推导时，对压实指数模型提出了另一种表达形式：

$$K=\sum_{i=1}^{n}K_i=\sum_{i=1}^{n}\frac{\varphi_i/\varphi_i^*}{1-\varphi_i/\varphi_i^*} \tag{2.34}$$

式中，φ_i 为第 i 粒级颗粒的实际固体体积，m^3；

φ_i^* 为当有其他粒级颗粒存在时，该粒级颗粒所能占有的最大体积，m^3。

从这里同样可以看出，压实效果使得 φ_i 永远达不到 φ_i^*，当 φ_i 越接近 φ_i^* 时，K 越大，这与 2.3 节 K 的推导结论是一致的。对于同一种压实方式，总 K 是固定的，但不同粒级颗粒之间的作用使不同粒级颗粒的压实程度的贡献不同，第 i 粒级颗粒的压实效果由以下公式决定：

$$K_i = \frac{\varphi_i / \varphi_i^*}{1 - \varphi_i / \varphi_i^*} \tag{2.35}$$

这里将 $\varphi_{\text{cem}} / \varphi_{\text{cem}}^*$ 定义为稳定颗粒结构下的水泥颗粒间隙指数，即实际水泥固体颗粒体积与在其他粒级颗粒存在的情况下其所能占有的最大体积的比值。

由式（2.34）可看出，若所有水泥颗粒在整个混合料体系中的 K_i 的叠加 K_{cem} 可算出，就可以计算出混合料中 $\varphi_{\text{cem}} / \varphi_{\text{cem}}^*$。其中，$\varphi_{\text{cem}}$ 为水泥颗粒在此混合料中的实际固体颗粒体积，由式（2.38）计算得出，K_{cem} 也可通过首先对式（2.34）和式（2.35）反算每个粒级颗粒的 K_i，然后将水泥颗粒的 K_i 进行叠加得出。φ_{cem}^* 由式（2.37）得出。

$$\varphi_{\text{cem}} = r_{\text{cem}} \alpha_t \tag{2.36}$$

$$K_{\text{cem}} = \frac{\varphi_{\text{cem}} / \varphi_{\text{cem}}^*}{1 - \varphi_{\text{cem}} / \varphi_{\text{cem}}^*} \rightarrow \varphi_{\text{cem}}^* = \varphi_{\text{cem}} \frac{K_{\text{cem}} + 1}{K_{\text{cem}}} \tag{2.37}$$

故水泥颗粒间隙指数为

$$\varphi_{\text{cem}} / \varphi_{\text{cem}}^* = \frac{K_{\text{cem}}}{K_{\text{cem}} + 1} \tag{2.38}$$

式中，r_{cem} 为水泥颗粒占所有固体颗粒的体积比例，量纲一；

K_{cem} 为水泥颗粒的累积压实值，量纲一。

为了实现混凝土低碳高性能化，目前的混凝土已经很少仅使用水泥作为唯一胶凝材料了。在工程中一般会使用一些矿物掺合料来替代水泥，这一方面能使得微粉体系的堆积更加密实，且矿物微粉的一些化学活性也会使得混凝土的某些性能提高；另一方面合理利用工业废渣，节约水泥。

由于粉煤灰等矿物掺合料与水泥颗粒的粒径分布有重叠部分，当两种材料按比例混合时，将混合后计算所得的粒径分布作为一种复合材料的粒径分布，即整个胶凝材料体系的粒径分布，则整个胶凝体系在稳定颗粒结构下的颗粒间隙指数为 φ_b / φ_b^*，可由式(2.39)计算得到；由于 $K_b = K_{\text{cem}} + K_m$，所以恒有 $\varphi_b / \varphi_b^* \geqslant \varphi_{\text{cem}} / \varphi_{\text{cem}}^*$，此时稳定颗粒结构下的水泥颗粒间隙指数 $\varphi_{\text{cem}} / \varphi_{\text{cem}}^*$ 由式（2.37）计算出 K_{cem} 后再将其代入式（2.38）中得出。

必须指出的是，由于矿物掺合料活性的问题，一份矿物掺合料对混凝土性能的贡献不及一份水泥所带来的贡献，假设矿物掺合料的活性与水泥相同，则水泥颗粒间隙指数可由 φ_b / φ_b^* 表示，但实际的水泥颗粒间隙指数为 $\varphi_{\text{cem}} / \varphi_{\text{cem}}^*$，此时可认为矿物掺合料对颗粒间隙的贡献为 $\varphi_b / \varphi_b^* - \varphi_{\text{cem}} / \varphi_{\text{cem}}^*$。引入活性系数 A_m，稳定颗粒结构下等效水泥颗粒间隙指数 $\varphi_{\text{ecem}} / \varphi_{\text{ecem}}^*$ 由式（2.42）计算得出。

$$\varphi_b / \varphi_b^* = \frac{K_b}{K_b + 1} \tag{2.39}$$

$$r_b = r_{\text{cem}} + r_m \tag{2.40}$$

$$K_{\text{cem}} = \sum_{i=1}^{n} K_{bi} r_{\text{cem}} y_{i\text{cem}} / (r_{\text{cem}} y_{i\text{cem}} + r_m y_{im}) \tag{2.41}$$

$$\varphi_{\text{ecem}} / \varphi_{\text{ecem}}^* = \varphi_{\text{cem}} / \varphi_{\text{cem}}^* + A_m (\varphi_b / \varphi_b^* - \varphi_{\text{cem}} / \varphi_{\text{cem}}^*) = (1 - A_m) \varphi_{\text{cem}} / \varphi_{\text{cem}}^* + A_m \varphi_b / \varphi_b^* \tag{2.42}$$

式中，r_m 为矿物掺合料占所有固体颗粒的体积比例，量纲一；

r_b 为胶凝材料占所有固体颗粒的体积比例，量纲一；

A_m 为胶凝材料的活性系数，量纲一；

K_b 为胶凝材料颗粒的累积压实值，量纲一。

由式（2.42）可看出，当 $A_m = 1$ 时，$\varphi_{eb} / \varphi_{eb}^*$（矿物掺合料在稳定颗粒结构下的颗粒间隙指数）$= \varphi_b / \varphi_b^* = \dfrac{K_b}{K_b + 1}$，表示矿物掺合料的活性与水泥活性一样；当 $A_m = 0$ 时，$\varphi_{eb} / \varphi_{eb}^* = \varphi_{\text{cem}} / \varphi_{\text{cem}}^* = \dfrac{K_{\text{cem}}}{K_{\text{cem}} + 1}$，表示矿物掺合料不提供活性，仅作为惰性颗粒填充。

当在混合料中加入水后，混合料变为含水堆积状态。由于加水混合料的均匀分散，颗粒堆积的空隙也均匀分散，因此胶凝材料颗粒在其他颗粒存在时所能占有的最大体积也相应放大 $1/W$ 倍，从而得出实际状态下 ECSF 的最终表达式为

$$\begin{aligned} \text{ECSF} &= \frac{\varphi_{\text{ecem}}}{\varphi_{\text{ecem}}^*} W = [(1 - A_m) \varphi_{\text{cem}} / \varphi_{\text{cem}}^* + A_m \varphi_b / \varphi_b^*] \frac{V_p}{(V_p + V_w) \alpha_t} \\ &= \left[(1 - A_m) \frac{K_{\text{cem}}}{K_{\text{cem}} + 1} + A_m \frac{K_b}{K_b + 1} \right] \frac{V_p}{(V_p + V_w) \alpha_t} \end{aligned} \tag{2.43}$$

式中，ECSF 为实际状态下等效水泥颗粒间隙指数，量纲一。当混凝土胶凝材料中仅有水泥时，或为了研究不同粒径颗粒的矿物掺合料对混凝土物理密实填充效应的影响，将矿物掺合料活性等效于水泥颗粒活性，即 $A_m = 1$ 时，实际状态下胶凝材料颗粒间隙指数最终表达式为

$$\text{BSF} = \frac{\varphi_b}{\varphi_b^*} W = \frac{K_b}{K_b + 1} \frac{V_p}{(V_p + V_w) \alpha_t} \tag{2.44}$$

式中，BSF 为实际状态下胶凝材料颗粒间隙指数，量纲一。

2.5　本 章 小 结

（1）本章提出了颗粒体系中三种作用（无交互作用、完全交互作用和部分交互作用）的概念，并分析了普适情况部分交互作用下二元和多元混合颗粒体系的虚拟堆积密实度。

（2）对应用 CPM 预测混合料堆积密实度的计算公式进行了推导，并提出了 CPM 中基本参数的标定方法。同时，根据 CPM 计算的理论推导，给出了计算混合料堆积密实度的流程图。

（3）基于 CPM 的理论基础，推导发展了与混凝土性能相关的三个指数，表征在新拌混凝土混合料中胶凝材料颗粒与其他颗粒之间间隙的 BSF，表征拌和用水填充混合料空隙富余程度的用水量富余指数 *W*，以及考虑胶凝材料活性的等效水泥颗粒间隙指数 ECSP，为后文分析混凝土混合料堆积效果对硬化性能的影响打下了理论基础。

参 考 文 献

[1] Fennis S A A M. Design of eecological concrete by particle packing optimization[D]. Delft：Delft University of Technology，2011.

[2] De Larrard F. Concrete mixture proportioning：A scientific approach[M]. Boca Raton：CRC Press，1999.

[3] Kwan A K W，Wong V，Fung W W S. A 3-parameter packing density model for angular rock aggregate particles[J]. Powder Technology，2015，274：154-162.

[4] Jones M R，Zheng L，Newlands M D. Comparison of particle packing models for proportioning concrete constitutents for minimum voids ratio[J]. Materials and Structures，2002，35（5）：301-309.

[5] Furnas C C. Grading aggregates-I.-mathematical relations for beds of broken solids of maximum density[J]. Industrial and Engineering Chemistry，1931，23（9）：1052-1058.

[6] Li L G，Kwan A K H. Packing density of concrete mix under dry and wet conditions [J]. Powder Technology，2014，253：514-521.

[7] Nassim S，Mahfoud B，Yahya S，et al. Composition of self compacting concrete（SCC）using the compressible packing model，the Chinese method and the European standard[J]. Construction and Building Materials，2013，43：382-388.

第 3 章　基于修正后的可压缩堆积模型的低碳混凝土设计及应用

3.1　引　　言

在混凝土混合料颗粒堆积过程中，不仅需要考虑颗粒之间的作用效应，还需考虑颗粒本身的特性（如颗粒尺寸、颗粒形貌等）对混合料最终堆积密实度所产生的重要影响。传统的颗粒堆积模型，均假设混合料颗粒为均匀不变形的同一形状颗粒（如圆球体、椭球体），且都考虑了颗粒尺寸对混合料堆积密实度的作用，然而并没有直接考虑颗粒形貌对其产生的影响。因此，利用颗粒堆积模型对低碳混凝土混合料的堆积密实度进行精确计算和进一步的配合比优化设计[1]，在理论上仍存在一些不足，为解决这一问题，需要对颗粒堆积模型进行合理的修正。

本章主要采用数字图像处理技术手段（IPP）采集骨料颗粒形状特性参数，分析这些参数与混合颗粒体系堆积密实度的相关性。然后考虑形貌参数后对 CPM 中两个作用效应(松动效应和附壁效应)系数进行多元回归，进而验证修正后的 CPM 应用的精确性。最后对修正后的 CPM 进行应用研究。

首先，本章按照规范标准对粗细骨料进行筛分，并测量每个粒径区间颗粒的实际堆积密实度及 CPM 的基本参数。然后，研究粗骨料有部分相互作用的二元混合颗粒体系及混合料相关形貌量化参数指标，并建立多元回归颗粒形貌函数，进而修正 CPM 中的两个作用效应系数计算公式。最后，利用修正后的 CPM 来预测部分相互作用的三元混合颗粒体系堆积密实度的准确度。

进而，利用修正后的 CPM 对砂浆混合料级配进行优化，分析研究了砂浆混合料富余用水量与流动度的相关性，并将其与基于 CPM 优化后的砂浆混合料富余用水量和流动度相关性进行比较；利用修正后的 CPM 对混凝土混合料级配进行优化，研究了富余用水量与混凝土坍落度之间的相关性。最后，提出了基于修正后的 CPM 的低碳混凝土配合比设计方法。

3.2　原材料性能测试

3.2.1　粉体材料的粒度测试

每种粉体材料本身是一个具有一定粒度分布的多粒级颗粒系统[2]，但是因为粉体材料粒度非常小，所以很难对其进行筛分。因此，为了能够使用颗粒堆积模型很好地预测混合颗粒体系的堆积密实度，本节采用激光粒度分布仪（型号为BT-9300ST）对粉体材料（本章指的是水泥）的粒径分布情况进行测试。

应用该激光粒度分布仪可以测量的粉体材料的粒度范围为 0.1～716 μm，本节首先将水泥粉体材料分为多个粒径区间，然后利用激光粒度分布仪测量其粒径分布，并求得每个粒径区间的特征值，如表 3.1 所示。

表 3.1　水泥粉体材料不同粒径区间特征粒径表

粒径区间/μm	特征粒径/μm	分计筛余率/%	累计分布/%
0.100～0.211	0.145	0.52	0.52
0.211～0.498	0.324	2.58	3.10
0.498～1.054	0.525	5.08	8.18
1.054～2.003	2.111	4.99	13.17
2.003～5.251	10.518	13.16	26.33
5.251～9.983	52.421	15.16	41.49
9.983～21.120	14.520	26.87	68.36
21.120～40.150	29.120	23.23	91.59
40.150～84.950	58.402	8.37	99.96
84.950～161.400	117.094	0.04	100

3.2.2　粗细骨料的粒径分布测试

对于粗细骨料的粒径分布情况，本节采用型号为 ZBSX-92A 的标准振筛机对其进行筛分，并按照《建设用卵石、碎石》（GB/T 14685—2022）和《建设用砂》（GB/T 14684—2022）规范中的规定，采用的筛网的孔径分别为 0.15 mm、0.30 mm、0.60 mm、1.18 mm、2.36 mm、4.75 mm、9.50 mm、16.00 mm、19.00 mm、26.50 mm。

玄武岩和花岗岩的连续粒径范围为 4.75～16 mm；再生骨料的粒径范围为 4.75～26.5 mm；机制石采用的连续粒径范围为 4.75～19 mm。下文分别对这几种粗骨料及各类砂做级配曲线，如图 3.1～图 3.4 所示。

同理，选用标准振筛机对海砂、河砂、机制砂和标准砂这四种细骨料进行筛分。

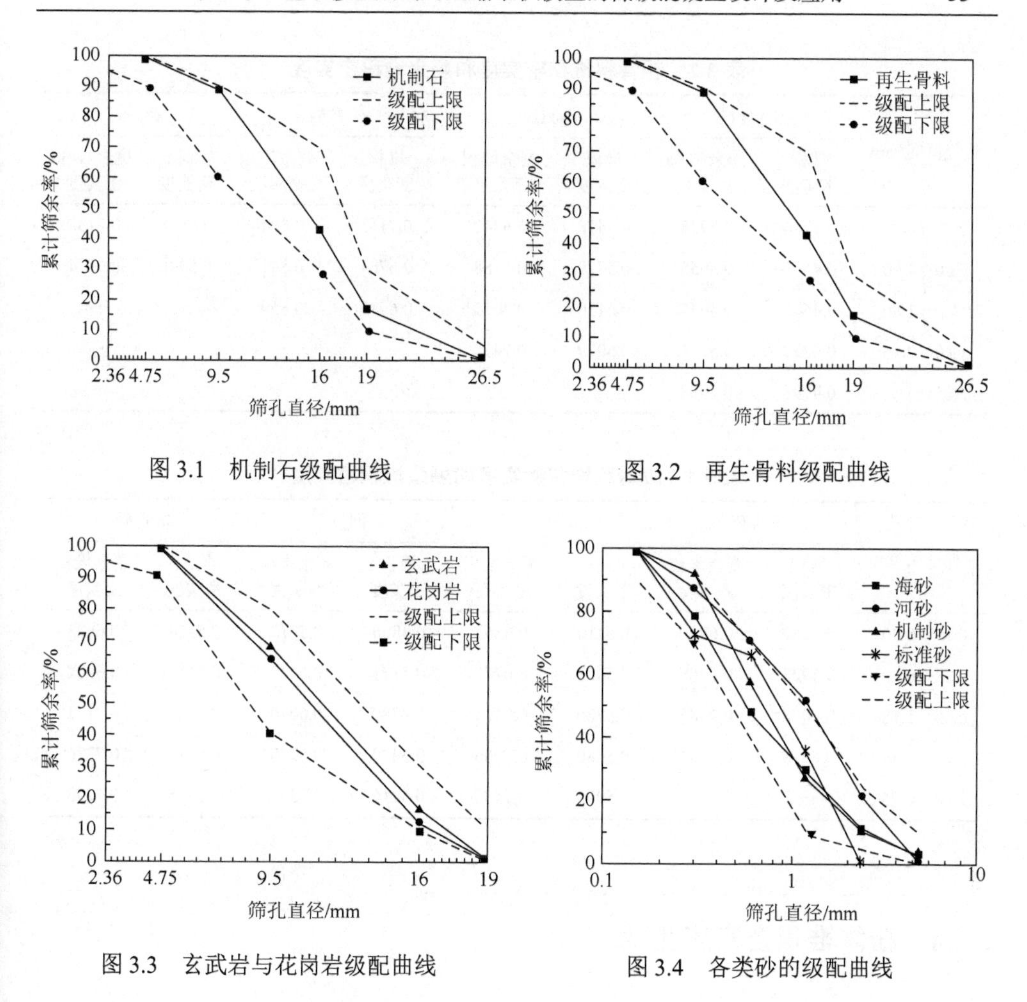

图 3.1　机制石级配曲线

图 3.2　再生骨料级配曲线

图 3.3　玄武岩与花岗岩级配曲线

图 3.4　各类砂的级配曲线

3.2.3　砂石堆积密实度测试

分别对筛分后每一粒径区间的砂石材料按照规定取样并烘干或者风干，将其均匀混合后分为相等的两份，然后测试每一粒径区间内试样的实际堆积密度，本节根据试样颗粒尺寸的特性，分别采用不同的测试方法，即采用砂石漏斗测量颗粒尺寸不超过 25 mm 的试样的堆积密度，而对于颗粒尺寸大于 25 mm 的试样，则直接采用容量筒测试试样的堆积密度。

可以利用 CPM 根据实际堆积密实度反求试样的剩余堆积密实度，砂石各单粒径区间内的堆积密实度和剩余堆积密实度如表 3.2 和表 3.3 所示。

表 3.2　粗骨料堆积密实度和剩余堆积密实度

粒径区间/mm	再生骨料		机制石		玄武岩		花岗岩	
	堆积密实度	剩余堆积密实度	堆积密实度	剩余堆积密实度	堆积密实度	剩余堆积密实度	堆积密实度	剩余堆积密实度
4.75～9.5	0.4766	0.5928	0.5418	0.6740	0.7113	0.8848	0.5738	0.7138
9.50～16.0	0.4546	0.5655	0.5779	0.7188	0.6764	0.8413	0.5446	0.6774
16.0～19.0	0.4546	0.5655	0.6130	0.7625	0.6913	0.8599	—	—
19.0～26.5	0.4237	0.5271	0.5979	0.7438	—	—	—	—
26.5～31.5	0.4798	0.5968	—	—	—	—	—	—

表 3.3　细骨料堆积密实度和剩余堆积密实度

粒径区间/mm	标准砂		海砂		河砂		机制砂	
	堆积密实度	剩余堆积密实度	堆积密实度	剩余堆积密实度	堆积密实度	剩余堆积密实度	堆积密实度	剩余堆积密实度
0.15～0.30	0.5562	0.6919	0.5110	0.6352	0.4806	0.5978	0.5324	0.6623
0.30～0.60	0.5923	0.7368	0.5450	0.6775	0.5171	0.6432	0.5613	0.6982
0.60～1.18	0.6098	0.7586	0.5720	0.7116	0.4880	0.6070	0.5765	0.7171
1.18～2.36	0.6218	0.7734	0.5680	0.7066	0.5410	0.6730	0.5812	0.7230
2.36～4.75	—	—	0.5990	0.7460	0.5916	0.7359	0.5865	0.7295

3.2.4　粉体堆积密实度测试

本节采用法国路桥试验中心推荐的最小需水量法来测试粉体的堆积性质（如实际堆积密实度）。若使用具有塑化作用的有机外加剂，则每次需水量测试应在外加剂用量相同（以水泥用量的百分比表示）的情况下进行。

本章采用的粉体材料只有水泥，为了使利用 CPM 测量砂浆混合料及混凝土混合料堆积密实度得到的结果更加准确，现根据水泥颗粒粒径分布情况，将水泥粉体材料划分为 5 个粒径区间，即 0.100～2.003 μm、2.003～9.983 μm、9.983～21.120 μm、21.120～40.150 μm、40.150～84.950 μm，并计算相应粒径区间的特征粒径，分别为 0.4475 μm、4.4717 μm、14.5204 μm、29.1750 μm、58.4016 μm。目前还没有特殊的设备能对粉体材料的颗粒尺寸的分布做一个更全面、更精准的评估，但是我们可以根据最小需水量法，较准确地测量出水泥粉体材料每个粒径区间粉体的实际堆积密实度和剩余堆积密实度[3]，计算结果如表 3.4 所示。

表 3.4　水泥粉体材料的实际堆积密实度和剩余堆积密实度

粒径区间/μm	特征粒径/μm	实际堆积密实度	剩余堆积密实度
0.100～2.003	0.4475	0.4873	0.5600
2.003～9.983	4.4717	0.4869	0.5596
9.983～21.120	14.5204	0.4863	0.5589
21.120～40.150	29.1750	0.4854	0.5578
40.150～84.950	58.4016	0.4840	0.5562

3.3　骨料颗粒形貌参数研究

计算混合颗粒体系堆积密实度，不仅是众多工业领域中一个非常重要的问题，而且也是混凝土混合颗粒体系优化中需要解决的首要问题。混凝土混合料多元混合颗粒体系的堆积密实度主要与以下 3 个参数有关：

（1）颗粒大小（通常用粒度级配曲线分布情况来描述）；

（2）颗粒形貌（表观纹理、轮廓形貌等）；

（3）颗粒堆积形式。

CPM 考虑了不同尺寸颗粒之间的相互作用，以及颗粒堆积形式对混合颗粒体系堆积密实度的影响，是众多模型中应用最为广泛的模型，而且对混合颗粒体系堆积密实度的计算精度也较高。虽然 CPM 考虑了上述 3 个主要参数，但是应用 CPM 的假设条件之一是，对于任意几种材料混合堆积，其混合料中的所有颗粒形貌均相同，且在堆积过程中都保持原有的形貌。显然这与实际情况不符，因为不同材料的来源不一样，其颗粒的形貌特征也不同[4]，即使是同一出处的材料，其颗粒之间的形貌特性也会存在差异。因此，研究材料颗粒形貌特性并对形貌特性参数进行量化非常有必要，为后续修正 CPM 以及进一步提高混合颗粒体系堆积密实度计算的准确度提供基础。

3.3.1　骨料颗粒几何形貌特性

骨料颗粒的形貌特性（如棱角性、轮廓形状和表观纹理等）[5]对混凝土工作性能的影响不可忽视，尤其是对于新拌混凝土工作性能[6]的影响。就新拌混凝土的坍落度而言，将圆而光滑的骨料颗粒混合所需要的浆体比将扁平、细长有尖角且粗糙的颗粒拌和所用浆体的量要少，同时在浆体用量相同的情况下前者工作性能更好。过去，研究者主要研究的是混合料的级配问题，并没有对其个体进行更深入的系统分析研究。因此，有必要进一步深入研究将骨料当作有限“个体”时其形貌特性，以及骨料形状、表观纹理和级配对混合料堆积和新拌混凝土的影响，而这可以根据经验及应用基于 CPM 的均衡方法来使其量化。本节主要借助图像处理分析技术采集骨料样品颗粒形貌的二维特性，在颗粒形貌特性量化的基础上对其进行分析，进而研究骨料颗粒形貌参数与混合料堆积密实度及混凝土性能的相关性。

1. 骨料颗粒轮廓形状及其量化参数指标

Barret[7]认为可以用 4 种不同特性来描述颗粒的形状，即球形度、形状因子、针状度和扁平度。球形度是衡量一个颗粒在三轴坐标中其长、中、短 3 个轴尺寸相近或等效的程度，当颗粒这 3 个尺寸非常接近时，认为其球形度为 1，即颗粒是一个类似球体；形状因子也称为形态，是基于颗粒长、中、短 3 个轴任意两者之间的数值比值来衡量颗粒三维尺寸之间的关系，是一种经常用来区分具有相同球形度的颗粒。定义球形度和形状因子这两个参数是为了能够更好地描述颗粒形状的针状度（或延伸率）和扁平度。颗粒的主要几何尺寸参数标定如图 3.5 所示。

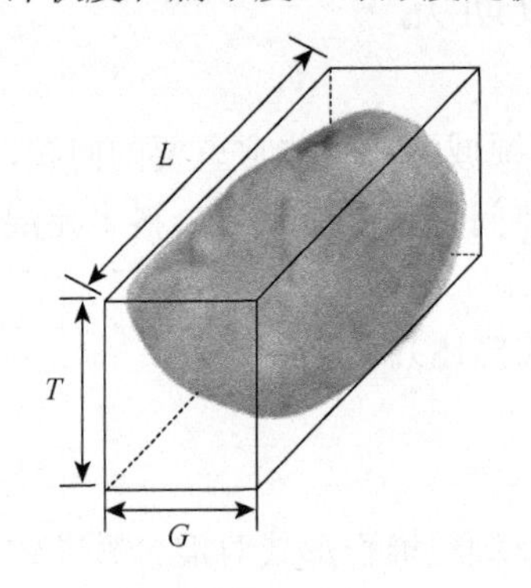

图 3.5　颗粒的主要几何尺寸参数

则骨料颗粒相关形状参数的计算公式为

$$球形度=\sqrt[3]{\frac{GT}{L^2}} \tag{3.1}$$

$$形状因子=\frac{LG}{H} \tag{3.2}$$

$$针状度=\frac{L}{G} \tag{3.3}$$

$$扁平度=\frac{T}{G} \tag{3.4}$$

式中，L 为骨料颗粒的长度，理论上为最大值，mm；

T 为骨料颗粒的厚度，理论上为最小值，mm；

G 为骨料颗粒的宽度，mm；

H 为颗粒在二维平面中的最大投影面积，mm^2。

从上述颗粒形状参数公式中可知，球形度和形状因子与颗粒的 3 个主要几何参数的尺寸有关，描述的是颗粒在三维坐标中的整体轮廓形状，而针状度和扁平度描述的是颗粒在二维平面中的轮廓形状。关于球形度，因为基于图像处理分析技术很容易测量颗粒的 3 个主要几何参数，故在研究颗粒形状特性中球形度被众多研究者作为形状量化指标采用。当式（3.1）的值为 1，即 $G=T=L$ 时，表示该颗粒形状为球体或者为立方体；当其值远大于 1 时，颗粒的形状则趋于扁平状；相反，当其值远小于 1 时，可以将颗粒的形状描述为针状。

其实，关于颗粒轮廓形状的表征方式还有其他几种，如轮廓指数等，但是，因其具有或多或少的不足之处，众多研究者提议不予采纳。因此，本节对于骨料轮廓形状特性的研究只采用球形度、形状因子、针状度、扁平度这 4 个形貌量化参数指标。

值得注意的是，球形度和形状因子这两个形状参数指标与物体在三维空间中的几何尺寸大小有关。虽然颗粒的三维空间几何尺寸可以通过 X 射线图像技术得到，但是由于每一个颗粒的形状特征不同，而且本节需采集的颗粒数量较多，若利用 X 射线图像技术对颗粒进行无损技术扫描，不仅工作量大而且经济成本高。然而，本节利用 IPP 只能一次性采集到颗粒在二维平面中的几何形状特征，而对于颗粒的另一尺寸大小则不能直接测量得到，故本章采用 Mora 等关于获取颗粒第三尺寸的结论，即 Mora 等通过研究表明，当采集的颗粒群样本来自同一出处时，认为这些颗粒的形状特性几乎一样。因此，我们可以根据式（3.5）计算颗粒群样本的平均厚度 T_m 来评估来自同一出处的某一颗粒的厚度。

$$T_m = l \cdot br \tag{3.5}$$

式中，T_m 为颗粒群样本的平均厚度，mm；

l 为颗粒平均扁平度，量纲一；

br 为颗粒的次尺寸，mm。

由于扁平度和 br 可以通过 IPP 得到，故球形度和形状因子这两个形貌量化参数指标也可以容易获得。

2. 骨料颗粒棱角性及其量化参数指标

骨料颗粒轮廓形状描述的是颗粒在不同方向的尺寸比值，与颗粒尺寸的大小及轮廓线起伏处转角度大小无关。而骨料颗粒棱角性描述的是颗粒轮廓线起伏处角度变化程度，角度越大表示颗粒棱角越尖锐。同时，研究者给出了许多关于棱角性的不同的定义和表达方式，对于其定义主要分为两大类：①表征骨料颗粒轮廓线上起伏处棱角的圆形度；②表征骨料颗粒整体轮廓形状的凸形度。而对于棱角性的表达式，本节主要介绍几种较为常见且被众多研究者认可的表达形式。

1）圆形度指标

它属于颗粒棱角性的一类，即从颗粒整体轮廓形状的圆形度角度出发，反映颗粒轮廓形状与圆形相接近的程度，其计算公式见式（3.6），示意图如图 3.6 所示。

$$圆形度=\frac{4\pi H}{(pr)^2} \tag{3.6}$$

式中，pr 为颗粒二维投影轮廓线周长，mm。

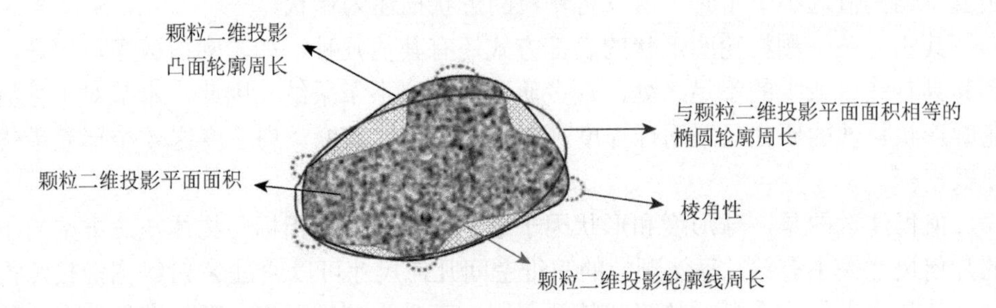

图 3.6　颗粒二维投影的相关参数

2）凸形度

凸形度是另一类表征颗粒棱角性的量化参数指标，其计算公式见式（3.7），其示意图如图 3.7 所示。

$$凸形度=\frac{H_1}{H_2} \tag{3.7}$$

式中，H_1 为颗粒二维投影平面面积，mm^2；

H_2 为颗粒二维投影凸面面积，mm^2。

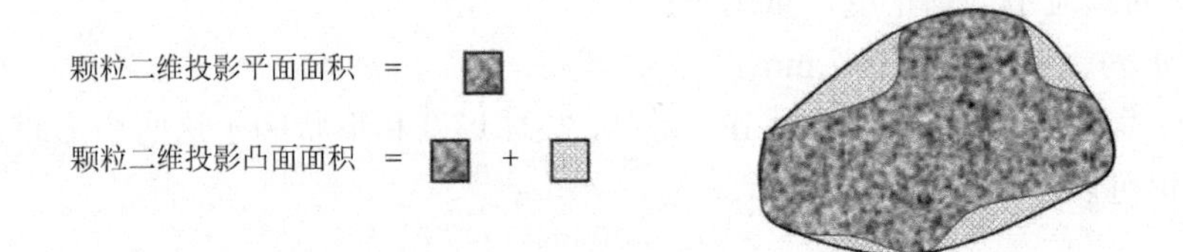

图 3.7　颗粒二维投影平面和凸面

由凸形度的表达式可知，颗粒二维投影中凸面面积永远大于等于其平面面积，故其数值小于等于 1。

3）棱角性指标

该参数量化指标概念是在等效椭圆的基础上提出来的，其计算公式见式（3.8）。

$$棱角性=(I_1/I_2)^2 \tag{3.8}$$

式中，I_1 为颗粒二维投影凸面轮廓周长，mm；

I_2 为与颗粒二维投影平面面积相等的椭圆轮廓周长，mm。

同时，用颗粒主尺寸的比例反映颗粒针片状程度的颗粒轮廓形状和颗粒轮廓上棱角突出程度的颗粒棱角性，并提供这两个量化参数指标的颗粒形貌参数可视化图，如图 3.8 所示。

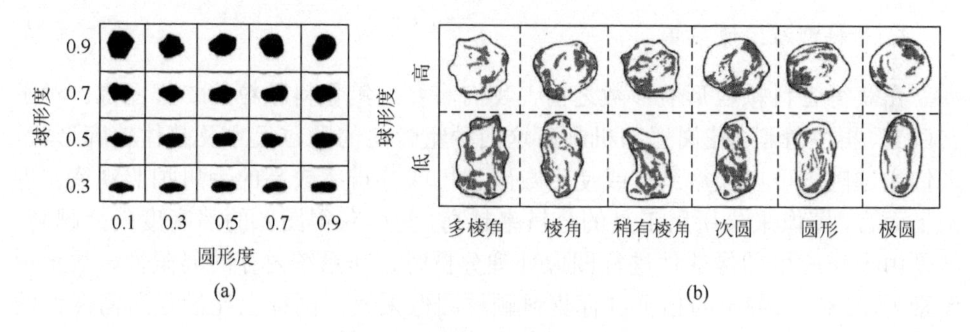

图 3.8　颗粒形貌参数可视化图

3. 骨料颗粒表观纹理及其量化参数指标

颗粒的表观纹理也称为表面粗糙度，是大量微小表面特征的总和，是固体颗粒固有和特定的属性，而这些属性又取决于母岩的质地、结构和风化程度。

一幅二维骨料颗粒图像中的表观纹理（或表面的粗糙程度）可以由像素灰度值的变化来表示，然后运用小波理论对骨料颗粒图像的纹理变化进行多尺度分析。通过迭代模糊原始图像的方式，将原始图像分解成一些低分辨率的图像，可以得到图像中所包含信息的精细强度变化结果。同时不断地迭代这些图像，可以定量分析不同尺寸颗粒的纹理情况，以这种方式最后得到粗细骨料样品的表观纹理值。而对于颗粒表观纹理的量化特性指标，研究者如今常将分形理论中的分形维数作为颗粒表观纹理参数指标。

分形理论是由 Mandelbrot 在 20 世纪 70 年代中期首次提出的，被认为是 20 世纪科学界极具有说服力和概括力的重大科学成果之一，他出版的《大自然的分形几何学》也是这一学科的经典代表作。分形理论分为两大类：线性分形和非线性分形，而分形有 5 个基本特征：①物体本身具有不规则性的形态；②具有自相似性；③具有任意小尺度的细节和结构；④分形维数具有非整数性（即非拓扑性维数）；⑤具有迭代分形性。其在材料科学、岩土工程等众多领域中得到了广泛应用，众多研究者通过研究表明，采用分形的方式（即分形维数）来定量表征和区别具有复杂性、不规则性但有自相似性特性的形体是可行的。

分形理论不仅可以表征混凝土胶凝体系中颗粒的特征和骨料颗粒表观纹理特征，而且可以表征混凝土微观层面，即其内部孔隙的分形特性，尤其对具有复杂表观纹理特征的骨料颗粒可以进行可量化的精准化描述。本节主要利用分形理论来研究分析混凝土中所用的粗骨料颗粒形貌特性指标。

3.3.2 骨料颗粒形貌参数测量

1. 骨料颗粒图像采集

在获得骨料颗粒形貌参数之前，我们需要采集骨料颗粒的二维图像。对于玄武岩、再生骨料、花岗岩和机制石这四种粗骨料的颗粒尺寸及整体轮廓形状，人们通过肉眼可以观察到，或使用数码相机或分辨率较高的手机拍照观察。理论上而言，图像采集所用工具的分辨率越高，则所获得图像的清晰度就会越高，但是由于在应用图像软件进行图像处理分析时，其系统内存的局限性，故采用像素为 2580×1936 的相机进行集料颗粒图像采集，同样也能满足所需图像的清晰度，其颗粒采集仪示意图如图 3.9 所示。对于河砂、海砂、机制砂和标准砂这四种细骨料颗粒，则直接将其放置在型号为 XTL-3000C 的电子显微镜下进行观察。

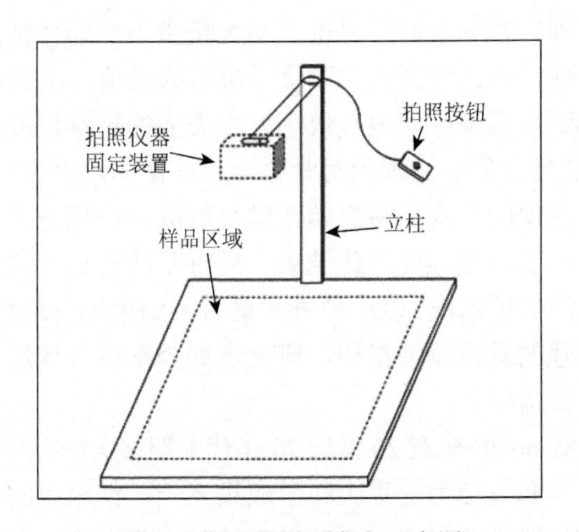

图 3.9 样品颗粒采集仪示意图

可以利用计算机技术对每一张图像进行数字信息化，并且通常用其在二维空间的函数 $f(x, y)$表示，其中点(x, y)是其二维空间坐标，而对应的图像函数 $f(x, y)$值则为该点的图像强度。用栅格的方式将图像分为有限个无限小的采样点，而每一个采样点即数字化图像的一个像素或图像元素。当对采样图像进行图像平滑（锐化）、图像亮度变换、参数边缘化、阈值分割等计算机操作时，将图像函数的亮度转化为数字等价量的过程，称为该图像的量化。

为了在后期图像处理分析中，能够快速准确地从图像中获取所需求的颗粒相关参数，在采集图像时应考虑对骨料颗粒背景颜色的选择，图像背景颜色应尽可能地与颗粒本身颜色形成鲜明的对比，以便在图像处理过程中能够快速地将颗粒形状特性检测识别出来。因此，本章对于粗骨料主要采用的背景颜色为白色和蓝色，如图3.10所示［图3.10（a）、图3.10（c）、图3.10（d）背景颜色为白色，图3.10（b）背景颜色为蓝色］。同时，将骨料颗粒平铺时，应尽量使颗粒之间保持一定的距离，这样既可以保证单个颗粒形状的独立性，使其不受其他颗粒的影响，又可以为图像分割节省大量时间，也能准确获取颗粒本身固有的实际形状特性。

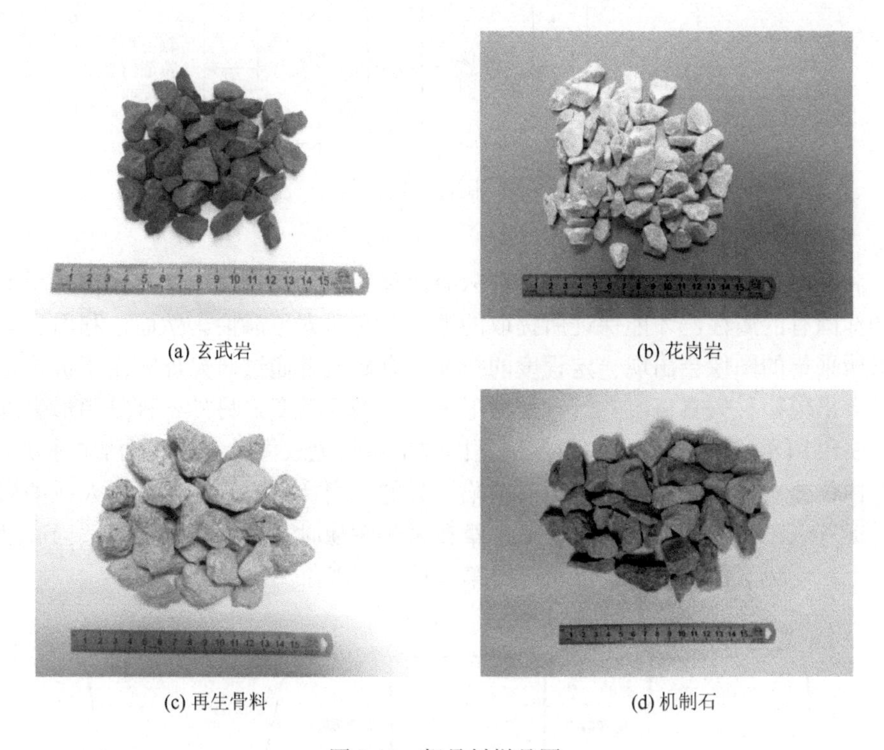

(a) 玄武岩　(b) 花岗岩

(c) 再生骨料　(d) 机制石

图3.10　粗骨料样品图

2. 骨料颗粒图像处理

利用计算机图像处理分析技术对获取的骨料颗粒二维图像进行数字化处理，自然会涉及相关的图像处理分析软件，而常用的图像处理软件有Albe R2V、Auto CAD、Adobe Photoshop和IPP等。但是本章主要运用如今技术非常成熟、功能丰富而强大的双列直插式封装（DIP）技术中的IPP来对骨料颗粒进行图像处理、检测和识别，并提取图像中颗粒的目标特征参数信息。

Image Pro-Plus是由美国知名的Media cybernetics媒体控制公司研发推行的

一套成熟的图像处理软件，它具有图像增强、色彩交换、计数和测量、图像数据库和图像分割等功能，并且为了方便读取所需的图像特征信息的原始数据，提供了一种动态数据交换（DDE）机制，以便能将数据导出到 Excel 中或其他相关的数据分析软件中。

本章针对如何从图像中获取颗粒相关参数信息进行详细介绍。图 3.11 是图像处理流程图。

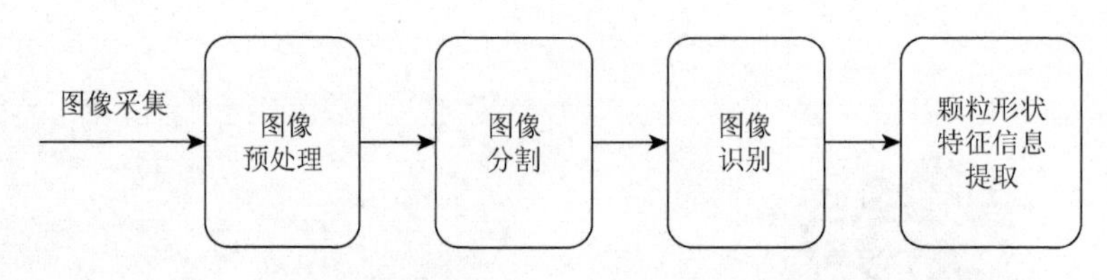

图 3.11　图像处理流程图

利用 IPP 处理骨料颗粒样品时，只有确保所得到的量化图像能真实客观地反映物体固有的属性，才能保证所提取的数据具有研究可靠性。然而，利用当前的相机所采集的图像会出现一定程度的扭曲，有研究者通过研究证实由相机采集的图像会出现两种失真情况，一种是桶形失真或桶形畸变，另外一种是梯形失真，如图 3.12 所示。桶形失真的主要原因是图像在镜头上成像时会呈现桶形微胀形状，这是由仪器本身存在的不可避免的缺陷引起的。而梯形失真主要是由人在拍摄时手抖动等人工操作所产生的。但是本章在采集图像时是将相机固定在适当高度的脚架上，避免了由人为因素所引起的第二种失真现象。

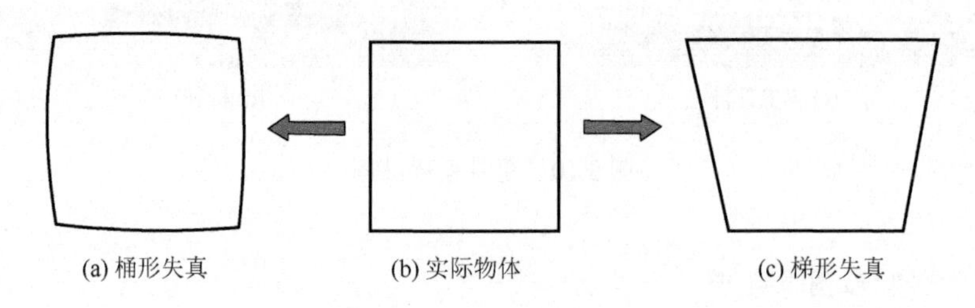

图 3.12　图像两种失真现象

在对骨料颗粒图像进行采集前，本节利用一元硬币来进行图像校正，并运用 IPP 对硬币图像进行处理，如图 3.13 所示，测量硬币的轮廓面积、平均直径、圆形度以及凸轮廓周长与轮廓周长之比这 4 个参数，表 3.5 为校正后的测量结果。

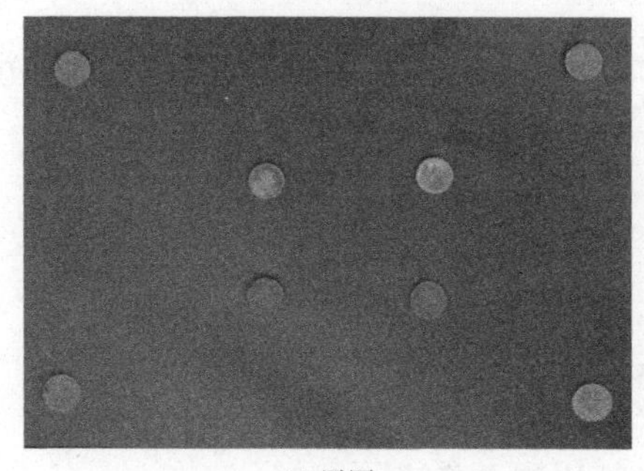

(a) 原图

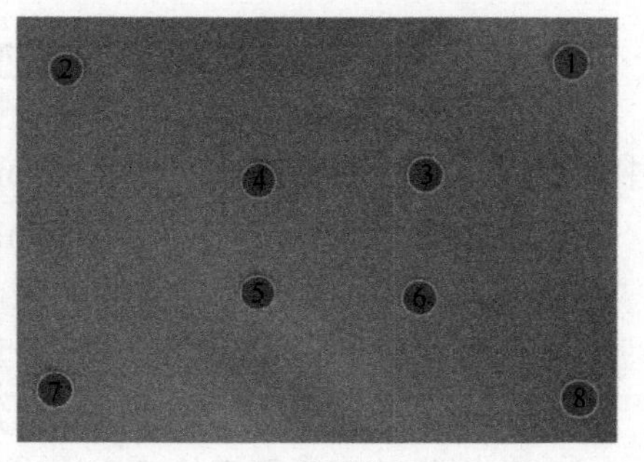

(b) 处理图

图 3.13　硬币校正处理图

表 3.5　硬币校正后参数值

硬币编号	轮廓面积/像素	平均直径/像素	圆形度/像素	周长比值
1	22 245.21	169.2483	1.0108	0.9609
2	21 926.32	168.2762	1.0138	0.9617
3	22 179.25	168.1111	1.0003	0.9685
4	21 982.75	168.9985	1.0198	0.9624
5	21 963.26	168.4172	1.0138	0.9588
6	22 038.61	168.8055	1.0149	0.9600
7	22 347.60	170.6425	1.0228	0.9579
8	22 384.97	170.9769	1.0252	0.9586
平均值	22 133.50	169.1845	1.0152	0.9611
标准差	180.19	1.0748	0.0078	0.0034
变异系数/%	0.81	0.64	0.77	0.35

由表 3.5 可知，这 4 个参数的变异系数均小于 1%，基于小波变换图像恢复算法和矢量量化法等图像复原理论，说明硬币图像校正后图像复原效果显著。同时，利用应用 IPP 对样品图像颗粒进行处理后得到的相关参数（单位均为像素，物体长度或面积除外，二者单位分别为 mm 或 mm^2），当需要测量物体的实际尺寸时，就需要对图像设定尺寸标定，因其不是本节研究关注的重点，故只简单介绍像素和国标单位之间的一种转换方法。已知一元硬币的实际直径 D 为 25 mm，则可以根据应用图像处理软件得到的长度和面积，以及利用式（3.9）和式（3.10）就可以计算出图像中所需要测量物体的实际长度和面积。

$$L_a = \frac{Dl_p}{F_m} \tag{3.9}$$

$$H_a = \frac{\pi D^2}{4H_c} H_p \tag{3.10}$$

式中，L_a为粗骨料颗粒的实际长度，mm；

l_p为图像处理后骨料的长度，mm；

H_a为粗骨料投影平面的实际面积，mm^2；

H_c为图像处理后硬币的面积，像素；

H_p为图像处理后骨料的面积，像素；

F_m为图像处理后硬币的费雷特直径平均值，像素。

上一步操作完成后，接下来就可以采集骨料颗粒图像并对其进行图像预处理。图像预处理主要包括图像平滑、图像降噪（或图像滤波）和图像锐化，以卵石颗粒图像为例，利用 IPP 对其进行图像预处理，不同的操作将会出现不一样的效果图，图 3.14（a）是调试不同亮度后所产生的结果，图 3.14（b）则是图像降噪后的效果图。

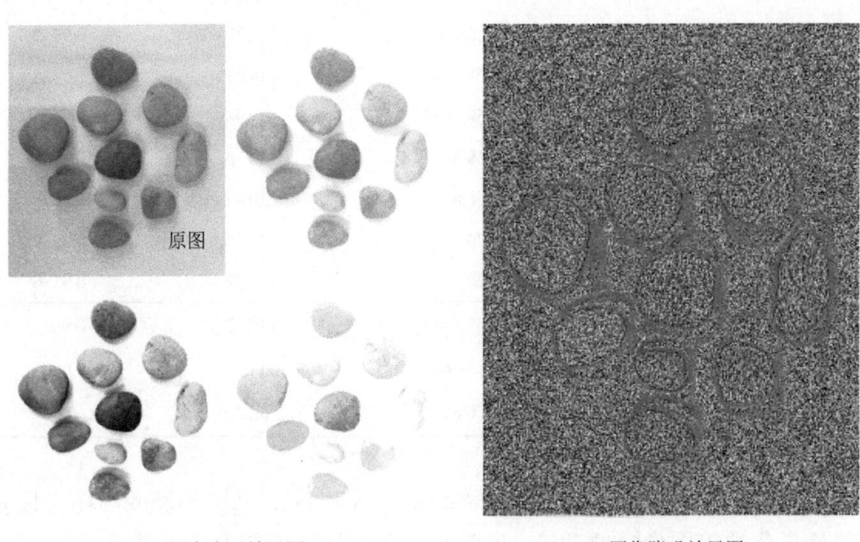

(a) 不同亮度下效果图　　(b) 图像降噪效果图

图 3.14　不同亮度下效果图和图像降噪效果图

在对图像预处理后的图像数据进行分析前，图像分割是图像处理过程中最重要的步骤之一，它通常指的是利用图像处理软件中的阈值分割法将图像中的目标物体分离出来。在目标图像中，因不同区域具有不同的灰度等级，故区域间会存在灰度阶跃变化，而变化的临界处将会形成一条轮廓线。假设在二维坐标中有一幅由函数 $F(x, y)$所定义的连续二维图像，如图 3.15 所示，中间区域为高灰度等级部分，假定其由轮廓线所围成的封闭区域面积为 A_2，而外侧则为灰度等级区域，其由轮廓线所围成的封闭区域面积为 A_1（包括面积 A_2）。在对图像进行灰度处理的过程中，通过选用灰度等级大于等于 F_2 的阈值，它会从中心高灰度级区域光滑均匀地变化到与低灰度级区域部分相接触的边沿处，然后形成一条闭合曲线，该闭合曲线围成的区域面积为 A_2。同理，当选择灰度等级大于等于 F_1 的阈值时，也会得到由封闭光滑轮廓线所围成的区域面积 A_1。

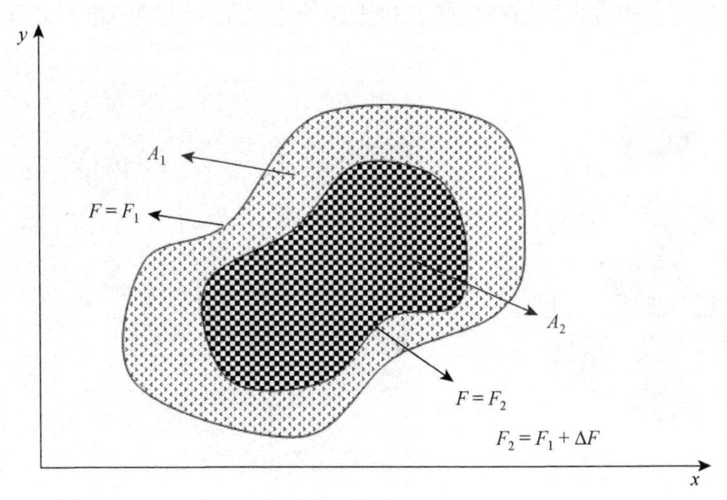

图 3.15　灰度阈值图

但是，当相邻区域的灰度等级相差较小或不存在灰度阶跃变化时，对图像进行预处理后其仍然会显得模糊，还是不能提取图像中目标物体的特征信息，而本章主要将颗粒从采集图的背景区域和阴影部分中矢量化分离出来，然后将目标物体颗粒分割出来再适当调整阈值，如图 3.16 所示。

(a) 图像分割前

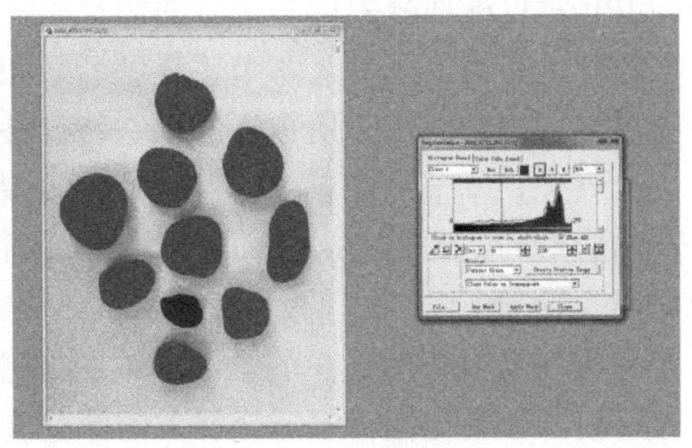

(b) 图像分割后

图 3.16　图像分割图

模式识别被用于物体和区域的分类，可以按性质将二维图像中所有由栅栏划分的所有像素元或区域分为若干类别中的一类，而在图像识别过程中常见的有统计模式识别和句法模式识别这两种模式，尤其是20世纪80年代发展起来的神经网络识别模式在数字图像处理分析识别中受到关注。图像识别的最终目的是提取图像中受关注部分的数字化信息，以便对目标物体进行评估和分类，而本章主要是将骨料颗粒识别出来并获取其特征信息。图 3.17（a）是对卵石颗粒图像识别后的效果图，图 3.17（b）则是图像识别后按照颗粒投影面积由大至小的顺序进行处理的结果。

(a) 图像识别图

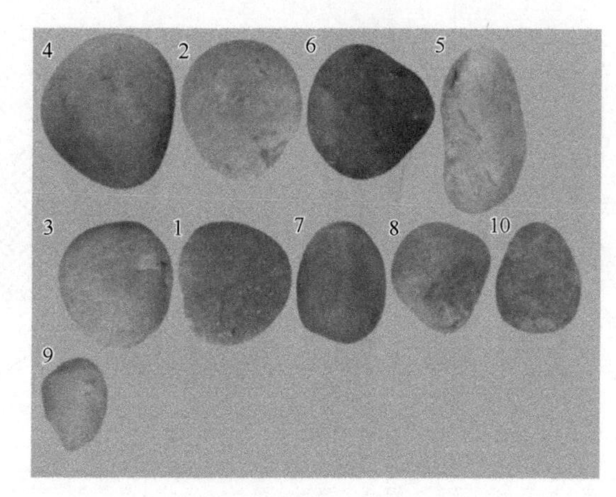

(b) 按颗粒投影面积大小排序图

图 3.17　图像识别图和按颗粒投影面积大小排序图

3. 骨料颗粒几何参数提取

对图像中目标对象的特征进行提取在图像处理研究中非常重要，也是数据分析中最关键的环节。对骨料颗粒图像进行处理生成二维数字化图像后，就可以利用 IPP 对目标部分提取有价值的信息。在 3.3.1 小节中提到了一些关于颗粒形貌参数的评价指标，因此，本节将详细介绍 IPP 这一多学科交叉的图像处理软件，能够提供目标物体部分所需要的哪些特征参数。

首先，本节应用前文介绍的图像采集方法，采集一张粒级为 9.5～16 mm 的花岗岩颗粒二维图像作为研究对象。然后利用 IPP 对其进行相应的图像处理，如图 3.18 所示。

在利用 IPP 对采集的颗粒二维图像进行计数和测量前，需要根据所选择的颗粒形貌特征量化指标来选择相关的测量参数，如图 3.18（d）所示，由此可知 IPP 软件提供了许多图像测量参数，故我们可以根据需要选择关键的测量参数。根据本章所涉及的骨料颗粒形貌量化参数指标[8]，对由 IPP 软件测试的相关参数和物理意义进行了汇总，如表 3.6 所示。

选择表 3.6 中的相关参数，运用 IPP 提取图像中颗粒的数字化信息，如表 3.6

所示。然后将这些数据导出到其他数据分析软件中，并将这些数据转换成颗粒形貌量化参数指标，这就是数字化图像处理的最终目的，即提取出图像中有价值的特征信息量，见表 3.7。

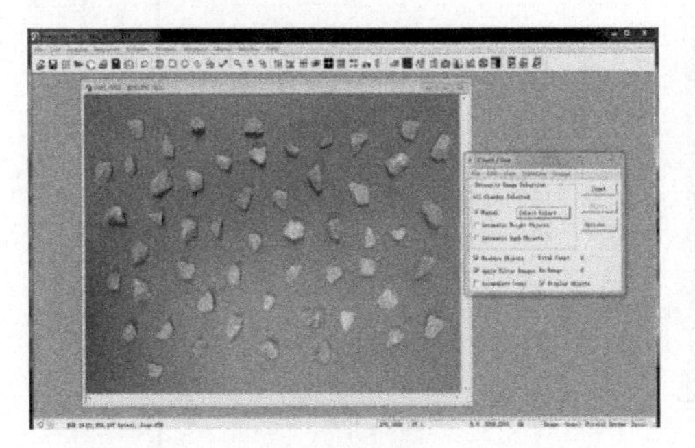

(a) 原图

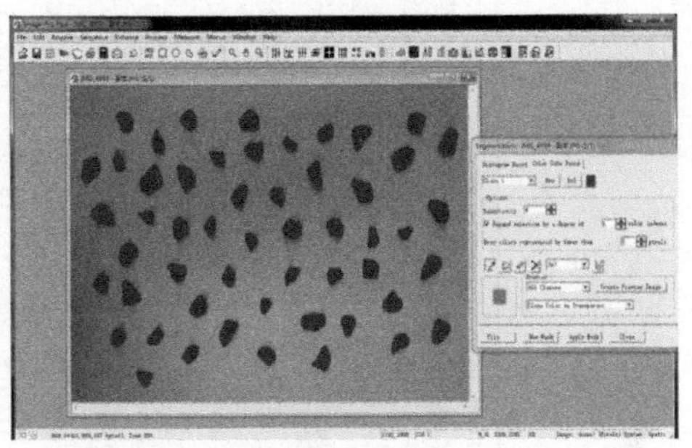

(b) 图像分割

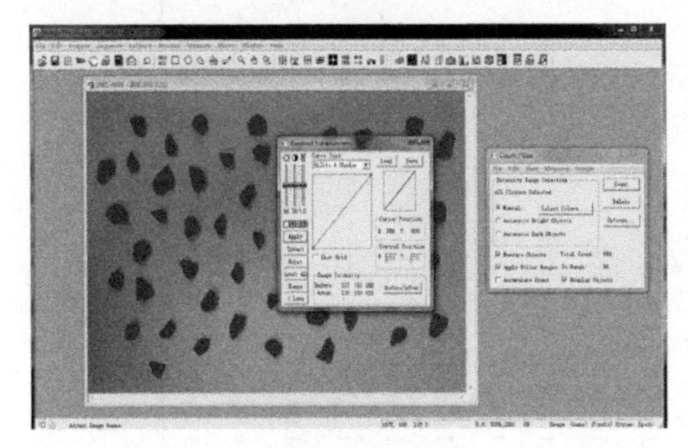

(c) 图像锐化和平滑

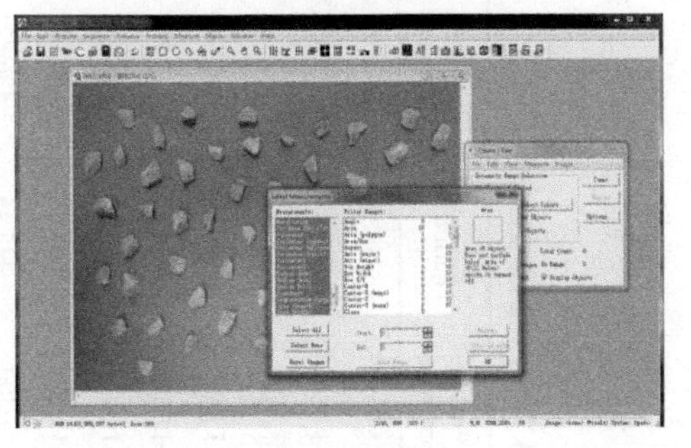

(d) 图像测量

图 3.18　花岗岩颗粒图像处理过程

表 3.6　骨料颗粒形貌量化参数物理意义

测量参数	物理意义
Area	测量物体面积（不包括内孔面积）
Area（polygon）	测量物体面积
Area/Box	测量物体面积与外切最小矩形框面积比
Feret（mean）	测量物体的费雷特平均直径
Fractal Dimension	测量物体的分形维数
Perimeter	测量物体的轮廓周长
Perimeter（convex）	测量物体凸面周长
Perimeter（ellipse）	测量物体等效椭圆的周长
Roundness	测量物体的圆形度
Size（length）	测量物体沿主轴方向的费雷特直径
Size（width）	测量物体沿次轴方向的费雷特直径

表 3.7　IPP 测量数据表

（单位：像素）

序号	Area	Area（polygon）	Area/Box	Feret（mean）	Fractal Dimension	Perimeter	Perimeter（convex）	Perimeter（ellipse）	Roundness	Size（length）	Size（width）
1	10 240	10 261	0.7171	120.27	1.0699	389.67	376.86	367.34	1.2973	137.34	125.53
2	14 782	15 203	0.6931	151.73	1.0553	490.81	477.88	450.33	1.2772	170.51	133.35
3	16 165	16 177	0.7381	150.97	1.0381	489.38	475.87	459.92	1.2347	169.42	158.97
4	18 166	18 182	0.7101	159.39	1.0433	527.49	508.96	480.82	1.2812	167.54	110.60
5	12 574	12 632	0.6900	134.39	1.0448	457.84	438.76	408.71	1.3962	159.88	134.48
6	17 259	17 843	0.5876	171.79	1.0472	563.07	548.35	498.58	1.4537	205.31	147.52
7	22 865	22 886	0.6626	184.61	1.0303	608.56	584.67	559.71	1.3838	206.68	102.78
8	12 192	12 202	0.7450	138.87	1.0400	445.45	436.87	418.07	1.3718	169.62	75.024
9	7 835	7 859	0.5740	110.27	1.0632	368.02	347.73	333.42	1.5425	124.26	134.53
10	14 646	14 659	0.6970	148.34	1.0577	490.38	474.15	439.74	1.4090	156.99	148.01
11	22 769	23 134	0.6490	179.54	1.0275	586.20	566.82	548.82	1.2583	198.8	91.144
12	10 376	10 383	0.6644	127.98	1.0453	419.11	404.93	387.57	1.4568	158.92	105.26
13	10 035	10 051	0.7366	121.45	1.0549	396.81	382.34	364.79	1.3398	138.75	140.45
14	20 708	20 746	0.7200	174.18	1.0304	567.15	548.44	532.01	1.2644	213.9	118.22
15	15 502	15 513	0.6211	159.78	1.0504	530.39	506.35	476.79	1.5438	193.68	148.44
16	23 892	23 906	0.6100	191.27	1.0317	616.31	603.35	571.52	1.3428	220.52	132.26
17	18 328	18 342	0.7171	165.81	1.0305	541.47	521.98	494.87	1.3525	188.65	154.05
18	22 269	22 304	0.6913	182.66	1.0317	621.3	583.88	549.89	1.5021	223.49	125.53

3.3.3　粗骨料颗粒形貌量化参数指标分析研究

1. 粗骨料颗粒形貌量化参数统计分布

为了研究颗粒形貌量化参数指标是否与颗粒粒径大小有直接关系，分别采集再生骨料、机制石、玄武岩和花岗岩这 4 种粗骨料各粒径区间的颗粒图像，然后应用 IPP 对其进行图像量化分析处理，并获取与 8 个形貌量化参数指标相关联的参数值。

对于同一种粗骨料，其 8 个形貌量化参数指标在同一粒径区间内集中（或均匀）分布的区间大致相同。以再生骨料为例，其 9.5～16.0 mm 粒径区间颗粒的扁平度参数值集中分布的区间为 0.680～0.780，而 16.0～19.0 mm、19.0～26.5 mm 和 26.5～31.5 mm 粒径区间颗粒的扁平度参数值分别集中分布在 0.625～0.800、0.620～0.820 和 0.570～0.80 粒径区间。同时，关于再生骨料的其他形状量化参数值在各粒级区间的分布如表 3.8 所示，表 3.8 可以直观地说明形状量化参数值的分布并不随着粒级区间的不同而发生规律性变化。

表 3.8　再生骨料单粒径区间形貌量化参数值分布情况

粒径区间/mm	扁平度	分形维数	棱角性	球形度	凸形度	形状因子	圆形度	针状度
9.5～16.0	0.680～0.780	1.060～1.125	1.050～1.182	0.670～0.742	0.965～1.000	0.500～0.682	1.486～2.678	1.118～1.350
16.0～19.0	0.625～0.800	1.025～1.055	1.120～1.370	0.658～0.760	0.985～1.000	0.488～0.698	1.400～1.986	1.200～1.350
19.0～26.5	0.620～0.820	1.025～1.065	1.125～1.300	0.668～0.758	0.987～1.000	0.456～0.788	1.300～1.689	1.146～1.312
26.5～31.5	0.570～0.800	1.030～1.060	1.125～1.375	0.652～0.769	0.986～1.000	0.420～0.720	1.300～1.600	1.125～1.375

从物理的角度来讲，这四种粗骨料颗粒的分形维数、棱角性、圆形度和针状度四个参数均大于 1，其余四个参数的值均小于等于 1。就扁平度而言，当颗粒整体形状越扁平时，扁平度值会越小，相反，颗粒整体形状越饱满，扁平度值就会越大。同时，通过观察再生骨料、机制石、玄武岩和花岗岩等可知，机制石颗粒的整体形状比其他三种骨料颗粒要扁平，故其扁平度值相应比其他三者要小。而再生骨料颗粒在这 4 种粗骨料颗粒中整体饱满性最大，所以它的扁平度值相对而言也是最大的。

2. 粗骨料颗粒形貌量化参数与堆积密实度的相关性

本节主要对选定的 8 个颗粒形貌量化参数指标与堆积密实度之间的关联性进

行研究（图 3.19），为后续研究考虑骨料颗粒形貌特征对颗粒体系堆积密实度的影响后对 CPM 进行修正奠定基础。首先，在上述 4 种粗骨料的所有粒径区间内各随机选取 4 份样品颗粒，即共 52 份，然后测定样品的松散堆积密实度以及计算利用 IPP 所获取样品的 8 个颗粒形貌量化特征参数的加权平均值，如表 3.9 所示。

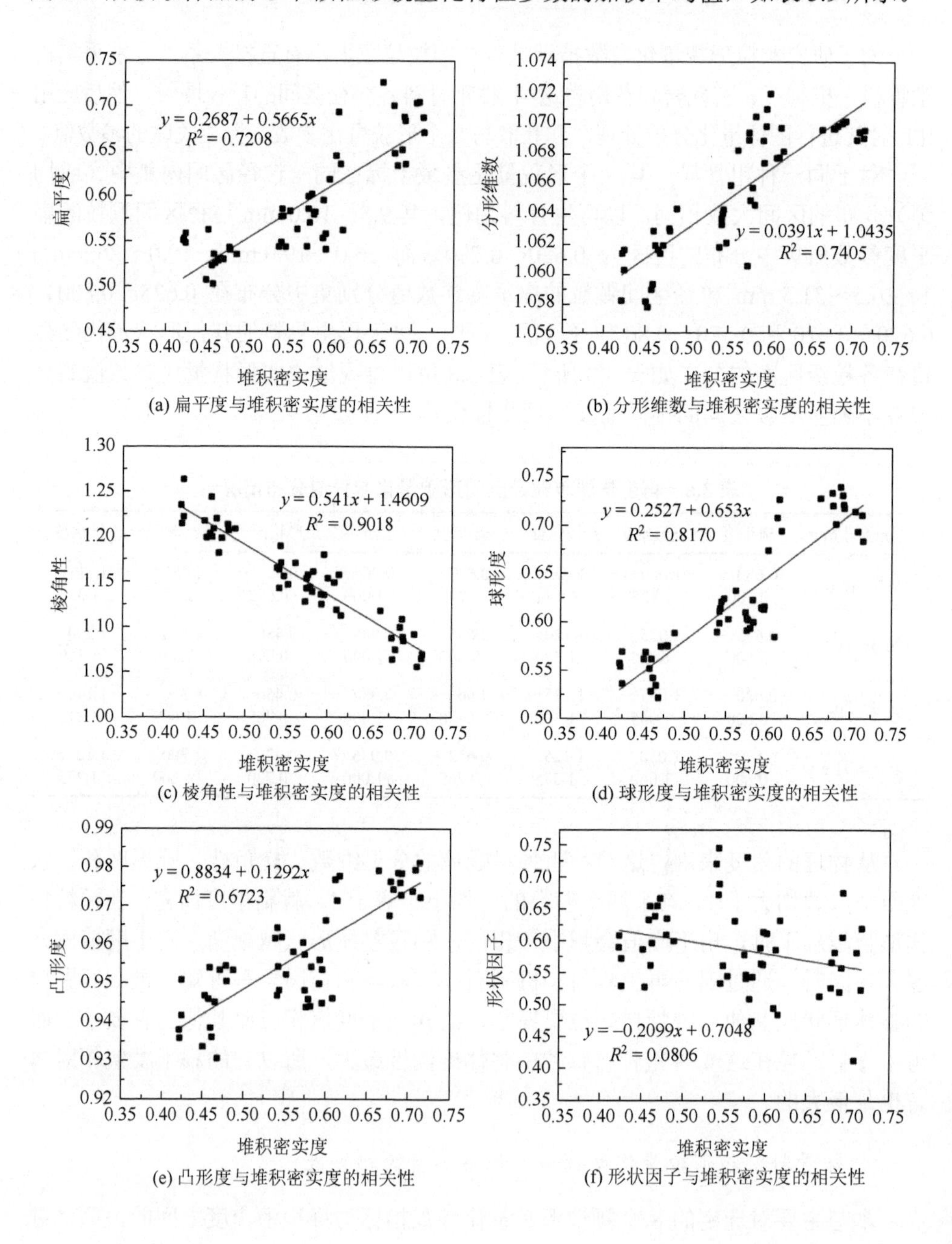

(a) 扁平度与堆积密实度的相关性

(b) 分形维数与堆积密实度的相关性

(c) 棱角性与堆积密实度的相关性

(d) 球形度与堆积密实度的相关性

(e) 凸形度与堆积密实度的相关性

(f) 形状因子与堆积密实度的相关性

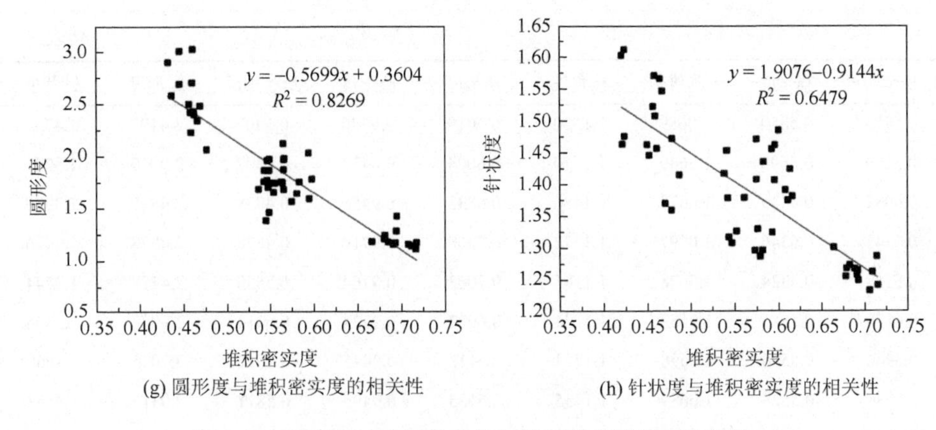

(g) 圆形度与堆积密实度的相关性　　(h) 针状度与堆积密实度的相关性

图 3.19　粗骨料形貌量化参数与堆积密实度间的相关性

表 3.9　样品颗粒堆积密实度及形貌量化参数值

堆积密实度	扁平度	分形维数	棱角性	球形度	凸形度	形状因子	圆形度	针状度
0.4686	0.5302	1.0614	1.1812	0.5199	0.9302	0.6541	1.7054	1.5465
0.4658	0.5278	1.0616	1.2196	0.5329	0.9448	0.6381	1.7437	1.5658
0.4621	0.5250	1.0619	1.2081	0.5407	0.9357	0.5956	1.7579	1.4564
0.4603	0.5351	1.0629	1.1989	0.5603	0.9382	0.5608	1.6851	1.5074
0.4596	0.5016	1.0594	1.2432	0.5267	0.9537	0.6537	1.9598	1.5708
0.4580	0.5222	1.0590	1.2027	0.5503	0.9456	0.6322	1.7697	1.5223
0.4510	0.5060	1.0582	1.2171	0.5603	0.9332	0.5855	1.8740	1.4623
0.4533	0.5619	1.0578	1.1982	0.5674	0.9465	0.5268	1.9727	1.4457
0.4220	0.5507	1.0583	1.2347	0.5562	0.9376	0.5889	2.1231	1.6027
0.4251	0.5475	1.0603	1.2219	0.5346	0.9413	0.5714	1.9811	1.6118
0.4227	0.5525	1.0614	1.2142	0.5526	0.9354	0.6074	1.7470	1.4632
0.4251	0.5583	1.0616	1.2630	0.5678	0.9505	0.5284	1.8652	1.4756
0.4718	0.5294	1.0619	1.1976	0.5733	0.9530	0.6658	1.6818	1.3696
0.4800	0.5399	1.0629	1.2062	0.5735	0.9501	0.6344	1.8654	1.4719
0.4792	0.5427	1.0631	1.2130	0.5742	0.9541	0.6090	1.9685	1.3587
0.4882	0.5348	1.0644	1.2079	0.5871	0.9530	0.5986	1.7458	1.4148
0.5394	0.5433	1.0618	1.1647	0.5882	0.9612	0.7198	3.0079	1.4168
0.5423	0.5482	1.0633	1.1424	0.6094	0.9639	0.7446	2.3407	1.4531
0.5421	0.5763	1.0637	1.1633	0.5974	0.9465	0.6718	2.5815	1.4531
0.5435	0.5851	1.0640	1.1889	0.6126	0.9539	0.6885	2.6900	1.3781
0.5754	0.5987	1.0694	1.1421	0.5897	0.9478	0.5457	2.0631	1.4076
0.5836	0.5816	1.0705	1.1608	0.5982	0.9538	0.5422	2.2280	1.4352

续表

堆积密实度	扁平度	分形维数	棱角性	球形度	凸形度	形状因子	圆形度	针状度
0.5755	0.5850	1.0689	1.1530	0.6019	0.9570	0.5402	2.4199	1.4707
0.5769	0.5698	1.0649	1.1570	0.6004	0.9435	0.7302	2.9010	1.3291
0.6089	0.6439	1.0677	1.1486	0.5833	0.9458	0.4938	2.4810	1.3906
0.6143	0.6346	1.0697	1.1572	0.7250	0.9710	0.4838	2.4978	1.4236
0.6118	0.6924	1.0678	1.1186	0.7063	0.9764	0.5850	2.4278	1.3744
0.6170	0.5616	1.0682	1.1124	0.6927	0.9774	0.6314	2.3982	1.3806
0.5964	0.5576	1.0698	1.1793	0.6111	0.9445	0.5617	2.7025	1.4060
0.5930	0.5528	1.0689	1.1355	0.6133	0.9495	0.5877	2.0317	1.4553
0.5967	0.5404	1.0710	1.1350	0.6144	0.9531	0.6132	1.7814	1.4617
0.6011	0.6176	1.0720	1.1534	0.6722	0.9659	0.6110	3.0268	1.4847
0.7059	0.7027	1.0689	1.0921	0.7125	0.9735	0.4120	1.1544	1.2326
0.7145	0.6867	1.0929	1.0655	0.7088	0.9808	0.5225	1.1075	1.2866
0.7093	0.7036	1.0715	1.0562	0.6920	0.9790	0.5806	1.1392	1.2623
0.7154	0.6700	1.0696	1.0702	0.6821	0.9719	0.6188	1.1707	1.2414
0.6647	0.7254	1.0696	1.1177	0.7262	0.9788	0.5125	1.1791	1.3007
0.6784	0.6995	1.0697	1.0876	0.7319	0.9673	0.5260	1.2054	1.2548
0.6793	0.6466	1.0697	1.0640	0.7188	0.9760	0.5654	1.2399	1.2675
0.6830	0.6331	1.0699	1.0751	0.6997	0.9739	0.5810	1.1754	1.2726
0.6887	0.6508	1.0700	1.0998	0.7380	0.9783	0.5193	1.1521	1.2671
0.6913	0.6874	1.0702	1.1090	0.7293	0.9757	0.5569	1.1680	1.2577
0.6923	0.6831	1.0702	1.0890	0.7196	0.9725	0.6056	1.2806	1.2647
0.6930	0.6349	1.0702	1.0847	0.7162	0.9781	0.6750	1.4225	1.2486
0.5738	0.5437	1.0606	1.1275	0.6082	0.9601	0.5772	1.5647	1.2957
0.5824	0.5789	1.0646	1.1387	0.6211	0.9437	0.4736	1.7546	1.2957
0.5798	0.6014	1.0658	1.1437	0.5920	0.9455	0.5081	1.6429	1.2862
0.5938	0.5946	1.0674	1.1247	0.6124	0.9557	0.5633	1.5917	1.3239
0.5446	0.5769	1.0643	1.1705	0.6192	0.9478	0.5328	1.3811	1.3165
0.5532	0.5826	1.0659	1.1464	0.6015	0.9519	0.5440	1.6535	1.3258
0.5480	0.5432	1.0621	1.1557	0.6225	0.9615	0.5603	1.4604	1.3076
0.5621	0.5627	1.0683	1.1702	0.6310	0.9577	0.6307	1.7583	1.3786

在颗粒堆积过程中，颗粒本身特征属性（如粒径尺寸、轮廓形状）对堆积密实度有很大的影响，并且研究者通过试验和模拟得出一个结论：当颗粒体系中所有颗粒为球体或正方体时，颗粒体系的堆积密实度最大，即认为颗粒的理想形状

为球体或正方体。因此，为了研究这 8 个颗粒形貌量化参数值与堆积密实度的相关性，利用数值回归的方法对其进行分析。

由图 3.19 可知，对于颗粒轮廓形状指标，球形度与堆积密实度之间的相关性最高，相关度为 0.8170；而形状因子与堆积密实度的相关度最低，只有 0.0806。甚至可认为这两者之间没有直接关联性，这可能是因为这种颗粒形状因子参数的计算公式与颗粒在实际堆积过程中的形式相差甚大。对于多个棱角性量化指标，凸形度和圆形度与堆积密实度之间的相关性分别为 0.6723 和 0.8269。棱角性指标与颗粒体系堆积密实度最高，相关性为 0.9018；而分形维数与堆积密实度之间的相关性为 0.7405。其实，在实际的颗粒堆积过程中，若颗粒的棱角越多及与标准球体形状相差越大，则颗粒体系的空隙率也会越高，因此，颗粒的棱角性指标和球形度指标与堆积密实度的相关性相对较高。

3.3.4　细骨料颗粒形状参数指标分析研究

由于细骨料颗粒粒径较小，用电子显微镜对其进行观察时，一次性所能观察到的清晰颗粒的数量不是很多。因此，本节首先观察样品颗粒群的特性，图 3.20 是采集的海砂的两个粒径区间的颗粒群图像。总结样品颗粒群的大致形状、表观纹理和棱角性后，有针对性地选择有限个颗粒作为代表性样品进行观察并采集其二维图像。

(a) 0.30～0.60 mm颗粒

(b) 0.60～1.18 mm颗粒

图 3.20　细骨料颗粒图像

应用电子光学显微镜对这 4 种细骨料 4 个粒径区间（0.15～0.30 mm、0.30～0.60 mm、0.60～1.18 mm 和 1.18～2.36 mm）的颗粒放大 10 倍后进行观察，并采集颗粒的二维图像，如图 3.21 所示。

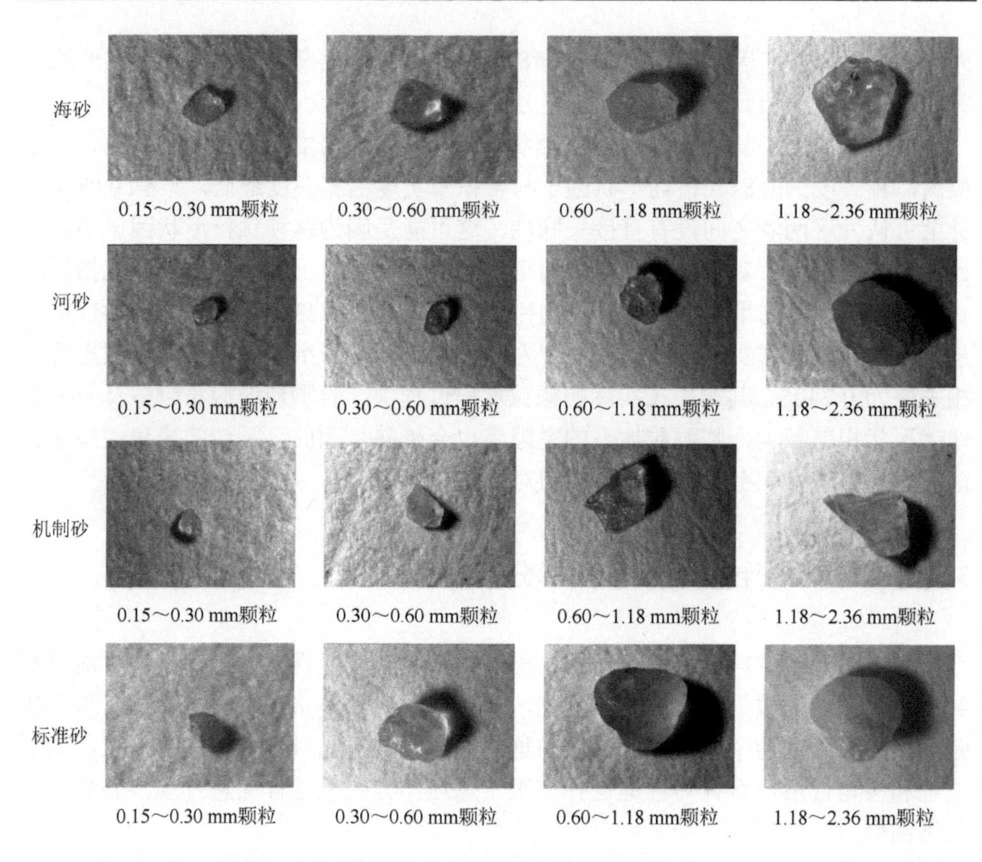

图 3.21　细骨料颗粒显微图像

从显微镜中可以直观地观察到，机制砂的 4 种单粒级样品颗粒的棱角性明显比其他 3 种细骨料样品颗粒的棱角性要大且尖锐，而海砂、河砂和标准砂这三种细骨料颗粒的表观纹理都比机制砂颗粒好，且表面更加光滑。与河砂、机制砂和标准砂三种细骨料颗粒相比，海砂细骨料含有的表面被溶蚀的有缺陷的颗粒较多，且海砂与河砂颗粒表面平整性差不多且均较光滑。虽然这四种细骨料颗粒表面都会有凹凸不平的波浪或月牙纹理，但是就整体颗粒数量而言，标准砂含有的这种颗粒量较少。对于细骨料颗粒形貌量化参数指标，本节只测定这四种细骨料颗粒的圆形度和棱角性，将其作为颗粒形貌特征的判断指标[9]。

1. 细骨料颗粒圆形度指标

利用 IPP 对海砂、河砂、机制砂和标准砂这 4 个单粒径区间内的所有样品颗粒图像进行处理，并测定这些样品颗粒的圆形度，然后取其平均值，见表 3.10，各粒径区间细骨料颗粒圆形度值如图 3.22 所示。

表 3.10　细骨料颗粒圆形度

粒径区间/mm	海砂	河砂	机制砂	标准砂
0.15～0.30	0.82	0.81	0.76	0.83
0.30～0.60	0.76	0.77	0.68	0.79
0.60～1.18	0.79	0.78	0.69	0.77
1.18～2.36	0.78	0.77	0.73	0.78

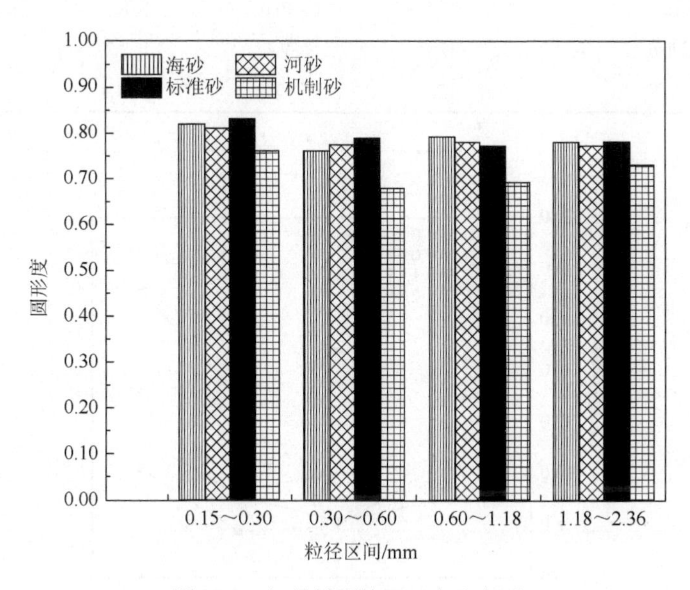

图 3.22　细骨料颗粒圆形度分布图

结合图 3.21 和图 3.22 分析可知，在粒径 0.15～2.36 mm 范围所划分的 4 个粒径区间内，海砂颗粒的圆形度比河砂颗粒的圆形度略大，而机制砂的圆形度比其他三种细骨料的圆形度都小，这与细骨料的来源有关。机制砂主要是对岩石进行简单的机械处理后所形成的，其颗粒形状相对较复杂，且表面常有破碎阶梯状纹理。而海砂和河砂则是在自然条件下形成的，其表面相对于机制砂要光滑。标准砂则是经过机械精细加工处理的符合国家标准规范的石英砂，其颗粒圆形度和棱角性比机制砂好。

2. 细骨料颗粒棱角性指标

细骨料颗粒棱角性特征可以通过使用细骨料流动时间测定仪测定一定量细骨料颗粒的流动时间来反映。本章为了避免颗粒级配对流动时间的影响，故只采用细骨料流动时间测定仪分别测定这四种细骨料单粒径区间颗粒的流动时间，测得的各细骨料单粒径区间颗粒的流动时间见表 3.11，并作单粒径区间颗粒与相应流动时间的关系图，如图 3.23 所示。

表 3.11　各类砂单粒径区间颗粒流动时间　（单位：s）

种类	流动时间/s			
	1.18～2.36 mm	0.60～1.18 mm	0.30～0.60 mm	0.15～0.30 mm
海砂	15.4	10.6	9.0	10.2
河砂	14.8	10.0	8.2	8.0
标准砂	12.6	9.4	9.2	7.8
机制砂	17.1	13.2	11.4	10.3

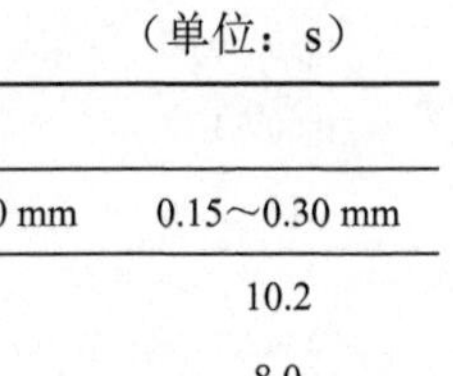

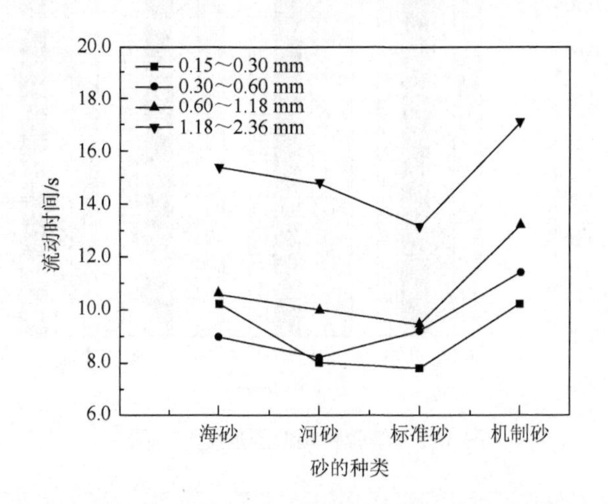

图 3.23　不同粒径区间颗粒与其流动时间的关系

由图 3.23 可知，这四种细骨料单粒径区间颗粒的流动时间随着单粒径区间颗粒尺寸增大有延长的趋势。出现这种现象可能有两个原因，一个原因可能是粒径大的颗粒流动时，颗粒间棱角接触面积比粒径小的颗粒间接触面积大，颗粒之间的咬合力也相对较强，故流动时间会相对较长；另一个原因可能和颗粒粒径与仪器漏斗口直径的比值有关，比值越小，颗粒就越易从漏斗口流出。

对于 0.15～0.30 mm、0.60～1.18 mm 和 1.18～2.36 mm 这三个粒级区间，由图 3.23 可以看出，机制砂、河砂和海砂这三种细骨料颗粒的流动时间排序均为：机制砂＞海砂＞河砂，这同时也说明机制砂的棱角性大于河砂和海砂。对于标准砂细骨料，从整体上而言，其流动时间小于河砂流动时间，即标准砂颗粒的棱角性小于河砂。

3.4　CPM 的修正及修正后的 CPM 的应用研究

3.4.1　CPM 的修正

现有的任何颗粒堆积模型都有其应用假设条件，而 CPM 的基本假设[10]是：①在任何混合颗粒体系中，颗粒与颗粒间的相互作用基本上都具有二元性质；②颗粒体系中至少有一个粒级颗粒占主导作用，它在颗粒体系中具有连续性和应力传递性，并允许其他粒级颗粒给予它松动效应和附壁效应；③在混合颗粒体系中，认为所有颗粒都具有相似形体特征。前两个假设条件基本上满足一般混合颗粒体系的堆积现象，但第 3 个假设条件除了特殊情形，即同一形状不同尺寸颗粒堆积的情况外，与颗粒体系堆积的实际情形还是有一定的差异，从而使得应用 CPM 预测的混合颗粒体系堆积密实度与真实值间存在误差。为了进一步提高 CPM 预测的混合颗粒体系堆积密实度的精确度，考虑颗粒形貌后对其进行修正。因此，本章主要考虑颗粒形状特性对颗粒体系堆积密实度的影响后对当前应用最广泛的 CPM 进行修正并应用修正后的 CPM 进行研究。

1. 二元混合料作用效应系数标定

对二元混合颗粒体系堆积密实度进行计算推导是应用颗粒堆积模型预测多元混合颗粒体系堆积密实度的理论基础和重要前提。在颗粒堆积模型中，对于两种单粒级颗粒混合体系，存在三种情况：无交互作用的二元混合料、完全交互作用的二元混合料和部分交互作用的二元混合料，这在第 2 章中已有所提及。但是在这三种情形中，部分交互作用的二元混合料与实际堆积情况最相符，即在混合料堆积过程中存在松动效应和附壁效应这两种效应。

从数学角度而言，松动效应和附壁效应两者的数值只与二元混合颗粒体系中颗粒的尺寸比有关。若假设在部分交互作用的二元混合料中，颗粒 1 的体积分数 y_1 比颗粒 2 的体积分数 y_2 小，并使颗粒 2 的粒级 d_2 固定不变，而颗粒 1 的粒级 d_1 环绕颗粒 2 的粒级 d_2 变化时（图 3.24），则会存在下述两种情况。

当 $d_1 \geqslant d_2$ 时，

$$\gamma = \beta_2 / \{1-[1-\beta_2+b_{21}\beta_2(1-1/\beta_1)]y_1\} \tag{3.11a}$$

将等式两边等效转化，其形式可为

$$b_{21}=\frac{(1/\beta_2)-1-\left[(1/\gamma)-(1/\beta_1)\right]/y_1}{(1/\beta_1)-1} \tag{3.11b}$$

当 $d_1 \leqslant d_2$ 时，

$$\gamma = \beta_2 / \left[1-(1-a_{21}\beta_2/\beta_1)y_1\right] \tag{3.12a}$$

将等式两边等效转化，其形式可为

$$a_{21} = \beta_1 \left(\frac{\frac{1}{\gamma} - \frac{1}{\beta_2}}{y_1} + \frac{1}{\beta_2} \right) \tag{3.12b}$$

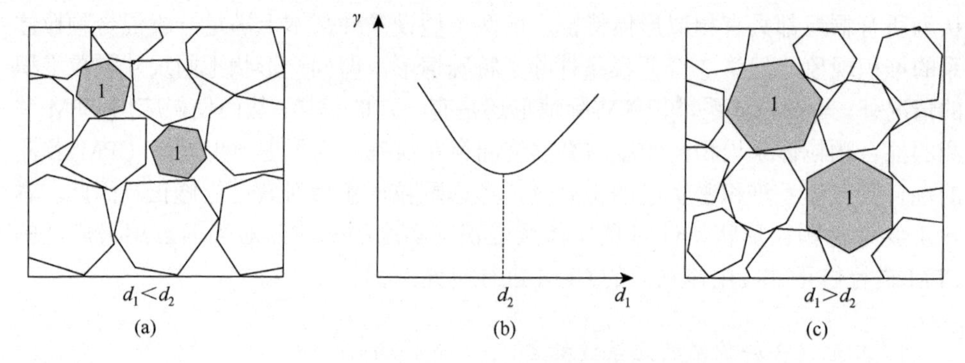

图 3.24　二元混合颗粒体系中粗颗粒与细颗粒之间的连续性

由第 2 章对颗粒形貌量化参数指标与堆积密实度相关性的分析可知，骨料颗粒轮廓特性和棱角度特征对颗粒体系堆积密实度有很大影响，其中球形度和棱角性是这两种特性中与堆积密实度相关性最高的，因此，本节将其作为颗粒形貌的两个最佳量化参数指标对 CPM 进行修正。虽然有研究者在建立颗粒形貌量化参数指标时，强调两个参数之间应具有几何独立性，但并不表示这两者间没有相关性，因为颗粒的轮廓形状与颗粒的棱角性是骨料颗粒两个既可以共同存在但又可以独立存在的两个形貌特征，图 3.25 是选取的两个最佳颗粒形貌量化参数间的关系图。

2. 作用效应系数修正

在 CPM 参数标定中，与颗粒形貌特征关联性最大的参数为作用效应系数，因颗粒间的相互作用（这里主要指粗颗粒之间的相互作用）不仅与颗粒的尺寸有关，而且与颗粒的轮廓形状、表观纹理及材料来源等因素有关。故本节将对 CPM 中的作用效应系数进行修正和优化。

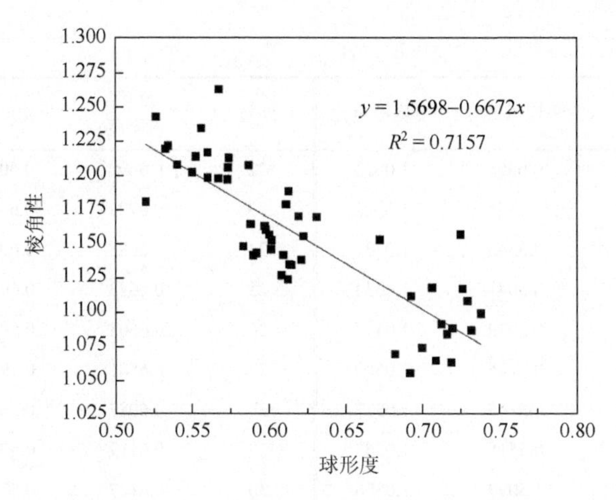

图 3.25　颗粒棱角性与球形度间的关系曲线

对二元混合颗粒体系堆积密实度（表 3.12）进行测定后，使用图像采集装置采集相应的颗粒二维图像，同时利用 IPP 对二元混合颗粒二维图像进行处理，并提取出与选取的两个最佳颗粒形貌量化参数指标有关的关键参数信息，并计算这两个参数的值，见表 3.13。

表 3.12　二元混合颗粒体系堆积密实度

粒径区间/mm		堆积密实度		粒径区间/mm		堆积密实度	
4.75～9.5	9.5～16	玄武岩	花岗岩	9.5～16	16～19	玄武岩	机制石
0.10	0.90	0.6691	0.4975	0.10	0.90	0.6638	0.6087
0.20	0.80	0.6866	0.5071	0.20	0.80	0.6686	0.6119
0.30	0.70	0.6971	0.5090	0.30	0.70	0.6729	0.6127
0.40	0.60	0.6644	0.5094	0.40	0.60	0.6692	0.6111
0.50	0.50	0.6913	0.5148	0.50	0.50	0.6727	0.6073
0.60	0.40	0.6862	0.5088	0.60	0.40	0.6688	0.6016
0.70	0.30	0.6878	0.5038	0.70	0.30	0.6623	0.5945
0.80	0.20	0.6784	0.5004	0.80	0.20	0.6603	0.5865
0.90	0.10	0.6800	0.4906	0.90	0.10	0.6581	0.5780

表 3.13　二元混合颗粒体系平均球形度和平均棱角性

序号	堆积密实度	平均球形度	平均棱角性	序号	堆积密实度	平均球形度	平均棱角性
1	0.6691	0.6328	1.0523	4	0.6644	0.6339	1.0525
2	0.6866	0.6329	1.0513	5	0.6913	0.6361	1.0516
3	0.6971	0.6336	1.0512	6	0.6862	0.6348	1.0519

续表

序号	堆积密实度	平均球形度	平均棱角性	序号	堆积密实度	平均球形度	平均棱角性
7	0.6878	0.6358	1.0523	22	0.6692	0.6017	1.0714
8	0.6784	0.6354	1.0522	23	0.6727	0.6083	1.0709
9	0.6800	0.6345	1.0521	24	0.6688	0.6072	1.0723
10	0.4975	0.5047	1.0634	25	0.6623	0.6027	1.0744
11	0.5071	0.5079	1.0597	26	0.6603	0.5958	1.0751
12	0.5090	0.5125	1.0589	27	0.6581	0.5951	1.0759
13	0.5094	0.5145	1.0577	28	0.6087	0.5630	1.3302
14	0.5148	0.5515	1.0565	29	0.6119	0.5742	1.2981
15	0.5088	0.5099	1.0556	30	0.6127	0.5789	1.2859
16	0.5038	0.5118	1.0604	31	0.6111	0.5722	1.3158
17	0.5004	0.5085	1.0611	32	0.6073	0.5676	1.3282
18	0.4906	0.5067	1.0662	33	0.6016	0.5611	1.3403
19	0.6638	0.5984	1.0735	34	0.5945	0.5571	1.3537
20	0.6686	0.6034	1.0730	35	0.5865	0.5558	1.3581
21	0.6729	0.6088	1.0701	36	0.5780	0.5508	1.3701

根据 Yaniv 等对作用效应系数的研究，假定 CPM 中作用效应系数的计算表达式如下所示。

选取粒径区间分别为 4.75～9.5 mm、9.5～16 mm 和 16～19 mm 的玄武岩、花岗岩和机制石，这三种粗骨料以不同比例（体积分数）进行二元混合，这样可以避免由颗粒尺寸比变化所带来的影响，然后测量二元混合颗粒体系的堆积密实度。

松动效应系数：

$$a_{ij}=\sqrt{1-(1-d_j/d_i)^{f(\tau_1,\tau_2)}} \tag{3.13}$$

附壁效应系数：

$$b_{ij}=1-(1-d_i/d_j)^{g(\tau_1,\tau_2)} \tag{3.14}$$

将上述两式两边等效转化，其形式可为

$$(1-a_{ij}^2)=(1-d_j/d)^{f(\tau_1,\tau_2)} \tag{3.13a}$$

$$(1-b_{ij})=(1-d_j/d)^{g(\tau_1,\tau_2)} \tag{3.14a}$$

从理论上讲，作用效应系数及两个特征粒径比值均大于 0 小于 1，故对式（3.13a）和式（3.14a）两边分别取对数，其形式为

$$f(\tau_1,\tau_2)=\log_{(1-d_j/d_i)}(1-a_{12}^2) \tag{3.15}$$

$$g(\tau_1,\tau_2)=\log_{(1-d_i/d_j)}(1-b_{21}) \tag{3.16}$$

式中，τ_1 为颗粒球形度量化参数，量纲一；

τ_2 为颗粒棱角性量化参数，量纲一；

$f(\tau_1,\tau_2)$ 和 $g(\tau_1,\tau_2)$ 分别为关于 τ_1 和 τ_2 的颗粒形貌函数。

然后，根据式（3.11）和式（3.12）计算二元混合颗粒体系的松动效应系数和附壁效应系数，再利用式（3.15）和式（3.16）即可求得两个颗粒形貌函数值，见表 3.14。

本节为了简化对颗粒形貌参数进行的二元回归，假定 $f(\tau_1,\tau_2)$ 和 $g(\tau_1,\tau_2)$ 的两种方程表达式如式（3.17）～式（3.20）所示。

方程组 1：

$$f(\tau_1,\tau_2)=a_1+b_1\tau_1+c_1\tau_2+d_1\tau_1\tau_2 \tag{3.17}$$

$$g(\tau_1,\tau_2)=a_2+b_2\tau_1+c_2\tau_2+d_2\tau_1\tau_2 \tag{3.18}$$

方程组 2：

$$f(\tau_1,\tau_2)=a_1\tau_1^{b_1}\tau_2^{c_1} \tag{3.19}$$

$$g(\tau_1,\tau_2)=a_2\tau_1^{b_2}\tau_2^{c_2} \tag{3.20}$$

式中，a_i、b_i、c_i 和 d_i（$i=1$，2）均为待定常数。通过对表 3.13 中 36 份二元混合颗粒样品数据进行二元数值回归来确定两种方程中的待定常数，其表达式和相关系数如式（3.21）～式（3.24）所示。

方程组 1：

$$f(\tau_1,\tau_2)=-1.933+7.765\tau_1+2.98\tau_2-8.53\tau_1\tau_2 \quad (R^2=0.9788) \tag{3.21}$$

$$g(\tau_1,\tau_2)=-1.966+9.086\tau_1+3.382\tau_2-10.18\tau_1\tau_2 \quad (R^2=0.9753) \tag{3.22}$$

表 3.14　二元混合颗粒体系形貌函数值

序号	松动效应系数	附壁效应系数	$f(\tau_1,\tau_2)$	$g(\tau_1,\tau_2)$	序号	松动效应系数	附壁效应系数	$f(\tau_1,\tau_2)$	$g(\tau_1,\tau_2)$
1	0.5489	0.3898	0.4554	0.6275	9	0.5442	0.3827	0.4462	0.6129
2	0.5321	0.3606	0.4228	0.5681	10	0.6009	0.4580	0.5691	0.7779
3	0.5073	0.3127	0.3779	0.4763	11	0.6000	0.4279	0.5669	0.7094
4	0.5457	0.3721	0.4490	0.5911	12	0.5844	0.4248	0.5307	0.7025
5	0.5138	0.3399	0.3893	0.5276	13	0.5789	0.4244	0.5186	0.7017
6	0.5279	0.3400	0.4150	0.5278	14	0.5774	0.4125	0.5152	0.6757
7	0.5233	0.3407	0.4064	0.5292	15	0.5981	0.4465	0.5623	0.7514
8	0.5410	0.3689	0.4399	0.5847	16	0.6062	0.4469	0.5818	0.7523

续表

序号	松动效应系数	附壁效应系数	$f(\tau_1,\tau_2)$	$g(\tau_1,\tau_2)$	序号	松动效应系数	附壁效应系数	$f(\tau_1,\tau_2)$	$g(\tau_1,\tau_2)$
17	0.6009	0.4368	0.5690	0.7293	27	0.5743	0.4307	0.3259	0.4588
18	0.6200	0.4668	0.6163	0.7989	28	0.6444	0.4744	0.4370	0.5238
19	0.5612	0.4186	0.3080	0.4416	29	0.6239	0.4533	0.4015	0.4918
20	0.5571	0.4027	0.3026	0.4196	30	0.6208	0.4491	0.3964	0.4855
21	0.5033	0.3302	0.2379	0.3264	31	0.6275	0.4698	0.4075	0.5167
22	0.5632	0.4000	0.3107	0.4160	32	0.6481	0.4807	0.4437	0.5336
23	0.5244	0.3716	0.2619	0.3784	33	0.6563	0.4822	0.4588	0.5360
24	0.5543	0.3978	0.2990	0.4130	34	0.6514	0.4956	0.4496	0.5573
25	0.5711	0.4049	0.3215	0.4226	35	0.6644	0.4977	0.4743	0.5607
26	0.5734	0.4270	0.3246	0.4535	36	0.6881	0.5022	0.5223	0.5681

其中，方程组 1 中两个函数的拟合面如图 3.26 所示。

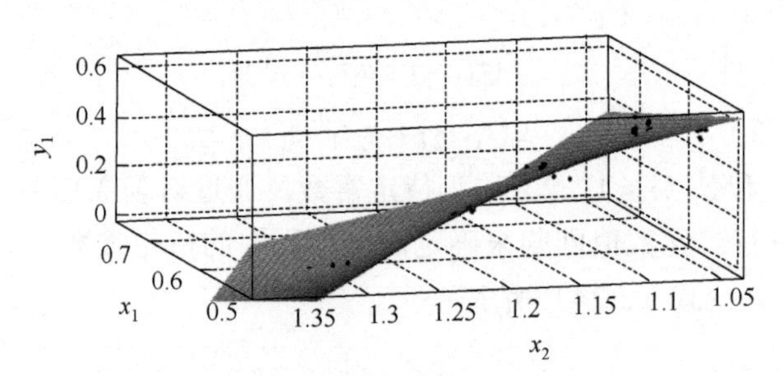

(a) $f(\tau_1, \tau_2)$函数拟合面

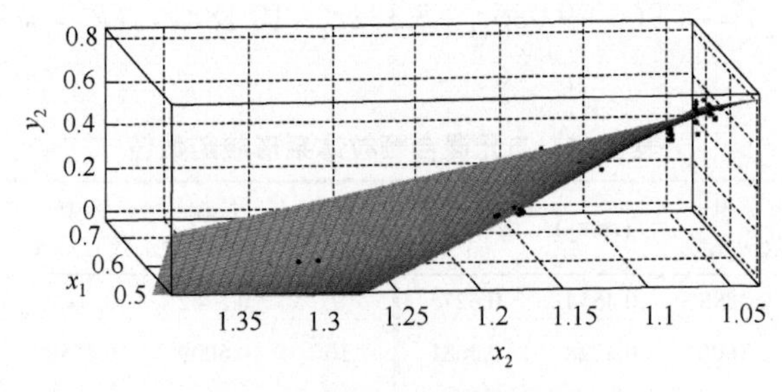

(b) $g(\tau_1, \tau_2)$函数拟合面

图 3.26 方程组 1 $f(\tau_1,\tau_2)$ 和 $g(\tau_1,\tau_2)$ 函数拟合面

x_1为τ_1，x_2为τ_2，y_1为$f(\tau_1,\tau_2)$，y_2为$g(\tau_1,\tau_2)$

方程组 2：

$$f(\tau_1,\tau_2)=0.3226\tau_1^{(-1.881)}\tau_2^{(-11.12)} \quad (R^2=0.8711) \tag{3.23}$$

$$g(\tau_1,\tau_2)=0.3996\tau_1^{(-1.933)}\tau_2^{10.89}\quad (R^2=0.8689) \tag{3.24}$$

其中，方程组 2 中两个函数的拟合面如图 3.27 所示。

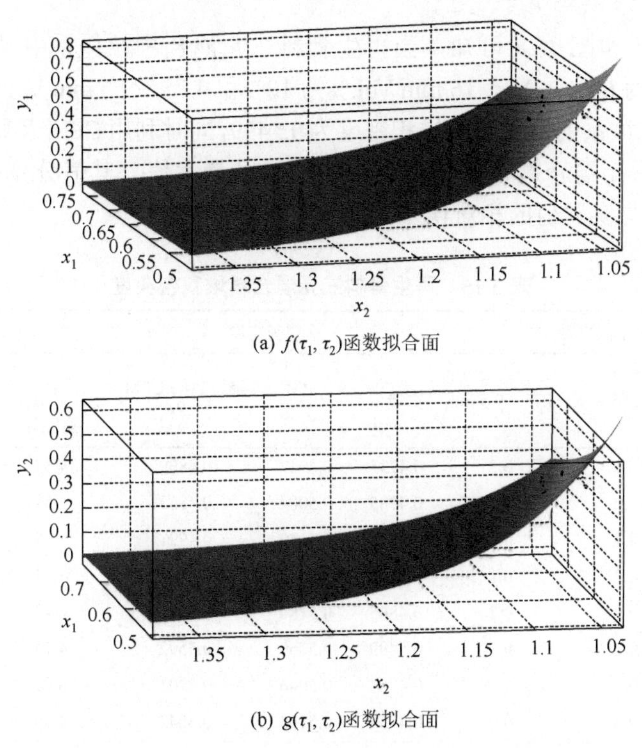

(a) $f(\tau_1,\tau_2)$函数拟合面

(b) $g(\tau_1,\tau_2)$函数拟合面

图 3.27　方程组 2　$f(\tau_1,\tau_2)$ 和 $g(\tau_1,\tau_2)$ 函数拟合面

x_1、x_2、y_1、y_2的含义同图 3.26

对比应用上述两个假定方程进行拟合后的相关性可知，应用方程组 1 拟合后的相关性比应用方程组 2 拟合后的相关性要高，因此，本章研究只将方程组 1 作为混合颗粒体系的颗粒形貌函数，并以此对 CPM 中的两个作用效应系数进行修正，为后续综合应用该模型作铺垫。

3.4.2　三元混合颗粒交互作用堆积研究

混凝土混合料是一种由多元多相颗粒混合而成的复合材料，为了使修正后的 CPM 能够更加准确合理地用于预测混凝土混合料的堆积密实度，故通过研究三元混合颗粒体系的堆积密实度，并比较 CPM 修正前后颗粒体系堆积密实度的计算值与实验值的相对误差，来进一步验证修正后的 CPM 的精确性。

将再生骨料、机制石和玄武岩这三种粗骨料材料已经筛分好的三种粒径区间

（4.75～9.5 mm、9.5～16 mm 和 16～19 mm）的颗粒以不同比例混合，然后计算其混合后的实际堆积密实度（实验值），同时利用 CPM 及修正后的 CPM 对这三元混合料进行堆积密实度计算。

由表 3.15 和图 3.28 可知，当再生骨料三元混合颗粒体系中粒径区间 16～19 mm Vol.%为 60%、9.5～16 mm Vol.%为 10%和 4.75～9.5 mm Vol.%为 30%时，三元混合颗粒体系的最大实际堆积密度为 0.5499，同时利用 CPM 及修正后的 CPM 计算所得的三元混合颗粒体系的堆积密度也是最大值，其值分别为 0.5760 和 0.5592，两者与实验值的相对误差分别为 4.74%和 1.68%。

表 3.15　再生骨料三元混合料堆积密实度

颗粒体积含量			堆积密实度			相对误差/%	
16～19 mm	9.5～16 mm	4.75～9.5 mm	实验值	CPM 计算值	修正后的 CPM 计算值	CPM 计算值与实验值	修正后的 CPM 计算值与实验值
0.8	0.1	0.1	0.4733	0.4947	0.4809	4.52	1.61
0.7	0.2	0.1	0.4785	0.5004	0.4863	4.59	1.63
0.7	0.1	0.2	0.4909	0.5139	0.4991	4.69	1.67
0.6	0.3	0.1	0.4816	0.5039	0.4895	4.63	1.65
0.6	0.2	0.2	0.4865	0.5180	0.5029	6.49	3.38
0.6	0.1	0.3	0.5499	0.5760	0.5592	4.74	1.68
0.5	0.4	0.1	0.4854	0.5046	0.4903	3.97	1.02
0.5	0.3	0.2	0.4958	0.5193	0.5042	4.75	1.69
0.5	0.2	0.3	0.5067	0.5313	0.5154	4.86	1.73
0.5	0.1	0.4	0.5154	0.5386	0.5225	4.50	1.36
0.4	0.5	0.1	0.4809	0.5029	0.4888	4.56	1.63
0.4	0.4	0.2	0.4895	0.5378	0.5078	9.87	3.75
0.4	0.3	0.3	0.5086	0.5499	0.5192	8.13	2.10
0.4	0.2	0.4	0.5124	0.5572	0.5262	8.74	2.70
0.4	0.1	0.5	0.5143	0.5586	0.5280	8.62	2.66
0.3	0.6	0.1	0.4777	0.5192	0.4903	8.69	2.65
0.3	0.5	0.2	0.4902	0.5340	0.5044	8.93	2.88
0.3	0.4	0.3	0.5023	0.5462	0.5158	8.74	2.69
0.3	0.3	0.4	0.5093	0.5536	0.5229	8.71	2.68
0.3	0.2	0.5	0.5122	0.5551	0.5248	8.37	2.45
0.3	0.1	0.6	0.5089	0.5519	0.5221	8.46	2.60
0.2	0.7	0.1	0.4730	0.5141	0.4855	8.68	2.64
0.2	0.6	0.2	0.4864	0.5287	0.4993	8.69	2.66
0.2	0.5	0.3	0.4974	0.5408	0.5107	8.72	2.68
0.2	0.4	0.4	0.5045	0.5484	0.5180	8.70	2.67

续表

颗粒体积含量			堆积密实度			相对误差/%	
16～19 mm	9.5～16 mm	4.75～9.5 mm	实验值	CPM 计算值	修正后的 CPM 计算值	CPM 计算值与实验值	修正后的 CPM 计算值与实验值
0.2	0.3	0.5	0.5068	0.5504	0.5202	8.59	2.64
0.2	0.2	0.6	0.5048	0.5476	0.5180	8.47	2.60
0.2	0.1	0.7	0.4998	0.5417	0.5126	8.40	2.57
0.1	0.8	0.1	0.4674	0.5081	0.4798	8.71	2.65
0.1	0.7	0.2	0.4805	0.5224	0.4933	8.71	2.66
0.1	0.6	0.3	0.4914	0.5343	0.5046	8.73	2.88
0.1	0.5	0.4	0.4987	0.5422	0.5120	8.71	2.67
0.1	0.4	0.5	0.5014	0.5447	0.5147	8.62	2.65
0.1	0.3	0.6	0.4959	0.5424	0.5130	9.38	3.44
0.1	0.2	0.7	0.4953	0.5371	0.5081	8.43	2.58
0.1	0.1	0.8	0.4888	0.5300	0.5014	8.43	2.57

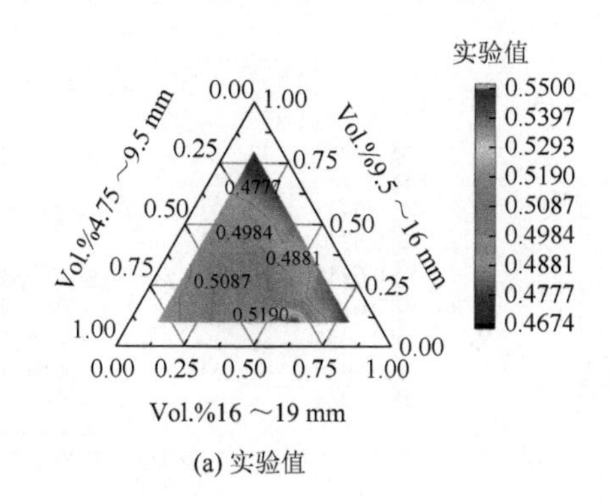

(a) 实验值

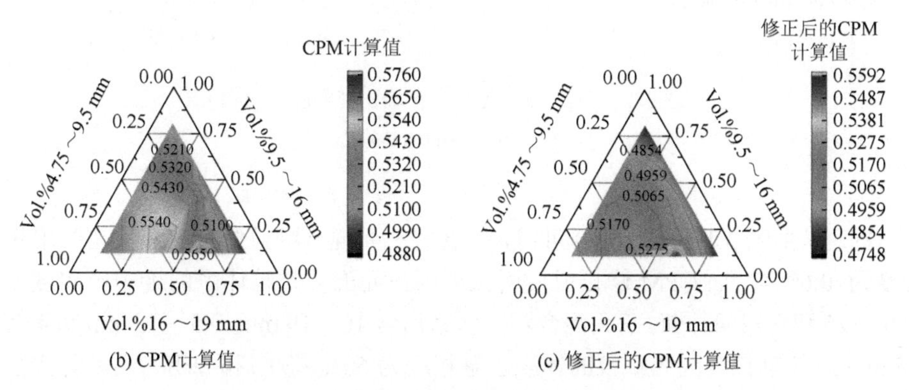

(b) CPM计算值　　(c) 修正后的CPM计算值

图 3.28　再生骨料三元混合料堆积密实度三角图

Vol.% 代表颗粒体积含量

由表 3.16 和图 3.29 可知，当 16～19 mm、9.5～16 mm 和 4.75～9.5 mm 这三种单粒径区间颗粒分别以体积含量为 70%、10%和 20%混合堆积时，此混合颗粒体系的最大实际堆积密实度为 0.6346，而利用 CPM 和修正后的 CPM 计算所得的颗粒体系的堆积密实度分别为 0.6613 和 0.6422，两者与实验值的相对误差分别为 4.21%和 1.19%。

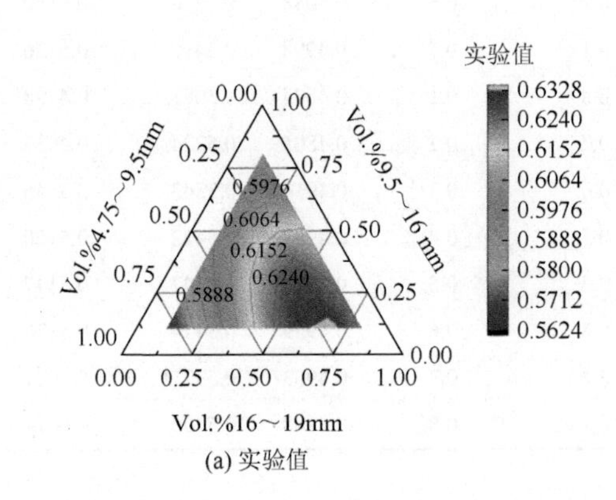

(a) 实验值

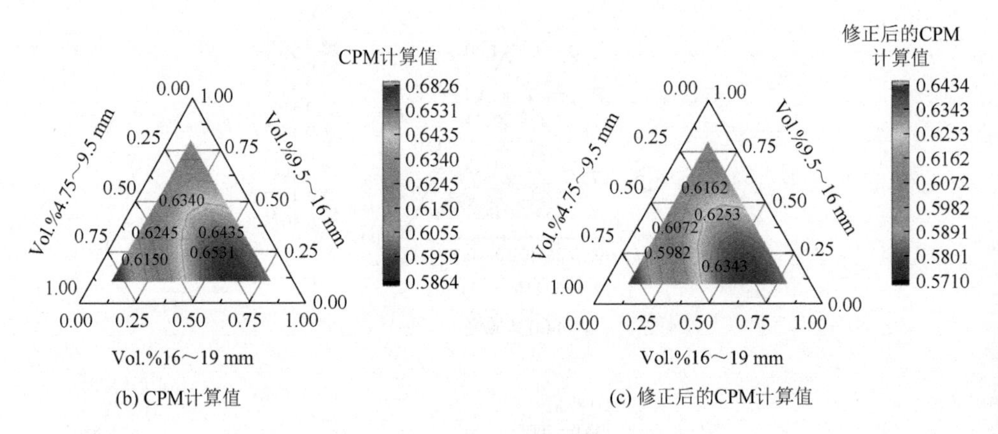

(b) CPM计算值　　(c) 修正后的CPM计算值

图 3.29　机制石三元混合料堆积密实度三角图

Vol.% 代表颗粒体积含量

同理，由表 3.17 和图 3.30 可得，玄武岩三元混合颗粒体系的最大实际堆积密实度为 0.6914，而 CPM 修正前后所预测的三元混合颗粒体系的堆积密实度分别为0.7525 和 0.7254，同时三元混合颗粒体系所含 16～19 mm、9.5～16 mm 和 4.75～9.5 mm 三种单粒径区间颗粒的体积含量相应为 60%、20%和 20%。两者与实验值的相对误差分别为 6.11%和 3.40%。

表 3.16　机制石三元混合料堆积密实度

颗粒体积含量			堆积密实度			相对误差/%	
16～19 mm	9.5～16 mm	4.75～9.5 mm	实验值	CPM 计算值	修正后的 CPM 计算值	CPM 计算值与实验值	修正后的 CPM 计算值与实验值
0.8	0.1	0.1	0.6227	0.6512	0.6329	4.57	1.63
0.7	0.2	0.1	0.6240	0.6528	0.6343	4.61	1.64
0.7	0.1	0.2	0.6346	0.6613	0.6422	4.21	1.19
0.6	0.3	0.1	0.6228	0.6515	0.6330	4.61	1.64
0.6	0.2	0.2	0.6305	0.6602	0.6411	4.71	1.67
0.6	0.1	0.3	0.6327	0.6624	0.6433	4.70	1.67
0.5	0.4	0.1	0.6191	0.6474	0.6292	4.57	1.63
0.5	0.3	0.2	0.6281	0.6564	0.6375	4.51	1.50
0.5	0.2	0.3	0.6293	0.6587	0.6398	4.67	1.67
0.5	0.1	0.4	0.6256	0.6541	0.6358	4.55	1.63
0.4	0.5	0.1	0.6154	0.6412	0.6233	4.18	1.28
0.4	0.4	0.2	0.6235	0.6503	0.6318	4.30	1.32
0.4	0.3	0.3	0.6242	0.6531	0.6345	4.64	1.66
0.4	0.2	0.4	0.6208	0.6489	0.6309	4.52	1.62
0.4	0.1	0.5	0.6127	0.6396	0.6224	4.39	1.57
0.3	0.6	0.1	0.6062	0.6334	0.6159	4.48	1.60
0.3	0.5	0.2	0.6145	0.6427	0.6245	4.59	1.64
0.3	0.4	0.3	0.6175	0.6460	0.6277	4.61	1.65
0.3	0.3	0.4	0.6148	0.6426	0.6247	4.52	1.62
0.3	0.2	0.5	0.6073	0.6340	0.6169	4.39	1.57
0.3	0.1	0.6	0.5968	0.6224	0.6060	4.29	1.54
0.2	0.7	0.1	0.5980	0.6246	0.6075	4.45	1.59
0.2	0.6	0.2	0.6063	0.6339	0.6161	4.56	1.63
0.2	0.5	0.3	0.6098	0.6379	0.6198	4.60	1.64
0.2	0.4	0.4	0.6078	0.6354	0.6177	4.53	1.62
0.2	0.3	0.5	0.6012	0.6276	0.6106	4.41	1.58
0.2	0.2	0.6	0.5913	0.6168	0.6004	4.31	1.55
0.2	0.1	0.7	0.5797	0.6044	0.5885	4.26	1.52
0.1	0.8	0.1	0.5891	0.6153	0.5984	4.44	1.58
0.1	0.7	0.2	0.5974	0.6246	0.6071	4.55	1.62
0.1	0.6	0.3	0.6013	0.6290	0.6112	4.60	1.58
0.1	0.5	0.4	0.6002	0.6275	0.6099	4.55	1.62
0.1	0.4	0.5	0.5944	0.6208	0.6038	4.44	1.59
0.1	0.3	0.6	0.5853	0.6107	0.5944	4.34	1.56
0.1	0.2	0.7	0.5754	0.5990	0.5832	4.11	1.36
0.1	0.1	0.8	0.5604	0.5865	0.5710	4.64	1.89

表 3.17　玄武岩三元混合料堆积密实度

颗粒体积含量			堆积密实度			相对误差/%	
16～19 mm	9.5～16 mm	4.75～9.5 mm	实验值	CPM 计算值	修正后的 CPM 计算值	CPM 计算值与实验值	修正后的 CPM 计算值与实验值
0.6	0.2	0.2	0.6914	0.7525	0.7254	7.34	4.64
0.4	0.4	0.2	0.6863	0.7429	0.7076	8.24	6.02
0.4	0.2	0.4	0.6765	0.7255	0.6954	7.24	5.75
0.2	0.6	0.2	0.6881	0.7422	0.7135	9.36	6.87
0.2	0.4	0.4	0.6885	0.7371	0.7002	7.07	4.61
0.2	0.2	0.6	0.6870	0.7418	0.7042	7.97	2.49

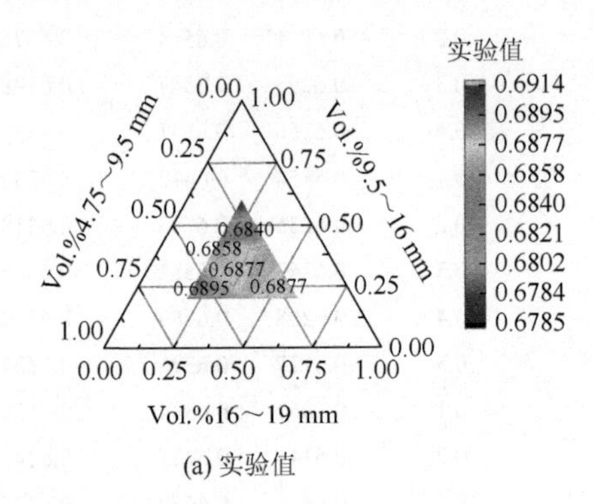

(a) 实验值

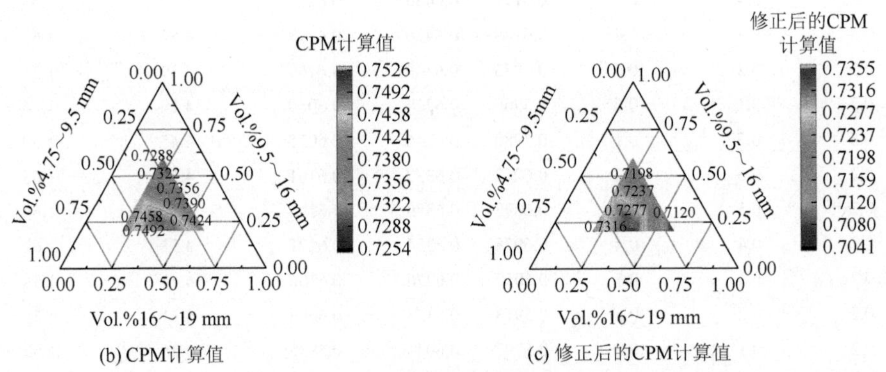

(b) CPM计算值　　(c) 修正后的CPM计算值

图 3.30　玄武岩三元混合料堆积密实度三角图

Vol.% 代表颗粒体积含量

3.4.3　基于修正后的 CPM 的砂浆配合比设计

1. *砂浆配合比设计和试验结果*

为了进一步探讨修正后的 CPM 的应用可行性，本节根据修正后的 CPM 对 4

种细骨料砂浆混合料进行配合比优化设计，同时，为了研究不同细骨料对砂浆性能的影响，使这4种细骨料具有相同的砂浆体积配合比，见表3.18。

表3.18　砂浆各组分体积配合比

水泥	细骨料	水	*A*/*C*
0.270	0.324	0.405	1.2
0.256	0.359	0.385	1.4
0.244	0.390	0.366	1.6
0.233	0.419	0.349	1.8
0.222	0.444	0.333	2.0
0.213	0.468	0.319	2.2
0.204	0.490	0.306	2.4
0.196	0.510	0.294	2.6
0.189	0.528	0.283	2.8
0.182	0.545	0.273	3.0

注：*A*/*C*指细骨料与水泥粉体体积比。

同时，结合修正后的CPM分别计算这4种细骨料在不同*A*/*C*的情况下固体颗粒混合料的堆积密实度和砂浆混合料的用水量富余指数及水泥颗粒间隙指数（CSF），结果见表3.19、表3.20。

表3.19　不同*A*/*C*的堆积密实度和用水量富余指数

A/*C*	堆积密实度				用水量富余指数			
	海砂	河砂	机制砂	标准砂	海砂	河砂	机制砂	标准砂
1.2	0.7424	0.7358	0.7211	0.7466	0.9101	0.9182	0.9370	0.9051
1.4	0.7478	0.7399	0.7236	0.7533	0.8573	0.8663	0.8859	0.8509
1.6	0.7513	0.7422	0.7243	0.7584	0.8116	0.8216	0.8419	0.8040
1.8	0.7534	0.7429	0.7236	0.7622	0.7717	0.7826	0.8035	0.7628
2.0	0.7542	0.7426	0.7219	0.7648	0.7366	0.7481	0.7696	0.7264
2.2	0.7541	0.7414	0.7195	0.7666	0.7053	0.7175	0.7392	0.6939
2.4	0.7533	0.7396	0.7167	0.7676	0.6773	0.6899	0.7118	0.6647
2.6	0.7520	0.7374	0.7137	0.7681	0.6519	0.6628	0.6868	0.6382
2.8	0.7503	0.7349	0.7106	0.7680	0.6287	0.6378	0.6638	0.6142
3.0	0.7483	0.7323	0.7074	0.7677	0.6074	0.6146	0.6426	0.5921

当混合料各组分以不同比例混合后，混合颗粒体系的堆积密实度会不一样，同时颗粒体系的空隙率也会不同。海砂、河砂、机制砂和标准砂这 4 种细骨料与水泥粉体混合后，其颗粒体系的堆积密实度与 A/C 的关系如图 3.31 所示，其最大堆积密实度依次为 0.7542、0.7429、0.7243 和 0.7681，同时对应的 A/C 也不一样。这 4 种细骨料砂浆都是在水灰比（W/C）等于 0.5 情况下制备而成的，并测定了 4 种细骨料所有实验组砂浆的流动度和 28 天抗压强度及抗折强度，如表 3.21 所示。

表 3.20　不同 *A/C* 的 CSF

A/C	CSF			
	海砂	河砂	机制砂	标准砂
1.2	0.7919	0.7990	0.8153	0.7875
1.4	0.7459	0.7538	0.7708	0.7404
1.6	0.7062	0.7149	0.7325	0.6996
1.8	0.6715	0.6809	0.6991	0.6637
2.0	0.6409	0.6510	0.6696	0.6320
2.2	0.6137	0.6243	0.6432	0.6038
2.4	0.5893	0.6003	0.6194	0.5783
2.6	0.5672	0.5767	0.5976	0.5553
2.8	0.5471	0.5550	0.5776	0.5344
3.0	0.5286	0.5348	0.5591	0.5152

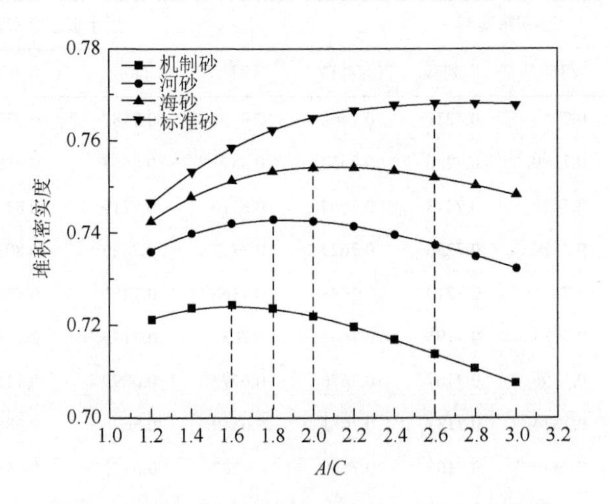

图 3.31　细骨料混合料堆积密实度与 A/C 的关系

表 3.21　4 种细骨料砂浆的流动度、抗压强度和抗折强度

A/C	海砂			河砂			机制砂			标准砂		
	流动度/mm	抗压强度/MPa	抗折强度/MPa	流动度/mm	抗压强度/MPa	抗折强度/MPa	流动度/mm	抗压强度/MPa	抗折强度/MPa	流动度/mm	抗压强度/MPa	抗折强度/MPa
1.2	194.0	40.5	8.7	190.5	43.4	8.6	185.5	41.0	8.8	211.5	46.8	8.2
1.4	191.0	39.2	8.1	188.5	40.7	8.9	179.0	37.9	8.7	206.5	46.0	8.5
1.6	193.0	38.5	7.7	189.0	38.8	8.4	166.5	36.2	8.9	197.5	42.4	8.8
1.8	189.0	39.0	8.6	180.5	37.4	8.5	161.0	36.7	9.0	196.0	38.8	7.7
2.0	189.5	38.7	7.8	178.0	39.3	8.2	151.0	36.5	8.4	191.0	40.5	8.2
2.2	182.5	37.9	8.3	165.0	37.1	8.1	138.0	34.2	8.9	187.5	42.6	8.0
2.4	180.5	36.2	8.0	161.0	38.1	8.3	131.0	33.0	8.4	186.0	38.7	8.2
2.6	166.5	36.5	7.7	147.5	34.6	8.0	124.5	34.7	8.1	184.5	36.7	7.6
2.8	149.0	35.0	7.6	139.0	35.5	7.8	110.0	32.9	8.2	175.0	34.6	8.1
3.0	139.0	35.8	7.5	129.0	34.3	7.2	99.5	29.6	7.6	172.0	34.8	7.2

由图 3.32 可知，对于同一种细骨料，其砂浆流动度随着 A/C 的增大而减小，这主要是因为砂浆的流动性与水泥用量有关。在保持水灰比不变的情况下，随着水泥用量的减少和细骨料用量的增多，提供砂浆流动性的浆体量也相应减少。同时在相同的 A/C 情况下，这 4 种细骨料砂浆的流动性依次为标准砂＞海砂＞河砂＞机制砂，这可能与细骨料颗粒的形状特性有关。结合第 4 章关于细骨料颗粒的形状特性可知，在相同水泥用量的情况下，细骨料颗粒的形状特性越差，其颗粒体系总的表面积会越大，而提供流动性所需要的浆体量也会相应增加，但是由于这 4 种细骨料的水泥用量相同，故颗粒形状特性差的细骨料砂浆流动性也会变差。

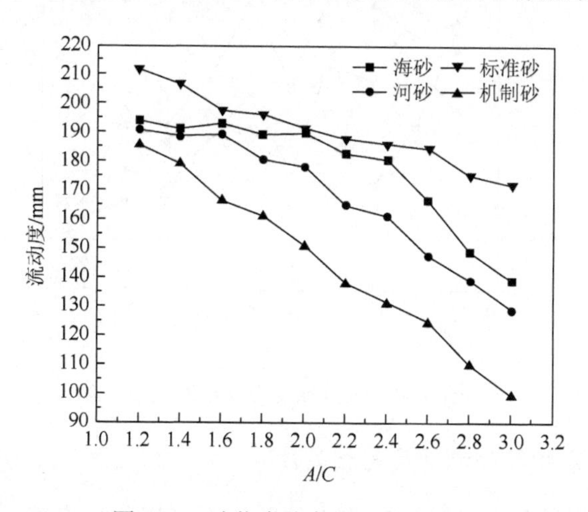

图 3.32　砂浆流动度与 A/C 的关系

由图 3.33 和图 3.34 可知，用机制砂制成的砂浆的抗折强度整体上比其他 3 种

细骨料大，在相同的 A/C 的情况下，这主要与细骨料颗粒的形状特性有关，机制砂颗粒的圆形度最小，从而使得其与水泥浆体间的咬合力比其他 3 种细骨料颗粒大，而且其棱角性也相对较大，表面比较粗糙，这样使得其与浆体黏结力要好，故其抗折强度比其他细骨料高。用海砂和河砂制备的砂浆的抗压强度和抗折强度基本上相差不大。

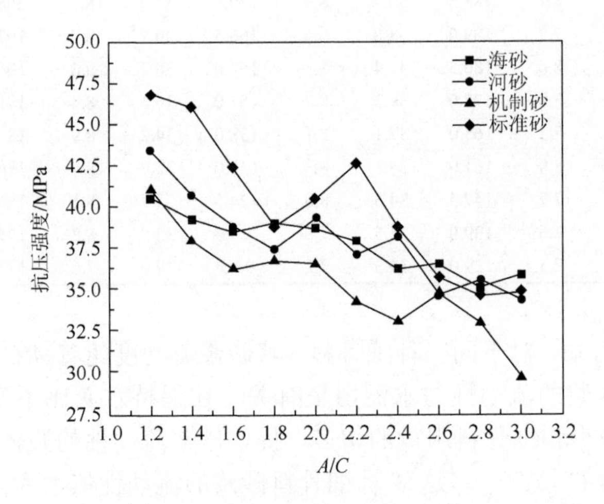

图 3.33　抗压强度与 A/C 的关系

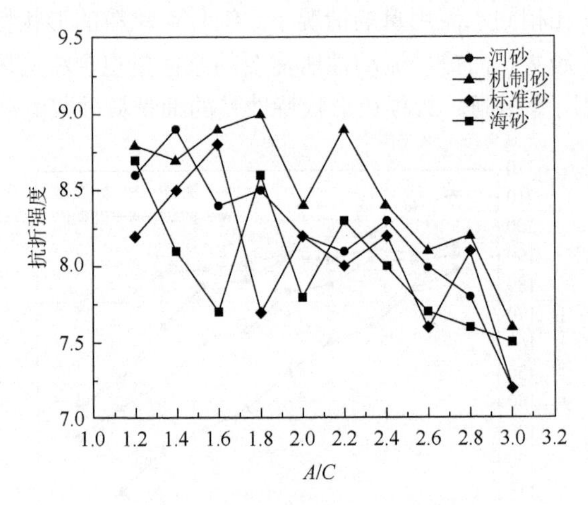

图 3.34　抗折强度与 A/C 的关系

2. 用水量富余指数和流动度的相关性

用水量富余指数是评估砂浆工作性能的一个指标，故将其与砂浆流动度建立相关性，如图 3.35 所示，标准砂、海砂、河砂和机制砂与用水量富余指数的相关性分别为 0.97、0.98、0.98 和 0.99。

同时，为了研究修正后的 CPM 比 CPM 更具有应用性，引用了 Fennis 基于 CPM 的 $W/C = 0.5$ 的数据结果，并且与 Fennis 建立的用水量富余指数和流动度的相关性做对比，如图 3.36 所示。

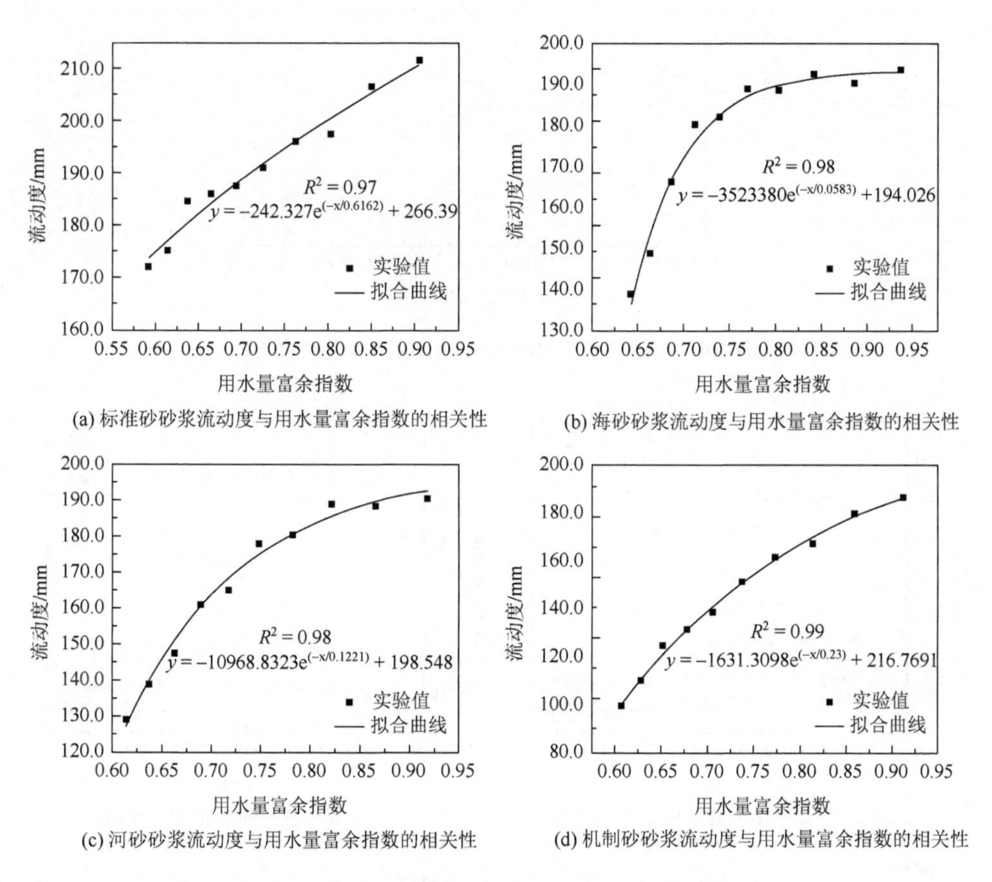

(a) 标准砂砂浆流动度与用水量富余指数的相关性

(b) 海砂砂浆流动度与用水量富余指数的相关性

(c) 河砂砂浆流动度与用水量富余指数的相关性

(d) 机制砂砂浆流动度与用水量富余指数的相关性

图 3.35 细骨料砂浆流动度与用水量富余指数的关系

由图 3.35 和图 3.36 可知，利用修正后的 CPM 对砂浆进行配合比优化后，所有细骨料砂浆试验组的流动度与用水量富余指数的相关性都在 0.95 以上，要高于 Fennis 的研究结果（即用水量富余指数与砂浆流动度的相关性为 0.95）。

3. CSF 和抗压强度的相关性

CSF 越大表征水泥粉体颗粒之间的空隙越小，浆体越黏稠，从某种程度上而言，其强度也会越高，并且 CSF 与力学性能存在一定的线性关系。因此，将用 4 种细骨料制成的砂浆的抗压强度与 CSF 建立相关性，如图 3.37 所示，标准砂、海砂、河砂和机制砂与 CSF 的相关性分别为 0.85、0.87、0.85 和 0.86。同样，引用

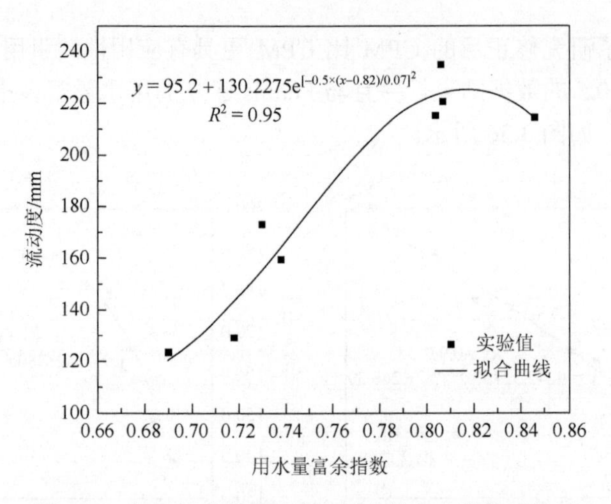

图 3.36　细骨料砂浆流动度与用水量富余指数的关系

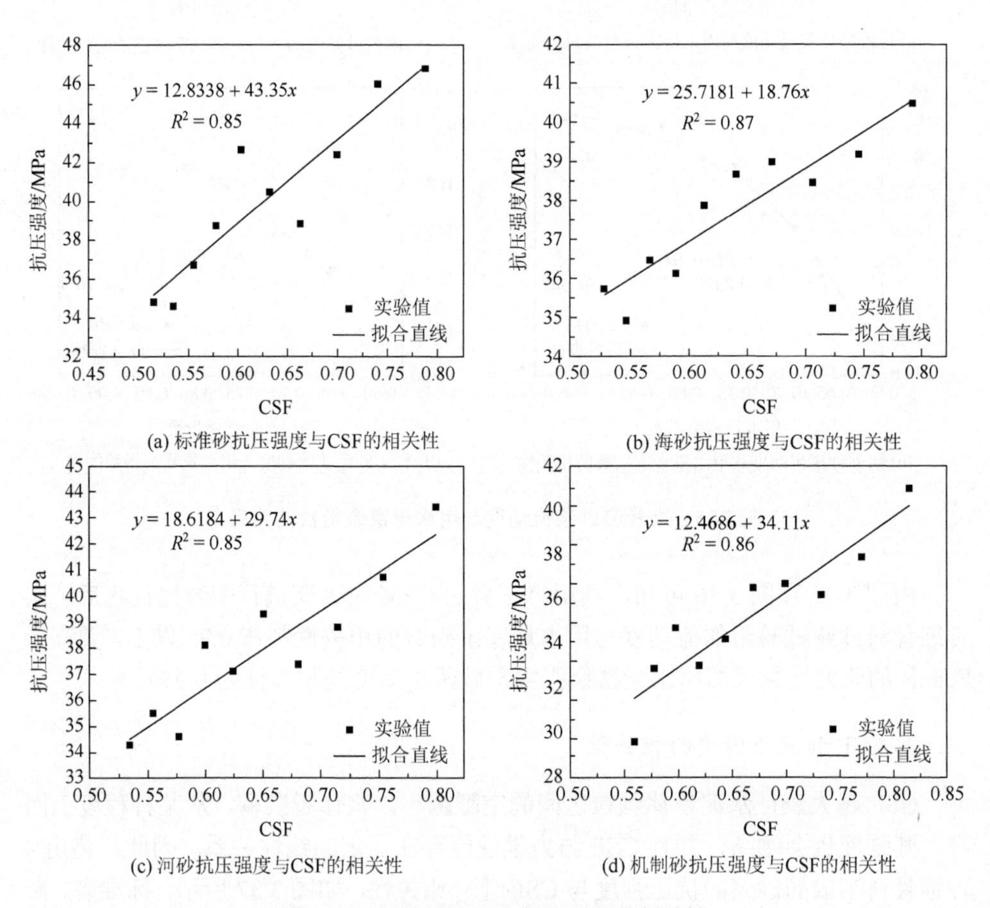

图 3.37　细骨料抗压强度与 CSF 的相关性

了 Fennis 的数据结果，如图 3.38 所示，两者之间的相关性系数为 0.84，与基于修正后的 CPM 设计的砂浆抗压强度与 CSF 的相关性对比，其相关性系数要低。

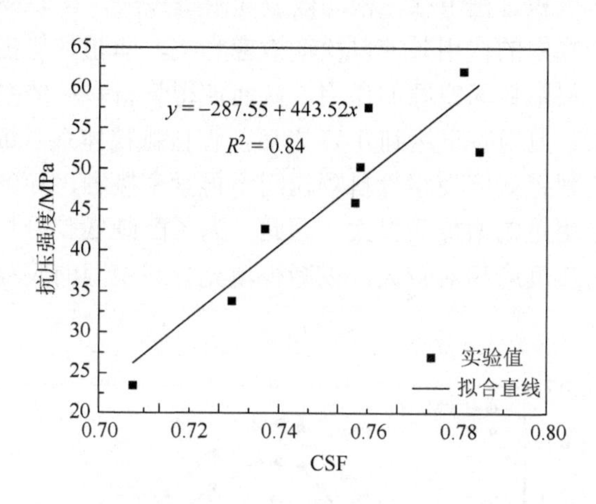

图 3.38　砂浆抗压强度与 CSF 的关系

由上述两个性能预测模型的两个参数的相关性可知，与 CPM 相比，修正后的 CPM 在砂浆优化设计应用中更具有可行性。

3.4.4　基于修正后的 CPM 的低碳混凝土配合比设计方法

1. 骨料混合颗粒体系级配优化

传统普通混凝土配合比设计方法一般都是基于颗粒级配，而不是基于颗粒堆积密度理论。因此，本章试验基于 CPM 及修正后的 CPM 对混凝土固体混合料进行级配优化，设计和制备出满足抗压强度和工作性能的低水泥用量混凝土[11]。

首先，本节将砂石（这里指河砂和花岗岩）分成 0.15～0.3 mm、0.3～0.6 mm、0.6～1.18 mm、1.18～2.36 mm、2.36～4.75 mm、4.75～9.5 mm 和 9.5～16 mm 7 个不同粒径区间，采用 CPM 和修正后的 CPM 进行粗细骨料混合料级配优化设计，使粗细骨料颗粒体系尽可能具有更高的堆积密实度。同时，本章的骨料混合体系的颗粒压实指数 K 取 4.1，然后利用模型测定不同砂率下骨料混合颗粒体系的堆积密实度。

图 3.39 是骨料颗粒体系堆积密实度随砂率的变化关系，可知当砂率在 0.0～1.0 变化时，骨料颗粒体系堆积密实度存在一个峰值，即砂率 β_s 为 0.45，且利用修正前后的 CPM 计算的骨料颗粒体系堆积密实度分别为 0.7246 和 0.7128。当砂

率在 0.00～0.45 变化时，骨料颗粒体系堆积密实度随着砂率的增大而升高；当砂率超过 0.45 时，骨料颗粒体系堆积密实度随着砂率的增大而降低。根据 CPM 的基本理论，在骨料堆积过程中存在松动效应和附壁效应，在砂率达到 0.45 之前，砂石骨料混合堆积物中的作用效应以松动效应为主，即粗骨料占主导地位，细骨料只具有填充粗骨料颗粒间空隙的作用，从而使得骨料颗粒体系堆积密实度随着砂率的增大而增大。但当砂率达到 0.45 之后，骨料颗粒体系以细颗粒为主，细颗粒对粗颗粒产生的附壁效应使粗骨料颗粒间不再紧密接触，导致骨料颗粒体系的空隙率随着细颗粒用量的增加而增大。因此，为了配制低胶凝材料的混凝土，骨料颗粒体系堆积密实度应相对较大，以减少填充骨料空隙的胶凝材料用量，故砂率宜在 0.40～0.50。

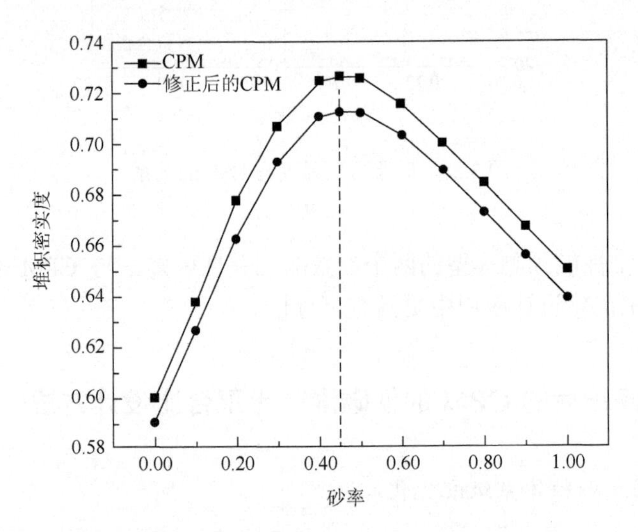

图 3.39 骨料颗粒体系堆积密实度与砂率的关系

2. 基于 CPM 和修正后的 CPM 的混凝土配合比设计

根据《普通混凝土配合比设计规程》（JGJ 55—2011）的规定，对于水胶比小于等于 0.45 的混凝土，其胶凝材料最小用量不得低于 330 kg/m^3。根据该规范，当 28 天混凝土抗压强度为 C30 时，计算其水灰比为 0.4。同时为了使混凝土满足一定的工作性能，由试配混凝土得到 4.0%减水剂饱和掺量。

本章首先采用 De Larrard 推荐的不同堆积形式下的压实指数值，当新拌混凝土混合颗粒体系为均匀黏稠的浆体（湿堆积）时，压实指数 K 的取值为 6.7。然后，根据粗细骨料级配优化后在骨料堆积密实度达到最大（即砂率为 0.45）时，应用 CPM 和修正后的 CPM 计算在不同骨料与水泥粉体体积比值情况下混合料体系的堆积密实度，如图 3.40 所示。

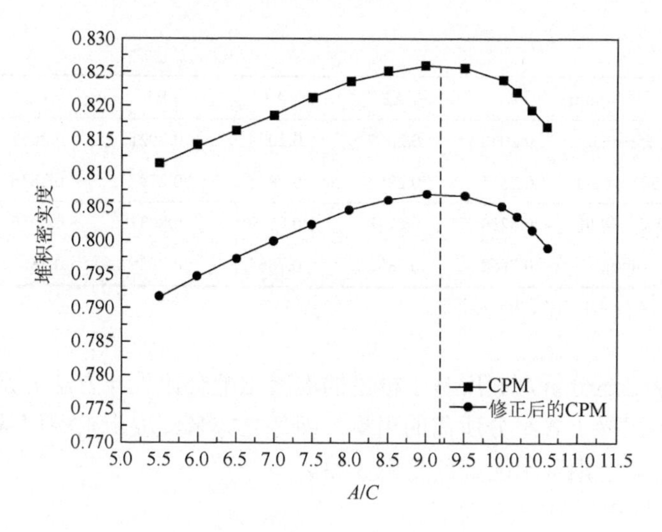

图3.40　A/C与堆积密实度的关系

前人的研究经验表明，当水泥用量低于250 kg/m^{3}时，混凝土的性能达不到预期效果，故本章为了制备既满足工作性能和目标抗压强度要求，且水泥用量低的混凝土，根据A/C与堆积密实度的关系，选取A/C在7～9.2，并计算得到相应的所需水泥粉体量范围为340～260 kg/m^3。因此，本章除选取最大值$\varepsilon_p=9.2$外，另选取两个骨料与水泥粉体体积比值（即8.4和7.7）作为试验组，并利用CPM设计A1、A2和A3三组混凝土固体混合料体积配合比，并根据修正后的CPM设计B1、B2和B3三组混凝土固体混合料体积配合比，如表3.22所示。

表3.22　混凝土固体混合料体积配合比及堆积密实度

项目	粒径区间/mm	A1	A2	A3	B1	B2	B3
水泥	0.1～2.003	0.0155	0.0139	0.0132	0.0165	0.0146	0.0129
	2.003～9.983	0.0333	0.0298	0.0283	0.0354	0.0315	0.0276
	9.983～21.12	0.0316	0.0283	0.0269	0.0336	0.0299	0.0262
	21.12～40.15	0.0273	0.0245	0.0232	0.029	0.0258	0.0227
	40.15～94.55	0.0099	0.0089	0.0084	0.0105	0.0093	0.0082
河砂	0.15～0.30	0.0696	0.0705	0.071	0.069	0.0701	0.0711
	0.30～0.60	0.1304	0.1322	0.133	0.1293	0.1314	0.1334
	0.60～1.18	0.0931	0.0944	0.095	0.0923	0.0938	0.0952
	1.18～2.36	0.0601	0.061	0.0613	0.0596	0.0606	0.0615
	2.36～4.75	0.0439	0.0445	0.0448	0.0435	0.0442	0.0449

续表

项目	粒径区间/mm	A1	A2	A3	B1	B2	B3
花岗岩	4.75～9.50	0.2038	0.2067	0.2079	0.2021	0.2053	0.2085
	9.50～16.00	0.2815	0.2854	0.2871	0.2791	0.2836	0.2879
堆积密实度	模型计算值	0.8216	0.8248	0.8259	0.8031	0.8056	0.8069
	实验值	0.7968	0.7893	0.7864	0.7839	0.7802	0.7782

注：A1、A2、A3、B1、B2、B3 为组别。

然后根据上述分析，利用基于模型的混凝土配合比设计方法分别求得满足目标性能要求的混凝土各组分所需的用量，即每立方米混凝土水泥用量、用水量和粗细骨料用量，其混凝土配合比见表 3.23。

表 3.23　混凝土配合比

组别	*A*/*C*	水泥/（kg/m^3）	水/（kg/m^3）	河砂/（kg/m^3）	花岗岩/（kg/m^3）	减水剂/%	水灰比
A1、B1	7.7	300	120	928	1134	4.0	0.4
A2、B2	8.4	280	112	944	1155	4.0	0.4
A3、B3	9.2	260	104	958	1176	4.0	0.4

3. 试验结果与分析

对于低碳混凝土，在满足有利于环境效益的情况下，还需要同时满足混凝土的基本性能，即新拌混凝土不出现离析和泌水现象且具有一定的坍落度，其力学性能要达到目标要求。基于 CPM 设计优化后所得到的混凝土所有试验组结果见表 3.24。

表 3.24　混凝土工作性能和力学性能

组别	抗压强度/MPa			坍落度/mm
	7 天	14 天	28 天	
A1	23.5	27.6	32.0	165
A2	22.1	26.5	31.6	140
A3	19.4	25.5	28.8	115
B1	26.3	28.7	34.2	170
B2	23.2	26.8	32.1	145
B3	21.5	26.1	31.0	120

对于新拌混凝土性能，本节测试了所有试验组的坍落度，如图 3.41 所示，同时作出了坍落度与固体混合颗粒体系堆积密实度的关系图，如图 3.42 所示。由图 3.41 和图 3.42 可知，试验组所有的坍落度均大于 100 mm，满足新拌混凝土所要求的工作性能，而且经过修正后的 CPM 设计优化后的混凝土坍落度要比基于 CPM 设计的 A 系列坍落度大，但是两者与颗粒体系堆积密实度的变化趋势是一致的，即随着颗粒体系堆积密实度增大，A 系列和 B 系列试验组的坍落度逐渐减小，这是因为在水泥用量足够的情况下，当混合颗粒体系的堆积密实度越大时，其空隙率则越小，填充空隙所用水量就越少，则用于提供新拌混凝土流动性的剩余用水量越多。但是当胶凝材料用量太少而不足以包裹骨料时，混凝土工作性能就会变得很差，相反，若胶凝材料用量过多也会影响混凝土的综合性能。

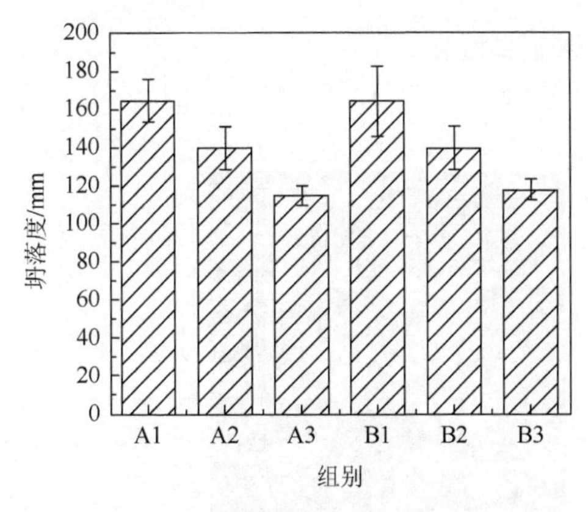

图 3.41　新拌混凝土坍落度

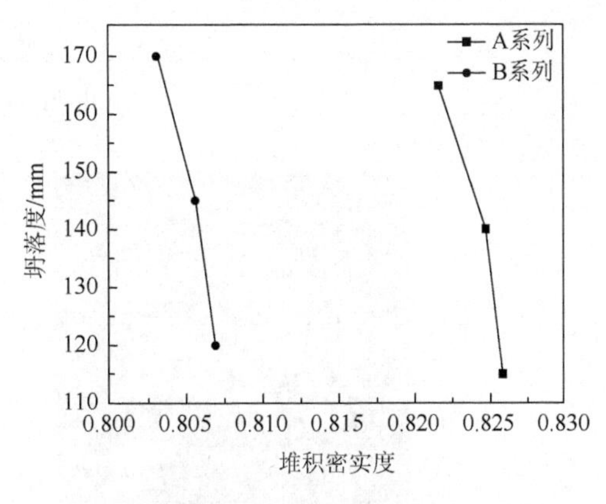

图 3.42　堆积密实度与坍落度的关系

所有试验组混凝土的力学性能的抗压强度随龄期的变化见表 3.24。在相同的条件下，修正后的 CPM 优化的混凝土抗压强度要比基于 CPM 设计的混凝土抗压强度高一点，这是由于基于修正后的 CPM 设计的混凝土混合颗粒体系，其各组分在单粒径区间内所占体积分数更加合理恰当，且颗粒体系的堆积密实度与实际相接近，同时在水泥用量、水灰比和砂率相同的前提下，前期颗粒体系结构的紧密性使得混凝土在后期水泥水化进程中能够很好地在骨料颗粒之间发挥桥接作用。

在初始的颗粒堆积模型中，颗粒体系中的所有颗粒基本上都被假设为理想的球体，因此，利用 MATLAB 软件对不同粒径区间颗粒（0.125～16 mm）的体积分数进行了编程，其混凝土断面颗粒的分布形式如图 3.43 所示。然而，制备混凝土所用骨料颗粒的形状基本上不是球体，而且其所有颗粒形状均是不同的，图 3.44（a）为应用修正后的 CPM 对混合料优化后制备的混凝土的断面示意图，与图 3.43 中混凝土断面模拟图相比，其所有骨料颗粒的形状都不是球形且每一个颗粒形状都不同。图 3.44（b）是应用 IPP 处理后的结果示意图，并测定了其表面所有颗粒的平均球形度和平均棱角性分别为 0.5921 和 1.1178。

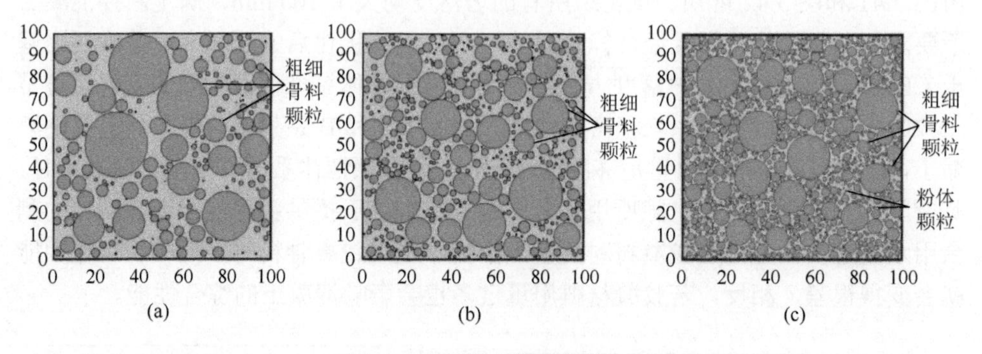

图 3.43　混凝土断面模拟图

图中数据单位为毫米

图 3.44　混凝土断面实际图

为了分析比较 CPM 和修正后的 CPM 在混凝土中应用后混凝土性能的变化，引用陈瑾祥建立的关于胶凝材料只有水泥的混凝土工作性能与工作性能预测模型相关的用水量富余指数的关系方程式，结果见表 3.25。

表 3.25　混凝土坍落度预测值及相对误差

类别	A1	A2	A3	B1	B2	B3
用水量富余指数	0.9372	0.9503	0.9648	0.9587	0.9729	0.9875
计算值	229	200	172	183	159	138
实验值	165	140	115	170	145	120
差值	64	60	57	13	14	18
相对误差/%	38.9	42.9	49.7	7.8	9.3	14.6

从表 3.25 中可知，与经过 CPM 优化后的 A 系列混凝土坍落度相比，经过修正后的 CPM 优化后的 A 系列混凝土坍落度实际值与预测值更加接近，这是因为预测值方程式的建立与用水量富余指数有直接的关联，而用水量富余指数又和颗粒体系的堆积密实度有很大的关系，当颗粒堆积密实度与颗粒体系越接近时，根据性能预测模型所得到的坍落度预测值就越接近实际值，同时说明修正后的 CPM 比 CPM 对混合颗粒体系堆积密实度的预测更加精准。

4. 基于修正后的 CPM 的低碳混凝土配合比设计方法介绍

根据修正后的 CPM 在混凝土中的应用研究，提出了一种基于修正后的 CPM 的低碳混凝土优化设计方法，其计算流程如图 3.45 所示。

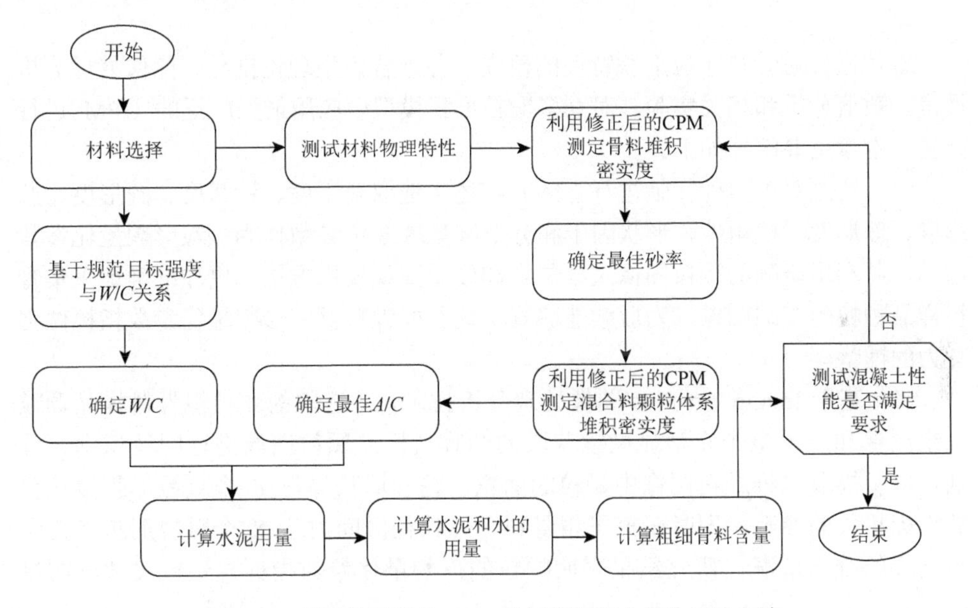

图 3.45　基于修正后的 CPM 的低碳混凝土优化设计方法

低碳混凝土优化设计方法的基本计算流程：

（1）根据应用修正后的 CPM 对基本参数的标定，对选取的材料进行物理特性测定；同时根据目标性能（这里主要指工作性能和力学性能）计算 *W*/*C*。另外，根据混凝土工作性能需求，可适当添加高效减水剂。

（2）利用修正后的 CPM 对粗细骨料体系各粒径区间颗粒进行配合比设计，并计算出每一组配合比颗粒体系的堆积密实度，并根据砂率与骨料体系堆积密实度的变化曲线关系，确定最佳砂率。

（3）基于修正后的 CPM，初定混凝土混合颗粒体系各粒径区间颗粒所占的体积分数，并利用该模型计算混合颗粒体系的堆积密实度，根据 A/C 与混合颗粒体系堆积密实度的变化曲线关系，确定最佳的 A/C 值。

（4）根据确定的 W/C、砂率和 A/C，结合单位体积平衡方程即可求得单位体积内水泥粉体颗粒所占的体积分数，从而依次计算出混合料其他组分所占的体积。

（5）应用修正后的 CPM 对混凝土混合料进行优化设计后，对制备的混凝土目标性能进行研究。若不满足要求，则需要重新从砂率的选取开始并结合修正后的 CPM 依次进行循环优化，直至在满足混凝土性能需求的情况下，最终得到低水泥用量的混凝土配合比。

3.5　本章小结

本章通过对骨料颗粒形貌特性的研究，并结合模型理论推导、图像处理分析技术、数值分析和相关实验，对众多颗粒堆积模型中应用最为广泛的 CPM 进行修正。本章主要结论如下。

（1）通过对国内外文献进行查阅和综述，选取扁平度、针状度、圆形度、凸形度、球形度、棱角性、形状因子和分形维数这 8 个参数作为颗粒形貌量化参数指标，并利用研制的颗粒图像采集装置和硬币图像校正方法，更加准确地采集骨料样品颗粒的二维图像，为后续能够真实地获取骨料颗粒形貌量化参数指标做强有力的铺垫。

（2）基于 Image Pro-Plus 图像处理分析技术，对选取的 4 种粗骨料样品颗粒二维图像和应用电子光学显微镜获取的细骨料样品颗粒图像进行图像识别、分割，以及提取二维颗粒图像中颗粒的面积、轮廓周长等与 8 个颗粒形貌量化参数指标相关的参数，同时研究了粗骨料各单粒径区间内这 8 个颗粒形貌量化参数指标的分布情况，研究结果表明颗粒的形貌量化参数指标与颗粒尺寸分布没有直接关系。

（3）研究了选取的 8 个颗粒形貌量化参数指标与混合颗粒体系堆积密实度之间的相关性，试验结果表明，除了形状因子这个颗粒形貌量化参数指标与颗粒体系堆积密实度相关性只有 0.0806 之外，其他的 7 个颗粒形貌量化参数指标与颗粒体系堆积密实度的相关均较高，其中棱角性与球形度这两个颗粒形貌量化参数指标与其相关性分别为 0.9018 和 0.8170，并将这两个形貌量化参数指标作为 CPM 中作用效应系数修正的最佳形貌量化参数指标。

（4）基于二元混合颗粒体系，利用数值分析方法提出了颗粒形貌函数 $f(\tau_1,\tau_2)$ 和 $g(\tau_1,\tau_2)$，对 CPM 作用系数标定进行优化和修正，以进一步提高应用 CPM 预测混合颗粒体系堆积密实度的精确性。

（5）为了验证应用修正后的 CPM 是否能够更加准确地预测混合颗粒体系堆积密实度，研究了三元混合颗粒体系，采用 CPM 及修正后的 CPM 分别对其颗粒体系堆积密实度进行预测，并分别将其与实验值进行对比，研究结果表明，修正后的 CPM 对颗粒体系堆积密实度的计算值与实际值更加接近。

（6）研究了修正后的 CPM 和 CPM 在砂浆中的应用，并结合与性能预测模型相关的两个指数，即用水量富余指数和 CSF，分析对比了砂浆混合料经过修正后的 CPM 和 CPM 优化设计后砂浆流动度与用水量富余指数的相关性，以及砂浆抗压强度与 CSF 的相关性，试验结果表明，引用 Fennis 基于 CPM 的砂浆配合比设计的数据结果，砂浆流动度与用水量富余指数的相关性为 0.95，其抗压强度与 CSF 的相关性为 0.84；而利用修正后的 CPM 对砂浆进行配合比优化后，所有细骨料（标准砂、海砂、河砂和机制砂）砂浆试验组的流动度与用水量富余指数的相关性分别为 0.97、0.98、0.98 和 0.99，其相关性均在 0.95 以上，同时其抗压强度与 CSF 的相关性（分别为 0.85、0.87、0.85 和 0.86）均在 0.84 以上。

（7）研究了修正后的 CPM 和 CPM 在混凝土中的应用，并分析了混凝土混合料分别经过修正后的 CPM 和 CPM 优化设计后其工作性能和力学性能的变化，试验结果表明，试验组所有的坍落度均大于 100 mm，都满足所要求的新拌混凝土工作性能，而且经过修正后的 CPM 设计优化后的混凝土坍落度要比基于 CPM 设计的 A 系列坍落度大，但是两者与颗粒体系堆积密实度的变化趋势是一致的；所有试验组 28 天的抗压强度值在 30 MPa 左右，但经过修正后的 CPM 优化的所有试验组混凝土抗压强度（34.2 MPa、32.1 MPa、31.0 MPa）要比相应的基于 CPM 设计的试验组混凝土抗压强度（32.0 MPa、31.6 MPa、28.8 MPa）高。

参考文献

[1] 龙武剑，周波，梁沛坚，等. 颗粒堆积模型在混凝土中的应用[J]. 深圳大学学报（理工版），2017，34（1）：63-74.

[2] Yu R，Spiesz P，Brouwers H J H. Development of an eco-friendly ultra-high performance concrete（UHPC）with efficient cement and mineral admixtures uses[J]. Cement and Concrete Composites，2015，55：383-394.

[3] Ahn N S. An Experimental Study on the guidelines for using higher contents of aggregate microfines in portland cement concrete[D]. Austin：University of Texas at Austin，2000.

[4] Hosseinpoor M，Koura B I O，Yahia A. Rheo-morphological investigation of Reynolds dilatancy and its effect on pumpability of self-consolidating concrete[J]. Cement and Concrete Composites，2021，117：103912.

[5] 周波. 基于骨料形貌参数修正的可压缩堆积模型及其在混凝土材料中的应用研究[D]. 深圳：深圳大学，2017.

[6] Safhi A E M，Rivard P，Yahia A. Valorization of dredged sediments in self-consolidating concrete：Fresh，hardened，and microstructural properties[J]. Journal of Cleaner Production，2020，263：121472.

[7] Barret P J. The shape of rock particle，a critical review[J]. Sedimentology，1980，27（1）：15-22.

[8] Galloway J E. Grading，shape，and surface properties[M]//Significance of Tests and Properties of Concrete and Concrete-Making Materials. ASTM International，1994.

[9] Hudson B. Modification to the fine aggregate angularity test[C]//Proceedings of the seventh annual international center for aggregates research symposium，Austin，TX，1999.

[10] De Larrard F，Sedran T. Mixture-proportioning of high-performance concrete[J]. Cement and Concrete Research，2002，32（11）：1699-1704.

[11] Meyer C. The greening of the concrete industry[J]. Cement and Concrete Composites，2009，31（8）：601-605.

第 4 章　低碳自密实混凝土设计及应用

4.1　引　　言

本章基于 CPM 颗粒堆积理论，首先，分析净浆、砂浆两个层级体系不同材料组成参数与堆积密实度的变化规律，通过正交设计方法研究不同材料组成参数对净浆、砂浆流变性能的影响，并以固体颗粒浓度理论为基础，建立了砂浆堆积密实度与流变性能的关系模型。其次，研究了胶凝材料用量、砂率、超细砂粉与粉煤灰体积掺量等参数对混凝土堆积密实度的影响，揭示了混合料堆积密实度与 SCC 工作性能的变化趋势。在此基础上，对比分析 3 种颗粒分布曲线模型下的混凝土性能，验证了经 CPM 优化后的 SCC 能取得工作性能与力学性能上的平衡。最后，基于 CPM 的最紧密颗粒堆积理论，研究并提出平衡工作性能及力学性能且符合环境效益的低碳自密实混凝土设计方法。

4.2　原材料及实验方法

4.2.1　实验原材料

由于混凝土材料组成与宏观性能之间关系密切，原材料的组成和选择不仅影响 SCC 的工作性能，而且很大程度上决定了硬化后的 SCC 的力学性能及耐久性能。因此，原材料的选择与应用应符合国家标准规范的规定，保证 SCC 的性能与质量。以下是本节所用原材料的详细描述。

1. 水泥

水泥作为混凝土最为重要的胶凝材料之一，是将粗细骨料胶结为整体的主要组成成分，其物理化学性能对混凝土新拌性能及硬化后的性能影响较大。本节采用的水泥的物理化学性能指标见表 4.1 和表 4.2。

表 4.1　水泥的物理性质

比表面积/(m^2/g)	中位径/μm	凝结时间/min		安定性	抗折强度/MPa		抗压强度/MPa	
		初凝	终凝		3 天	28 天	3 天	28 天
0.581	13.06	112	145	合格	6.5	9.2	34.8	58

表 4.2　水泥的化学组成（%）

成分	含量
MgO	0.97
Al_2O_3	7.04
SiO_2	25.20
P_2O_5	0.03
SO_3	2.51
K_2O	2.35
CaO	57.80
TiO_2	0.26
MnO	0.11
Fe_2O_3	3.16

2. 粉煤灰

作为主要的工业废弃物之一，FA 在混凝土生产中应用广泛，不仅可以部分代替水泥，与水泥发生水化反应，而且一定程度上可以降低水化过程产生的热量，减少混凝土硬化后的体积变化量，以及降低其生产成本和减少碳排放量，改善环境污染等。对掺入 SCC 中的掺合料要求比较高，其应符合《粉煤灰混凝土应用技术规范》（GB/T 50146—2014）的要求。本章使用的 FA 的物理化学性能指标见表 4.3 和表 4.4。

表 4.3　FA 的物理性质

比表面积/(m^2/g)	中位径 D50/μm	需水量比/%	烧失量/%	含水量/%
0.360	14.69	98.30	2.82	0.11

表 4.4　FA 的化学组成（%）

成分	含量
Na_2O	0.29
MgO	7.68
Al_2O_3	22.59
SiO_2	48.20
SO_3	2.74
K_2O	0.24
CaO	4.13
TiO_2	0.82
MnO	0.27
Fe_2O_3	0.83

3. 纳米二氧化钛

纳米材料是颗粒粒径在纳米级尺度范围内的超细材质，其粒径小、比表面积大、表面及界面效应等特性使得在混凝土中掺入纳米材料可减小其内部孔隙率并改善其微观结构，进而提高其力学性能及耐久性能。因此将纳米材料加入水泥材料中，用以改善 SCC 的性能。本章采用的纳米二氧化钛（NT）的基本物理性能如表 4.5 所示。

表 4.5　NT 物理性能指标

平均粒径/nm	pH	比表面积/(m^2/g)	堆积密度/(g/cm^3)	干燥失重/%
20	5.7	165±15	0.13	1.3

4. 细骨料

细骨料作为骨料颗粒连续性的重要一环，不仅能够填充粗骨料之间的空隙，而且细骨料之间的颗粒滚珠作用能改善新拌混凝土的工作性能，因此需要选择级配良好、含泥量较少的细骨料。本章采用的河砂的基本物理性能及筛分情况见表 4.6 和表 4.7，满足《建设用砂》（GB/T 14684—2022）规定的要求。

表 4.6　细骨料物理性能指标

细度模数	表观密度/(kg/m^3)	堆积密度/(kg/m^3)	含泥量/%	泥块含量/%	空隙率/%
2.5	2640	1520	0.9	0.5	0.43

表 4.7　细骨料粒径分布表

筛孔尺寸/mm	分计筛余率/%	累计筛余率/%
9.5	0.00	0.00
4.75	2.20	2.20
2.36	9.65	11.85
1.18	13.64	25.49
0.6	21.95	47.44
0.3	31.34	78.78
0.15	16.02	94.80
<0.15	5.20	100.00

为了进一步提高混合料堆积密实度来降低胶凝材料用量，同时增加 SCC 浆体体积，改善 SCC 拌和物的工作性能，本节采用超细砂粉（UFS）作为惰性材料，

其是介于水泥颗粒与普通砂子颗粒之间的颗粒材料，一方面其作为粉体材料与水拌和形成流动性能较好的浆体，能够改善由水泥掺量不足带来的粗细骨料之间润滑层过薄从而内摩擦力增大而造成的流动性能不良的状况，也能改善拌和物的黏聚性；另一方面其作为惰性材料进行物理填充，一定程度上有利于改善硬化后SCC的体积稳定性。本章采用的UFS化学成分见表4.8。

表4.8 UFS化学成分（%）

成分	含量
SiO_2	72.11
Na_2O	3.36
MgO	0.74
Al_2O_3	14.13
SO_3	2.41
K_2O	3.96
CaO	1.82
TiO_2	0.28
MnO	0.03
Fe_2O_3	1.16

5. 粗骨料

粗骨料的体积含量及最大尺寸与SCC流动性能、抗离析性能密切联系，粗骨料粒径范围宜为d_{max} ＜20 mm，另外，针片状骨料会增加拌和物内部的摩擦应力，不利于SCC工作性能的提升，因此，一般针片状骨料含量不大于8%。本节采用的石灰石粗骨料的基本物理性能及筛分情况见表4.9、表4.10，满足《建设用卵石、碎石》（GB/T 14685—2022）规定的要求。

表4.9 粗骨料基本物理性能指标

针片状颗粒含量/%	表观密度/(kg/m^3)	堆积密度/(kg/m^3)	含泥量/%	泥块含量/%	空隙率/%
6	2710	1400	0.3	0.1	48

表4.10 粗骨料粒径分布表

筛孔尺寸/mm	分计筛余率/%	累计筛余率/%
19	0	0
16	2.4	2.4
9.5	56.6	59
4.75	40.8	99.8
＜4.75	0.2	100

6. 化学外加剂

高效减水剂是 SCC 尤为重要的组分，是改善 SCC 工作性能和流变性能的关键，减水剂分子在混凝土新拌阶段吸附于胶凝材料颗粒上发挥斥力作用并释放水分，同时形成一层溶剂化膜层，其能起到润滑作用，从而在拌和物中起到减水作用。然而高效减水剂与胶凝材料具有相容性，因此需要选择减水效果好、适用性较强的高效减水剂，并符合《混凝土外加剂应用技术规范》（GB 50119—2013）的要求。本章为了提高减水效果，改善 SCC 工作性能及黏聚性，采用符合规范要求的 Sika TMS-YJ-1 型化学外加剂（PCE），型号分别为 RMC-3 和 CP-WRM50，两者比例为 1∶4 进行配合使用，主要技术指标见表 4.11，减水率在 30%～35%。

表 4.11　PCE 技术性能指标

型号	形态	密度/(g/m^3)	pH	固体成分占比/%
RMC-3	液体	1.102	5.0	49.88
CP-WRM50	液体	1.124	4.5	50.69

4.2.2　原材料参数测定

1. 粉体剩余堆积密实度参数测定

对于微小的粉体颗粒，假定其在不同粒径范围内剩余堆积密实度相等，再结合每个粒径区间颗粒的体积分数，算出每种材料的剩余堆积密实度。本节采用法国路桥试验中心提出的最小需水量法进行粉体的实际堆积密实度测定，其基本原理是随着用水量的逐渐增加，粉体颗粒由干燥分散状态变成黏稠浆体状态的最小用水量，并认为干燥粉体之间的空隙由水来填充，在搅拌机搅拌过程中，当试样变化到临界状态时会呈现 3 片状，继续用滴管点滴并停止搅拌后，3 片会逐渐形成一块整体，此期间的用水量变化范围非常小，水泥搅拌过程如图 4.1 所示。

本节对水泥、FA、UFS 等粉体进行实验，步骤如下，先称取一定质量（m_b）的材料，本实验为 300 g，然后预先估计一个较小的用水量，并将其倒入搅拌锅中，最后将粉体材料倒入其中，边搅拌边继续加水，直到试样由潮湿分散团粒变成 3 片状浆体，此时所需的用水量最小，为 m_w。由此试样材料的实际堆积密实度由式（4.1）计算所得

$$\alpha_t = \frac{1}{1+\rho m_w / m_b} \tag{4.1}$$

式中，ρ 为粉体材料的密度，g/cm^3；

m_b 为粉体材料的质量，g；

m_w 为最小需水量，g。

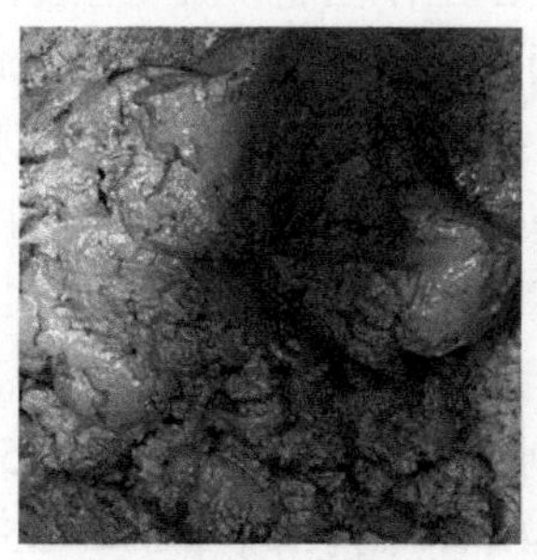
(a) 用水量为91.83 g

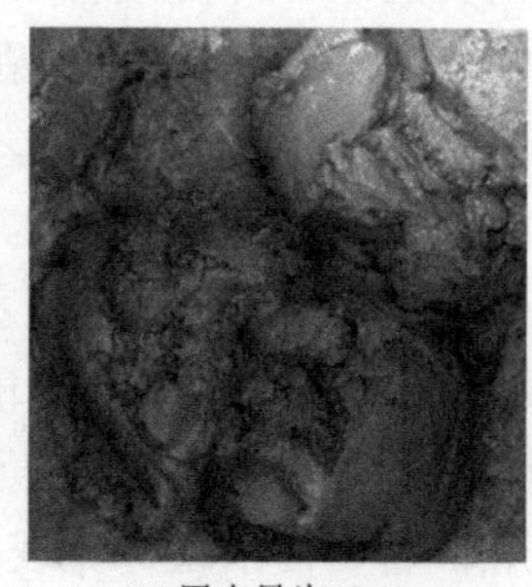
(b) 用水量为92.24 g

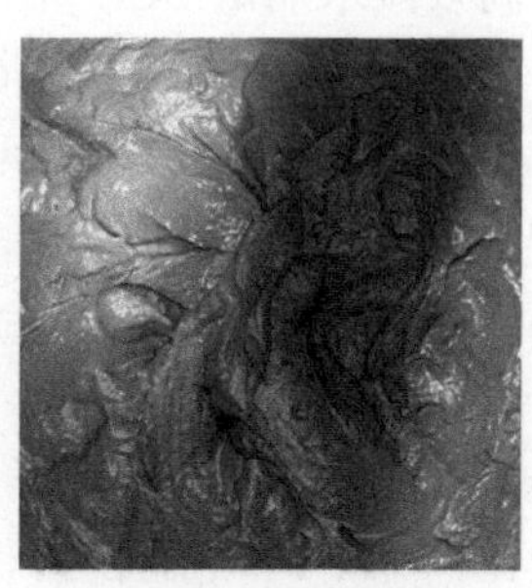
(c) 用水量为92.96 g

图 4.1　水泥最小需水量实验

根据堆积密实度计算软件对相应粉体的剩余堆积密实度进行计算，结果见表 4.12，表中结果对应的堆积方式为不添加高效减水剂情况下均匀黏稠浆体的湿堆积情况，对应的压实指数 K 为 6.7。然而将粉体添加到 SCC 中进行掺和并堆积，往往会受到高效减水剂的影响，因此，以后将研究高效减水剂对粉体湿堆积密实度的影响。

表 4.12　材料实测堆积密度和剩余堆积密度

原材料	水泥	Ⅰ级 FA	UFS
实测堆积密实度 α_t	0.5193	0.5629	0.5723
剩余堆积密实度 β_i	0.4200	0.4665	0.4845

2. 砂石剩余堆积密实度参数测定

要计算骨料体系的实际堆积密实度，需要对砂石进行筛分，并对筛分后的每一粒级进行堆积密度的测定，然后根据堆积密度原理计算出每一粒级的虚拟堆积密实度，进而算出混合料实际堆积密实度，且由计算结果可以对砂石级配进行优化，最终达到提高混合料堆积密实度的目的。

砂石剩余堆积密实度参数测定所用相关仪器及步骤如下。

（1）仪器：标准振筛机、砂石堆积密度漏斗及配套标准容器等。

（2）步骤：先使用标准振筛机对砂石进行筛分，按照 GB/T 14684—2022、GB/T 14685—2022 分别将砂筛分成 0.15～0.30 mm、0.30～0.60 mm、0.60～1.18 mm、1.18～2.36 mm、2.36～4.75 mm 5 个不同区间，将石子筛分成 4.75～

9.5 mm 和 9.5～16.0 mm 两个不同区间。对砂石进行筛分后，采用堆积密度漏斗对每一粒径区间进行堆积密度的测定。把所测试样放入烘箱中，在 100±5℃下将其水分蒸发至恒重，拿出试样进行自然降温，然后称取标准容器的体积 V 及质量 m_1，并将其置于堆积密度漏斗正下方，取试样装入漏斗，打开活动门让试样徐徐落入标准容器中，直至试样超出容器筒口，然后用直尺将筒口上部多余试样刮除，并称取装有试样的容器的质量 m_2。上述测量步骤重复两次，取其算术平均值作为测定结果，精确至 1 g。

（3）砂石堆积密度计算公式：

$$\rho_0 = \frac{m_2 - m_1}{V} \tag{4.2}$$

式中，ρ_0 为砂石堆积密度，g/cm^3；

m_2 为装有试样的容器质量，g；

m_1 为容器质量，g；

V 为标准容器体积，cm^3。

根据砂石密度测试结果及堆积密度结果，可以算出砂石的每一粒径区间的堆积密实度，计算公式：

$$\alpha_t = \frac{\rho_0}{\rho} \tag{4.3}$$

（4）实验结果：根据以上实验步骤并应用堆积密实度软件进行计算，可以得到砂石每个粒径区间的实际堆积密实度及剩余堆积密实度，结果见表 4.13。

表 4.13 砂石各粒级区间实际堆积密实度及剩余堆积密实度

粒径区间/mm	实际堆积密实度 α_t	剩余堆积密实度 β_i
0.15～0.30	0.5106	0.6352
0.30～0.60	0.5447	0.6775
0.60～1.18	0.5721	0.7116
1.18～2.36	0.5681	0.7066
2.36～4.75	0.5994	0.7455
4.75～9.5	0.5446	0.6774
9.5～16.0	0.5738	0.7138

4.2.3 实验测试方法

本节实验主要包括净浆流变实验、抗折强度实验、抗压强度实验；砂浆流变实验；新拌混凝土流变实验、工作性能测试实验、立方体抗压实验等。

1. 纳米分散方法及搅拌方式

本节的纳米分散方法主要是化学和物理结合：浆体材料混合前，先将 NT 放入清水中，并将其置于超声波粉碎机进行超声分散，分散时间为 10 min，然后将 PCE 滴入液体中，使其均匀混合，将稳定分散后的含有 NT 的混合液与浆体均匀混合，并用净浆搅拌机充分搅拌，3 min 后进行复合浆体的实验测试。

2. 净浆、砂浆流变性能测试方法

SCC 的工作性能与砂浆、净浆的流变性能密切相关，本节采用法国某公司生产的流变仪进行净浆、砂浆流变性能的测试。其基本原理与共轴旋转式流变仪相似，即测定不同旋转或剪切速度下的扭矩，并分别以扭矩为纵坐标、以转速为横坐标作图，得到曲线斜率和截距，最后换算得到 Bingham 模型中的塑性黏度 μ 和屈服应力 τ_0，并测定不同剪切速率下的剪切应力及塑性黏度，自动绘制剪切速率与剪切应力之间的关系图等。该流变仪配套相关不同量程、不同流体的转子、量筒容器以及配套流变模型分析软件。流变仪测定程序可根据不同流体受到的低剪切、高剪切速率的不同影响进行调整。本节拌和物的测试程序为，剪切速率从 0 s^{-1} 线性增加到 240 s^{-1}，然后从 240 s^{-1} 线性降低到 0 s^{-1}，形成一个闭合回路，测试步骤单程为 14 步，测试总时间为 280 秒。

3. 自密实混凝土工作性能测试方法

本节按照美国材料与试验协会 C1610、C1611、C1621 等规范对 SCC 的工作性能进行测试，主要用到的仪器包括坍落度筒、J-Ring、L-Box，用其进行坍落扩展度、T_{500} 流动时间、J-Ring 扩展度、L-Box 间隙通过性等多种测试，综合评价 SCC 的工作性能。

1）坍落扩展度

坍落扩展度用于测试 SCC 拌和物的填充性能，应用坍落度筒结合不锈钢的光滑正方形底板进行测试，底板边长 1 m。测试前，先需要湿润平板和坍落度筒且无明水，然后将平板置于水平地面上，坍落度筒置于平板中央，用脚踩两个踏板，然后用盛料桶一次性将 SCC 拌和物均匀填满坍落度筒，且不振捣，随后用刮刀刮除筒口及周边余料，然后在 2 秒内提起坍落度筒至约 300 mm 高度，等拌和物停止流动后，用卷尺测量圆饼最大直径及垂直方向的直径，取两者的平均值作为测试值，测量结果精确至 1 mm，修正至 5 mm。

2）T_{500} 流动时间

在测定坍落扩展度过程中，从坍落度筒离开地面开始，用秒表测定时间，当

拌和物外边缘达到平板所刻直径为 500 mm 的圆面时，按停秒表，记录所测时间，需要精确到 0.1 s。

3）J-Ring 扩展度测试

J-Ring 主要用于测试 SCC 拌和物间隙通过性能，符合 C1621 规范标准，测试前同样先将坍落度筒、平板、J-Ring 湿润（无明水），然后将 J-Ring 置于平板中心，将坍落度筒倒置于底板中心，与 J-Ring 位置同心，随后用 SCC 拌和物一次性将其填满，再用刮刀刮平筒口并刮除周围溢出的拌和料，然后在 2 s 内提起坍落度筒至约 300 mm 高，等拌和物不再扩展后，用卷尺测定圆饼最大直径及垂直方向的直径，取两者的平均值作为测试值，测量结果精确至 1 mm，修正至 5 mm。

4）L-Box 测试

L-Box 主要用于测试 SCC 拌和物间隙通过性及流动速率。测试前将 L-Box 内部湿润并将其置于水平地面上，关闭滑动闸板，然后将 SCC 拌和物一次性连续倒入竖向箱中，刮平箱口多出的材料，然后平滑快速地开启滑动闸门，此时开始用秒表测定时间，让拌和物在自重作用下从塑性箱柱内通过闸门处钢筋间隙后流向水平槽中，当拌和物流动至横槽端部后按住秒表，记录时间，并在拌和物停止扩展后，用卷尺测定竖向箱内拌和物高度 H_1，以及水平槽端部拌和物高度 H_2，然后将通过率 $PR = H_2/H_1$ 作为测试值，整个测试过程在 5 min 内完成。

4. 水泥、自密实混凝土力学性能测试方法

水泥、自密实混凝土力学性能测试方法等均按照国家标准进行，具体见表 4.14。

表 4.14　水泥、自密实混凝土力学性能测试方法

实验操作方式及测试性能	操作及测试规范
水泥搅拌及试件制作	《水泥标准稠度用水量、凝结时间、安定性检验方法》（GB/T 1346—2011）
水泥抗折强度、抗压强度	《水泥胶砂强度检验方法（ISO 法）》（GB/T 17671—2021）
混凝土试件制作及养护、抗压强度	《混凝土物理力学性能试验方法标准》（GB/T 50081—2019）

力学性能测试所用到的仪器如下。

（1）WHY 型水泥抗折抗压实验机；

（2）YAW6306 微机控制电液伺服压力试验机，并结合 DCS-300 型全数字闭环测控系统进行操作。

4.3 堆积密实度对净浆、砂浆流变性能的影响

4.3.1 材料组成对净浆流变性能的影响

1. 材料组成对堆积密实度的影响

1）聚羧酸减水剂饱和掺量的确定

为了使得 SCC 的浆体流动性能达到最佳，掺入的 PCE 一般取饱和掺量，但饱和掺量并不是浆体流动扩展度达到最大时的掺量，而是一个最佳掺量，低于这个量，浆体流动度会显得不足，超过这个量，虽然流动度能小幅扩大，但是减水剂的掺量的增加所造成的成本会有较大提高。另外，PCE 与水泥存在相容性问题，因此，本节通过净浆流动扩展度测试方法确定 PCE 饱和掺量，水灰比恒定为 0.45。

图 4.2 显示，当 PCE 掺量达到水泥质量掺量的 0.8%时，净浆流动度一直处于增大的趋势，并达到最大值，为 355 mm；掺量在 0.8%～1.2%时，浆体流动度变化不明显，但是最佳掺量并非 0.8%；掺量为 0.4%时，净浆流动度达到 325 mm，此时与最大流动度值相差不大，考虑 PCE 成本及浆体流动性能之间的效益，本节取 0.4%作为浆体的最佳 PCE 掺量。

2）聚羧酸减水剂及 FA 对净浆湿堆积密实度的影响

本节采用 Ⅰ 级 FA 体积分数为 0%～100%且增量梯度为 10%的掺量与水泥进行混合，并分为添加、不添加饱和 PCE 两种情况进行分析，利用 CPM 进行浆体湿堆积密实度的计算，结果如图 4.3 所示。结果表明，不管是否添加饱和 PCE，混合粉体的堆积密实度随着掺入的 FA 体积分数的增大而逐渐增大，但不添加饱和 PCE 的增大幅度较为明显，而添加饱和 PCE 的增大幅度较为平缓。另外，不添加饱和 PCE 的浆体堆积密实度趋势线两边的端点分别为水泥和 FA 的湿堆积密实度，即 0.5193 和 0.5629，添加饱和 PCE 的浆体堆积密实度与未添加相比，水泥与 FA 的湿堆积密实度分别提高了 20.6%、13.5%。

混合粉体的堆积密实度呈现直线递增关系，主要是由于 FA 颗粒粒径与水泥颗粒粒径相近，两者中位径 D_{50} 分别为 13.06 μm、14.69 μm，按照 CPM 原理，两种颗粒整体处于完全相互作用状态，并没有较明显的粗细颗粒之分。根据 Roussel 等的研究，在未添加减水剂情况下，水泥浆体中的颗粒分子之间存在范德瓦耳斯力和电荷静电力引起的相互吸引力，从而形成许多尺寸不一的絮凝团粒（从几十纳米到 100 μm），其中包含较多水分子的团粒会在浆体悬浮液中进行随机填充。因此大小不同团粒之间形成粗细颗粒堆积填充状态，使得混合颗粒堆积密实度增大较为明显。根据 Han、Ferrari 等的研究，浆体添加了减水剂之后，聚羧酸分子

会吸附于粉体颗粒表面，形成斥力作用并显著降低颗粒间的吸引力作用，使得颗粒絮凝团粒难以形成，或原形成的絮凝团粒被分散成较小的粉体颗粒并释放其中的水分子，且粉体颗粒均匀分散于悬浮液中形成堆积状态。水泥与 FA 在这种堆积状态下，由于颗粒大小相近并形成完全相互作用，因此混合粉体堆积密实度增大趋势平缓，且形成线性递增关系。

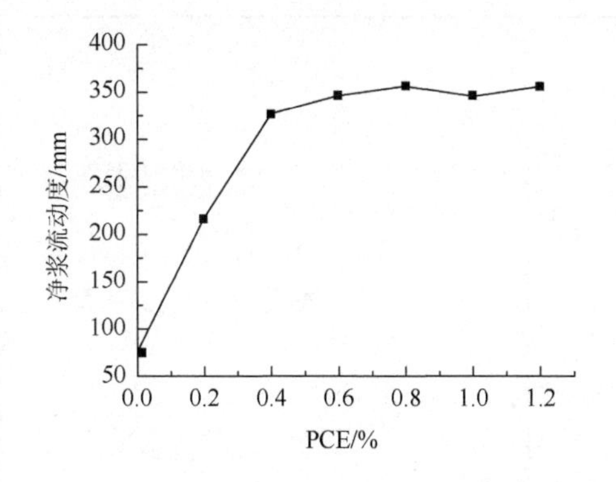

图 4.2　净浆流动度随 PCE 掺量变化趋势

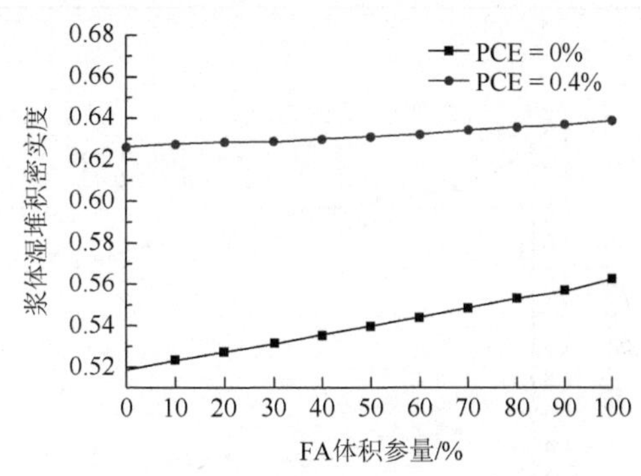

图 4.3　浆体湿堆积密实度随 FA 体积掺量的变化趋势

2. 材料组成对净浆流变性能的影响

浆体的材料组成不仅对浆体湿堆积密实度有明显影响，而且与浆体流变性能密切相关[1]。因为自由水是浆体产生流动性的根本原因，所以材料组成主要通过影响需水量来影响浆体的流变性能。外掺粉体与水泥混合，主要通过改变粉体体系颗粒堆积密实度并减少填充空隙用水量来影响浆体流变性能[2]；而减水剂通过改变微小颗粒堆积结构，分散絮凝团粒释放自由水分子，从而提升浆体流动性能；提高浆体的水胶比则是直接通过增加用水量来增大堆积颗粒之间的间距，使得浆体易于产生变形运动，从而改变浆体的流变性能。而纳米材料具有颗粒尺寸小、比表面积大、活性高等特性，将其掺入浆体中会吸附较多的自由水并促进水泥水化反应，使得体系逐渐形成粉体颗粒骨架结构，从而改变浆体的流变性能。

根据上述对浆体流变性能的分析，本节的净浆流变性能考虑 FA 体积掺量、PCE 掺量、水胶比（W/B）3 个因素来进行对比研究，其中，FA 体积掺量为 0～60%且增量梯度为 10%，考虑 7 个不同的水平对水泥进行代替；PCE 掺量为 0 及 0.4%的饱和掺量；水胶比为 0.35、0.45 两个水平。实验配合比设计见表 4.15。根据配合比并利用流变仪进行浆体流变性能的测试，结果如图 4.4 和图 4.5 所示。

表 4.15 净浆配合比设计

W/B	PCE 掺量/%	FA 体积掺量/%
0.35	0	0～60
0.45		
0.35	0.4	0～60
0.45		

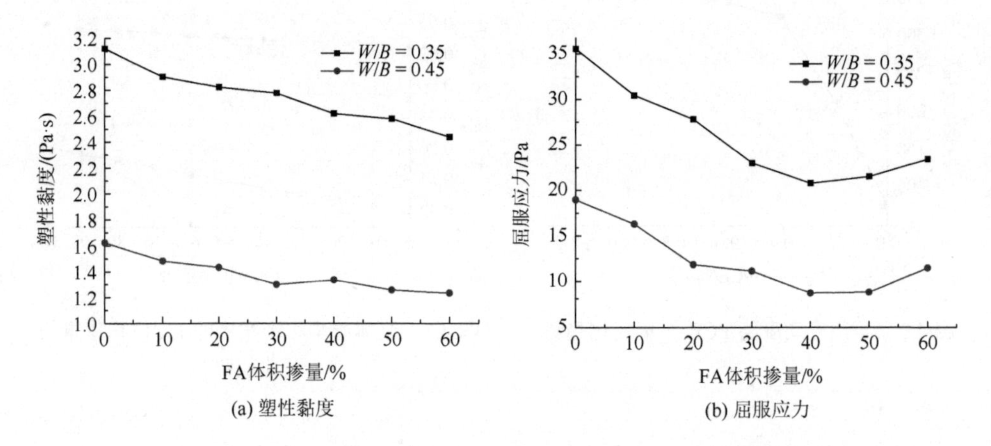

(a) 塑性黏度　　(b) 屈服应力

图 4.4　0 PCE 掺量时浆体流变参数随 FA 掺量和水胶比变化趋势

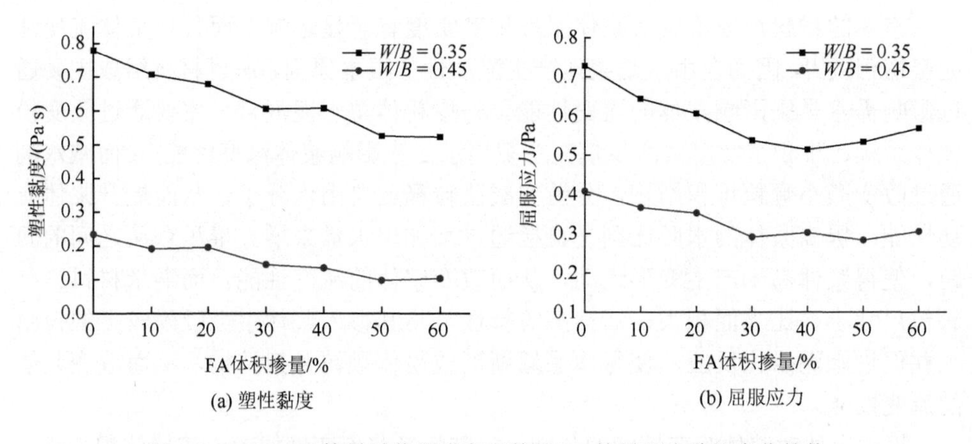

(a) 塑性黏度　　(b) 屈服应力

图 4.5　0.4%PCE 掺量时浆体流变参数随 FA 掺量和水胶比变化趋势

（1）FA 对净浆流变性能的影响。由图 4.4（a）可知，当水胶比为 0.35 且不掺减水剂时，浆体塑性黏度随着 FA 体积掺量的增大而逐渐降低，作用明显。当 FA 体积掺量为 60%时浆体塑性黏度为 2.44 Pa·s，对比参照组的 3.12 Pa·s 降低了

0.68 Pa·s，降幅达到 21.8%，作用较为明显。由图 4.5（a）可知，在 0.4%PCE 掺量时或者提高水胶比到 0.45 后，FA 仍然有降低浆体塑性黏度的作用，但是降低作用不明显：掺减水剂条件下，60% FA 掺量的浆体塑性黏度比 0 FA 掺量的浆体塑性黏度降低 0.13 Pa·s；在同时提高水胶比到 0.45 的情况下，FA 的作用减弱得更多，浆体塑性黏度变化趋势整体处于平缓状态。对于屈服应力，由图 4.4（b）与图 4.5（b）可知，浆体屈服应力随着 FA 掺量的增加呈现先减少后增大的趋势。由图 4.4（b）可知，当 FA 体积掺量为 40%、水胶比为 0.35 时，屈服应力最小，比不掺 FA 的屈服应力降低 15.1 Pa，降幅达到 41.9%，当 FA 体积掺量范围为 40%～60%时，屈服应力稍有提高，FA 体积掺量为 60%时比 40%时屈服应力提高约 13.2%。当提高水胶比为 0.45 后，变化趋势与 0.35 类似。由图 4.5（b）可知，在 0.4%PCE 掺量时，FA 掺量的作用大幅减弱，屈服应力降低幅度较小，尤其是在水胶比为 0.45 时，在 FA 作用下屈服应力最大降低 0.107 Pa，降幅仅为 12.6%。

综合以上 FA 对浆体流变性能的影响，这主要是因为在低水胶比且不添加减水剂情况下浆体所含自由水量较少，颗粒紧密堆积状态（图 4.6）起到主要作用：由于 FA 为球形颗粒，比表面积为 0.360 m^2/g，明显低于水泥颗粒的 0.581 m^2/g，且粉体体系颗粒堆积密实度随着 FA 掺量的增加而提高，颗粒表面及填充颗粒空隙所用水量越来越少，所以剩余的自由水使得颗粒间形成较薄的润滑层，起润滑作用，并使得颗粒间的滑动成为可能并增加了浆体的变形速度，在两个流变参数上均表现为降低趋势，当 FA 掺量继续增加到一定程度时，根据 CPM 原理，浆体单位体积内的颗粒数量增加，颗粒间接触点增加，使得体系内摩擦力增大，将产生阻碍浆体流动的作用，浆体屈服应力呈现逐渐上升趋势。当水胶比较大或掺入 PCE 时，由于浆体富余水量较大，其对浆体流变性能的影响占据主导作用，FA 与水泥体系堆积作用并不明显。

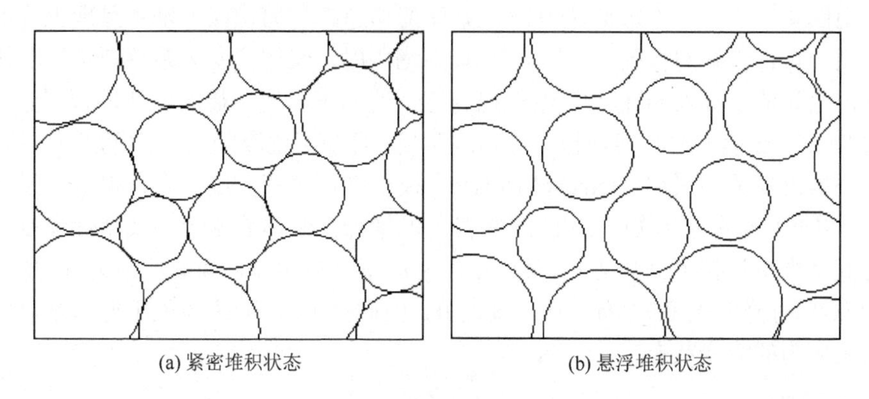

(a) 紧密堆积状态　　(b) 悬浮堆积状态

图 4.6　颗粒堆积状态

（2）PCE 对净浆流变性能的影响。对比图 4.4 与图 4.5 可知，掺入 0.4%的 PCE 能明显降低浆体塑性黏度与屈服应力。众多研究也同样表明，增加 PCE 的掺量能明显降低颗粒体系的屈服应力，对浆体塑性黏度也有较好的调节作用。为了进一步研究浆体流变性能的变化，本节在不同 PCE 掺量情况下，采用流变仪研究浆体在不同剪切速率时对应的剪切应力，其中 PCE 掺量为 0%～0.4%，浆体剪切速率范围为 0～240 s^{-1}，分为 14 个测量点，每个点测量时间为 10 s，实验结果如图 4.7 所示。

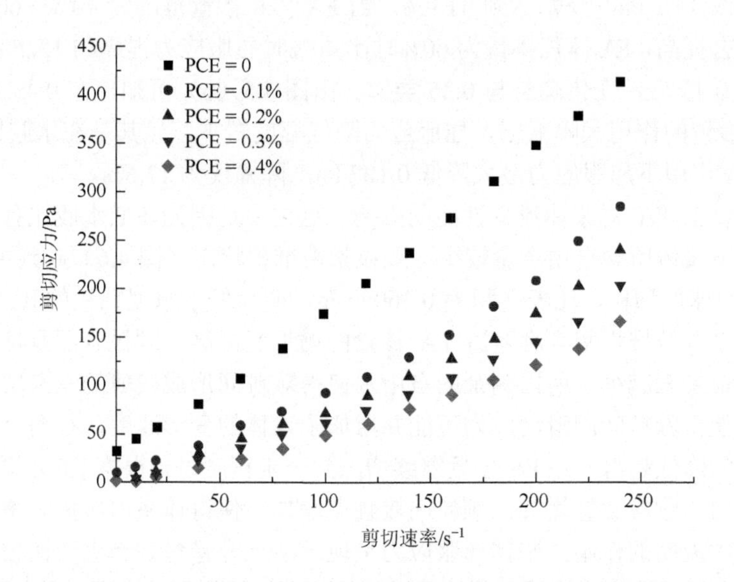

图 4.7　不同 PCE 掺量下浆体剪切速率与剪切应力变化趋势

由图 4.7 可知，当 PCE 为 0 时，浆体剪切速率与剪切应力基本呈现上升的直线关系，具有较好的相关性，当 PCE 逐渐增大时，浆体流变关系逐渐呈现非线性关系，尤其是在掺入 PCE 后，浆体在高剪切速率下出现明显的剪切增稠现象，此时用 Bingham 模型进行线性拟合会出现负值，且精度逐渐降低，该模型不再适用。因此根据流变关系采用 Herschel-Bulkley 模型进行流变曲线拟合，拟合结果见表 4.16。根据结果分析可知，随着 PCE 掺量的增加，浆体屈服应力及塑性黏度均大幅降低，当掺量在 0.3%～0.4%时，塑性黏度变化不明显，而屈服应力在 PCE 掺量为 0.4%时降低到 0.73 Pa，几乎接近 0。因此掺 PCE 的浆体处于低塑性黏度、低屈服应力的流变状态。

表 4.16　不同 PCE 掺量下的浆体流变参数

编号	PCE 掺量/%	塑性黏度/(Pa·s)	屈服应力/Pa	连续性系数 n	相关系数 R^2
1	0	3.12	35.59	1.190	0.912
2	0.1	1.35	13.72	1.195	0.986
3	0.2	0.91	7.69	1.193	0.997
4	0.3	0.84	4.08	1.195	0.993
5	0.4	0.78	0.73	1.196	0.991

本节研究的浆体出现剪切增稠现象（连续性系数 $n>1$），主要是因为 PCE 的掺入改变了浆体中颗粒堆积状态及絮凝体的颗粒粒径分布。根据 Roussel、吴琼等的相关研究，减水剂的掺入会使得较大的絮凝团粒分散成较小的粉体颗粒，粉体颗粒在低剪切速率下仍然处于均匀稳定的悬浮堆积状态。当减水剂掺量与剪切速率增大时，处于悬浮堆积状态的不同颗粒大小的絮凝团粒逐渐被打散并形成无序状态，颗粒堆积状态发生改变，由此浆体流变关系呈现非线性状态。邓德华等的研究表明，颗粒粒径分布越广，悬浮浆体越难呈现剪切增稠现象。当不掺减水剂时，水泥与水分子会结合形成粒径大小不一的絮凝团粒，由于团粒粒径范围较广并形成相互填充的堆积状态，因此 PCE 掺量为 0 的浆体在不同剪切速率下并无明显的剪切增稠现象。

（3）水胶比对净浆流变性能的影响。对比图 4.4 与图 4.5，当水胶比从 0.35 增大到 0.45 时，浆体塑性黏度与屈服应力均呈现降低趋势。如图 4.4 所示，塑性黏度从 3.12 Pa·s 降低到 1.62 Pa·s，屈服应力从 35.59 Pa 降低到 18.68 Pa，降低幅度分别约为 48.08%和 47.51%。由图 4.5 可知，塑性黏度与屈服应力也呈现降低趋势但降低幅度较为平缓。这是因为液相水是流体流动的根本要素，通过改变水胶比来影响浆体流变性能，主要是通过直接改变浆体的水含量来实现。当浆体内自由富余水量较多时，虽然粉体堆积密实度随着 FA 掺量的增大而提高，但是充分的自由富余水量使得絮凝体颗粒之间的水膜层厚度增加，使得絮凝体趋近悬浮堆积状态，颗粒间不再直接接触，浆体内部摩擦力大幅降低，从而使得浆体易于变形流动，且变形速度随水胶比的增大而增大。因此粉体体系不同的颗粒堆积状态可以反映浆体流变性能。

3. NT 与 FA 复合对净浆流变性能的影响

根据上述研究，FA 具有降低浆体屈服应力，调节浆体塑性黏度的作用，本节结合 NT 和 FA 的特性对水泥浆体进行复掺，采用控制变量法研究 NT 对浆体流变性能的影响。在实验中固定胶凝材料用量、减水剂掺量，对不同 FA 掺量、NT 掺量进行变量研究。由于在水胶比较大的情况下，浆体流变性能受到用水量的影响较大,因此设定水胶比处于偏低水平,且恒定为0.35;PCE掺量为水泥质量的0.4%;FA 体积掺量为 0、30%、40%、50%、60%；NT 掺量分别为 0、1%、3%、5%、7%。配合比设计及实验结果如表 4.17、图 4.8、图 4.9 所示，其中组数编码顺序为：C 为水泥，NT 为纳米 TiO_2，其后面数字为胶凝材料的质量百分比；FA 为粉煤灰，其后面数字为内掺胶凝材料百分比。

表 4.17 浆体配合比设计及实验结果

组数	编码	水泥用量/(kg/m^3)	FA/(kg/m^3)	NT/(kg/m^3)	塑性黏度/(Pa·s)	屈服应力/Pa
1	C	350.0	0.0	0.0	1.136	0.808
2	C-NT1	346.5	0.0	3.5	1.253	2.713
3	C-NT3	339.5	0.0	10.5	1.529	5.887
4	C-NT5	332.5	0.0	17.5	2.102	8.232
5	C-NT7	325.5	0.0	24.5	2.658	15.140
6	C-FA30	266.3	83.7	0.0	0.954	0.537
7	C-FA30-NT1	262.8	83.7	3.5	0.991	1.529
8	C-FA30-NT3	255.8	83.7	10.5	1.310	4.298
9	C-FA30-NT5	248.8	83.7	17.5	1.591	5.735
10	C-FA30-NT7	241.8	83.7	24.5	2.047	11.550
11	C-FA40	235.1	114.9	0.0	0.851	0.507
12	C-FA40-NT1	231.6	114.9	3.5	0.970	1.042
13	C-FA40-NT3	224.6	114.9	10.5	1.305	3.765
14	C-FA40-NT5	217.6	114.9	17.5	1.251	4.666
15	C-FA40-NT7	210.6	114.9	24.5	1.899	9.856
16	C-FA50	201.9	148.1	0.0	0.757	0.643
17	C-FA50-NT1	198.4	148.1	3.5	0.804	0.989
18	C-FA50-NT3	191.4	148.1	10.5	1.037	3.303
19	C-FA50-NT5	184.4	148.1	17.5	1.306	4.507
20	C-FA50-NT7	177.4	148.1	24.5	1.626	9.106
21	C-FA60	166.7	183.3	0.0	0.734	0.652
22	C-FA60-NT1	163.2	183.3	3.5	0.789	0.929
23	C-FA60-NT3	156.2	183.3	10.5	1.123	3.161
24	C-FA60-NT5	149.2	183.3	17.5	1.212	4.234
25	C-FA60-NT7	142.2	183.3	24.5	1.589	8.904

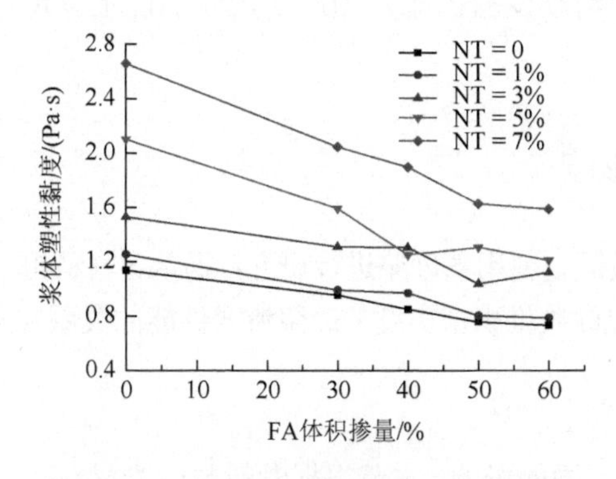

图 4.8　FA 与 NT 对浆体塑性黏度的影响

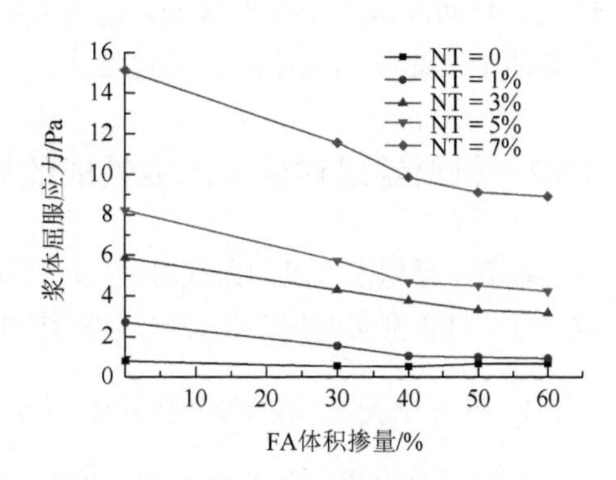

图 4.9　FA 与 NT 对浆体屈服应力的影响

由图 4.8 分析可以得到，浆体塑性黏度随着 NT 掺量的增加而明显增大，在不掺 FA 情况下，NT 掺量为 7%比掺量为 0 的浆体塑性黏度增大了约 1.33 倍，其中浆体塑性黏度在 NT 掺量为 7%时比掺量为 5%增大较为明显，涨幅高达约 31.6%。然而，随着 FA 体积掺量逐渐增加，浆体塑性黏度整体呈现降低趋势。受到 FA 的影响，NT 对浆体塑性黏度的影响逐渐降低，而 1%NT 掺量与不掺 NT 的浆体塑性黏度区别不明显。当 FA 体积掺量为 60%时，浆体塑性黏度降低到最低点，比体积掺量为 0%时的浆体塑性黏度平均降低 37.7%，而当 FA 体积掺量为 50%～60%时，浆体塑性黏度变化不明显。对比两种材料，NT 对浆体塑性黏度的影响较 FA 的显著。

由图 4.9 分析可以得到，浆体屈服应力受 NT 影响较大，随着 NT 的添加，浆体屈服应力明显增大。采用控制变量法进行研究，当 FA 体积掺量为 0 时，浆体屈服应力从 0.81 Pa 增大到 15.14 Pa，增幅达到约 17.69 倍，其中在 NT 掺量为 5%～7%区间增幅最为明显，占总涨幅的 51.78%，而当 NT 掺量为 7%时，浆体屈服应力容易受到 FA 掺量的影响，掺 NT 虽然比不掺 NT 浆体屈服应力大，但是随着 FA 体积掺量的增大，浆体屈服应力受到的影响相对较大，而当 NT 掺量为 0、1%、3%时，NT 对浆体屈服应力的作用效果受 FA 的影响相对较小，浆体屈服应力变化较为平稳。但是从总体趋势而言，在相同 NT 掺量下，浆体屈服应力随着 FA 的掺量增大而逐渐降低，但在 40%～60%时浆体屈服应力趋于平稳。因此，NT 用于调节浆体的流变性能，掺量为 1%～5%较佳。

基于以上研究结果，显然水泥基材料添加 NT 能显著提高浆体塑性黏度和屈服应力，而且掺量越大，流变参数在数值上增长越快。浆体表现出来的流变性能与其原材料组成成分具有密切相关性，由于 NT 平均粒径为 20 nm，比表面积约 170 m^2/g，表面能远比一般矿物掺合料高，因此颗粒表面将吸附大量水分子，浆体体系剩余自由水骤减，由此会使得粉体颗粒相对增加，浆体体系逐渐形成由粉体颗粒堆积而成的骨架结构，体系形成颗粒紧密堆积状态，颗粒之间的内摩擦力较大，且润滑水膜层厚度降低，使得颗粒滑动变得困难，因此在流变性能上呈现出浆体塑性黏度和屈服应力迅速增大。

4.3.2 材料组成对砂浆流变性能的影响

本节从堆积密实度的角度出发，对低胶凝材料用量砂浆进行研究，揭示各材料组成与砂浆堆积密实度的变化规律，进而研究砂浆堆积密实度与砂浆流变性能的关系。

1. 材料组成对砂浆堆积密实度的影响

不同材料组成对砂浆堆积密实度存在不同的影响，本节根据骨料与胶凝材料体积比（V_s/V_b）及 UFS 对砂浆堆积密实度进行计算及优化，探究不同 V_s/V_b 及不同 UFS 掺量对其影响规律，以达到提高砂浆堆积密实度，降低胶凝材料用量的目的。

1）V_s/V_b 对砂浆堆积密实度的影响

对于胶凝材料用量范围而言，冰岛学者 Wallevik 从胶凝材料含量和技术经济角度提出低碳 SCC 概念，并将 SCC 划分为 5 类，其中低胶凝材料用量 SCC 属于第 4 类和第 5 类，见表 4.18。

表 4.18 按粉体含量对自密实混凝土的分类

自密实混凝土类型	类别	胶凝材料含量/(kg/m³)
Rich SCC	1	≥550
Normal SCC	2	500±35
Lean SCC	3	415±35
Green SCC	4	350±35
Eco-SCC	5	≤315

根据美国混凝土协会规范，SCC 粗骨料体积分数用量推荐范围为 0.28～0.32 m^3，水粉质量比为 0.32～0.45，因此为了充分改善低胶凝材料用量砂浆的流变性能，并为低胶凝材料 SCC 工作性能提供理论依据，本节将 1 m^3 混凝土中粗骨料用量定为 0.3 m^3，取水胶比为 0.45。此外，由于砂浆的固体颗粒是由胶凝材料与细骨料组成，胶凝材料组分不同、体积分数不同及细骨料体积分数不同均会对砂浆堆积密实度产生影响，为了全面研究不同胶凝材料用量对砂浆堆积密实度的影响，将胶凝材料用量范围定为 280～600 kg/m^3，选取 FA 体积掺量为 0、20%、40%、60% 4 个水平对水泥进行掺合，同时基于胶凝材料与细骨料体积用量对砂浆堆积密实度的影响，采用 V_s/V_b 作为研究变量。由上述研究范围计算可知，V_s/V_b 范围在 1.0～4.5，应用 CPM 进行堆积密实度计算，结果如图 4.10 所示。

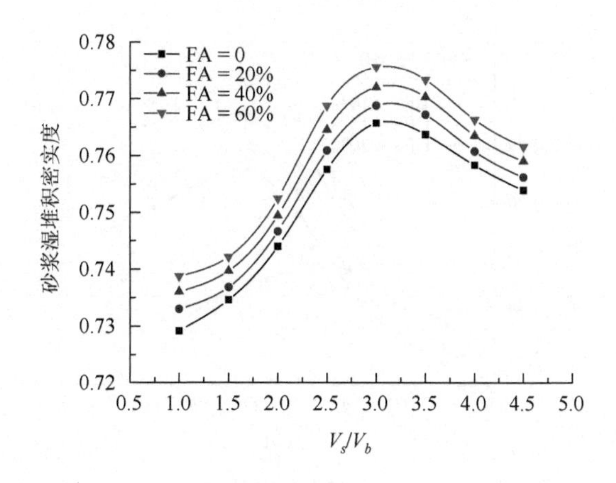

图 4.10　砂浆湿堆积密实度随 V_s/V_b 及 FA 的变化趋势

由图 4.10 整体趋势分析可知，砂浆堆积密实度随 V_s/V_b 的增大呈现先上升后下降的趋势：V_s/V_b 在 1.0～3.18 范围内堆积密实度逐步增大，且增大幅度较大，在 3.18～4.5 范围内逐渐减小，但减小趋势较缓。对胶凝材料组分进行了 FA 的掺合，这进一步提高了砂浆堆积密实度，当 FA 掺量从 0%逐渐增大到 60%时，砂浆堆积密实度在 V_s/V_b 为 3.18 时逐渐从 0.7657 增大到 0.7756，此时通过体积法 $V_a + V_g + V_w + V_b = 1$ 计算得出对应的胶凝材料用量约为 358.7 kg/m^3，细骨料用量约为 950.2 kg/m^3，在低胶凝材料用量范围内。

2）UFS 对砂浆堆积密实度的影响

UFS 作为惰性粉体材料，其粒径处于水泥颗粒与中砂颗粒之间，能够较好地发挥其物理填充效应，能在保持胶凝材料用量不变的情况下提高浆体体积量，进而改善混凝土的流变性能。本节应用 CPM 对掺入 UFS 的砂浆混合料进行堆积密实度的优化计算及分析。本节分别对 UFS 体积掺量为 0、5%、10%、15%、20% 的砂浆进行原细中砂的代替，应用 CPM 进行砂浆堆积密实度计算分析，结果如图 4.11 所示。

对图 4.11 中的曲线趋势进行分析，与 FA 对砂浆堆积密实度的影响类似：砂浆堆积密实度随 V_s/V_b 的增大呈现先上升后下降的趋势：当 V_s/V_b 约为 3.18 时，砂浆堆积密实度取得最大值，随着 UFS 掺量从 0%逐渐增加到 20%，堆积密实度也从 0.7657 增加到 0.7845，相对于 FA 而言，体积代替中砂的 UFS 的堆积填充效果较佳。另外，通过分析可以发现，FA 与 UFS 分别等体积代替原有水泥与中砂，出现堆积密实度最大值的比值点仍然是在 3.18 处，也即以不同粒级的颗粒材料等体积代替原有的颗粒材料，会使得混合料堆积密实度发生改变，但是骨料与粉体体积比并没有发生变化，这符合 CPM 的颗粒堆积优化原理。

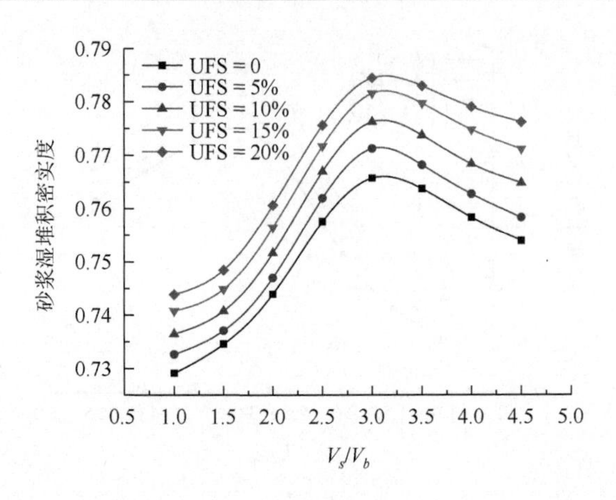

图 4.11　砂浆湿堆积密实度随 V_s/V_b 和 UFS 的变化趋势

2. 材料组成对砂浆流变性能的影响

基于上文对砂浆堆积密实度的计算与分析可知，适当提高 V_s/V_b、FA 体积掺量、UFS 体积掺量均有利于提高砂浆堆积密实度，这将会使得砂浆体系空隙率下降，用于填充空隙的用水量降低，剩余的自由水有利于提高砂浆的流变性能。因此，本节根据 V_s/V_b、FA 与 UFS 体积掺量 3 个因素，采用正交实验设计方法研究其对砂浆流变性能的影响，以建立砂浆堆积密实度对其流变性能的影响关系。其中，根据砂浆流变性能参数选取饱和参量，确定 PCE 掺量为胶凝材料质量的 0.8%；根据流变性能与力学性能之间的平衡，选取水胶比为 0.45；根据上文各因素对堆积密实度的影响，进行低胶凝材料用量砂浆到正常胶凝材料用量砂浆（333.5～507 kg/m^3）在流变性能上的比较，选取 V_s/V_b 范围为 1.5～3.5；结合 FA 与 UFS 体积掺量对砂浆堆积密实度的影响，分别选取体积掺量范围为 0～60%、0～20%，其中对 FA 水平间距进行计算时对数据进行归一化处理。正交实验配合比设计各因素及水平见表 4.19，根据实验配合比进行砂浆流变实验，实验结果及对应的堆积密实度见表 4.20。

表 4.19　砂浆配合比设计各因素及水平表

水平	V_s/V_b	FA 体积掺量/%	UFS 体积掺量/%
1	1.5	0	0
2	2.0	30	5
3	2.5	40	10
4	3.0	50	15
5	3.5	60	20

基于表 4.20 进行砂浆的塑性黏度及屈服应力极差计算分析，可以得到各因素中各水平的平均值及极差，结果见表 4.21 和表 4.22。

由表 4.21、表 4.22 分析可以得到，将各因素极差 R 与对照组极差 R 相比，影响砂浆流变参数最为显著的因素为 V_s/V_b，其次是 UFS 体积掺量和 FA 体积掺量。根据极差计算结果可得各影响因素与砂浆流变参数的变化趋势。

表 4.20　砂浆流变性能参数及堆积密实度

编号	V_s/V_b	FA/%	UFS/%	对照组	塑性黏度/(Pa·s)	屈服应力/Pa	砂浆堆积密实度
1	1.5	0	0	1	1.98	17.28	0.7346
2	1.5	30	5	2	1.49	15.83	0.7387
3	1.5	40	10	3	2.20	11.97	0.7459
4	1.5	50	15	4	2.51	9.78	0.7512
5	1.5	60	20	5	3.09	7.95	0.7560
6	2	0	5	3	2.52	25.66	0.7470
7	2	30	10	4	2.68	19.39	0.7557
8	2	40	15	5	3.11	19.95	0.7620
9	2	50	20	1	4.26	25.07	0.7677
10	2	60	0	2	5.11	14.54	0.7525
11	2.5	0	10	5	3.23	62.09	0.7670
12	2.5	30	15	1	3.85	45.14	0.7769
13	2.5	40	20	2	5.35	30.48	0.7826
14	2.5	50	0	3	3.09	17.60	0.7667
15	2.5	60	5	4	3.19	10.32	0.7732
16	3	0	15	2	5.13	101.01	0.7816
17	3	30	20	3	4.78	64.59	0.7892
18	3	40	0	4	3.46	36.51	0.7721
19	3	50	5	5	3.94	34.71	0.7793
20	3	60	10	1	4.26	42.90	0.7861
21	3.5	0	20	4	6.03	129.57	0.7830
22	3.5	30	0	5	3.01	43.18	0.7678
23	3.5	40	5	1	3.44	49.85	0.7738
24	3.5	50	10	2	5.26	68.78	0.7809
25	3.5	60	15	3	5.41	110.66	0.7883

表 4.21　砂浆塑性黏度极差计算结果

水平	塑性黏度/(Pa·s)			
	V_s/V_b	FA/%	UFS/%	对照组
k1	2.25	4.63	2.68	2.71
k2	2.89	3.81	2.92	3.88
k3	3.74	3.56	3.53	3.66
k4	4.37	3.16	4.13	3.66
k5	4.77	2.90	4.78	2.65
极差 R	2.52	1.73	2.10	1.22
主次顺序	V_s/V_b>UFS（%）>FA（%）			

表 4.22　砂浆屈服应力极差计算结果

水平	屈服应力/Pa			
	V_s/V_b	FA/%	UFS/%	对照组
k1	13.96	68.12	23.53	35.65
k2	20.06	38.83	28.07	45.93
k3	31.93	28.89	33.25	45.70
k4	54.34	24.19	38.85	40.71
k5	81.21	23.48	50.13	33.52
极差 R	67.25	44.64	26.60	12.41
主次顺序	V_s/V_b>FA（%）>UFS（%）			

（1）V_s/V_b 对砂浆流变性能的影响。由图 4.12 分析可知，V_s/V_b 在 1.5～3.5 时，比值越大，砂浆塑性黏度越大，两者呈现较强的正相关性。$V_s/V_b = 3.5$ 比 $V_s/V_b = 1.5$ 塑性黏度变化较大，增幅达到 1.12 倍。对于屈服应力，$V_s/V_b = 3.5$ 的屈服应力比 $V_s/V_b = 1.5$ 提高 4.82 倍，作用效果十分明显。这也从侧面反映了在砂浆组分中，随着胶凝材料体积含量越少，形成的浆体体积越少，使得包裹细骨料表面的浆体层厚度越薄，细骨料相互接触数目增多，形成明显的互锁作用，进而增大了砂浆体系的内摩擦力，使得砂浆整体流动性变差，所以砂浆的塑性黏度与屈服应力均明显增大。因此，改善砂浆的流变性能需要考虑砂浆的细骨料与浆体体积比，平衡体系的堆积密实度与流变性能，在保持砂浆良好流变性能的同时，降低胶凝材料用量。

（2）FA 对砂浆流变性能的影响。由图 4.13 分析可知，砂浆塑性黏度受到 FA 体积掺量的影响趋势与 V_s/V_b 类似：砂浆塑性黏度随 FA 体积掺量增大而逐渐降低，掺入 60%的 FA 比 0 的 FA 砂浆黏度降低 37.5%；屈服应力在 FA 体积掺量为 0～40%

时明显降低。结合砂浆流变参数受 FA 的影响的机理，砂浆流变参数不仅受 FA 体积掺量与水泥体系填充作用的影响，而且还与 FA 球形颗粒的滚珠效应，其比表面积较小以及随着体积代替水泥量逐渐增大、体系总需水量降低这三者密切相关。

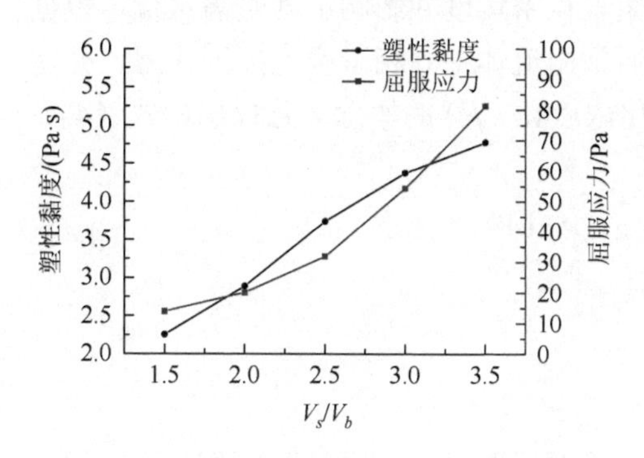

图 4.12　砂浆流变参数随 V_s/V_b 变化趋势

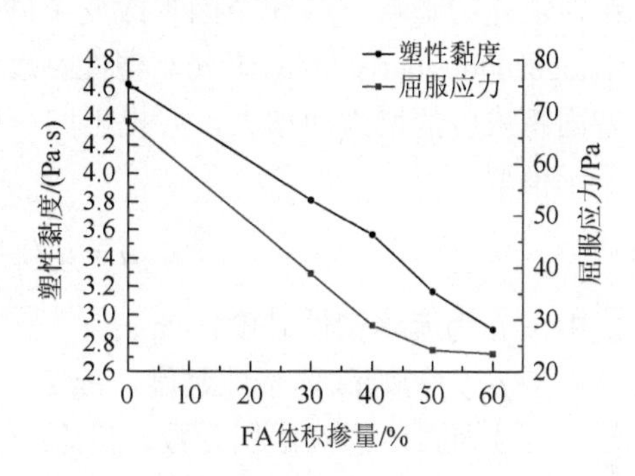

图4.13　砂浆流变参数随FA体积掺量变化趋势

（3）UFS 对砂浆流变性能的影响。与 FA 作用效果相反，由图 4.14 所知，作为惰性材料的 UFS，砂浆流变参数随着 UFS 体积掺量增大而增大。受到 UFS 体积掺量影响较为明显的是砂浆屈服应力，掺量为 20%比掺量为 0%的屈服应力提高了 114.8%，其中在 15%～20%范围内占其中的 31.0%。塑性黏度与 UFS 体积掺量同样呈现出较强的相关性。砂浆流变性能主要受 UFS 的物理填充作用的影响，且 UFS 表面较为粗糙，比表面积与水泥相当，水泥-UFS-砂子体系堆积密实度随着 UFS 体积掺量的增大而增大，但密实填充效应不明显。UFS 表面湿润，吸收自由水作用较大，使砂浆体系容易形成固体颗粒骨架结构，因此，随着 UFS 体积掺量增大，浆体流变性能均呈现增大趋势。综合塑性黏度增大趋势进行分析，UFS 较合理的体积掺量在 15%以内。

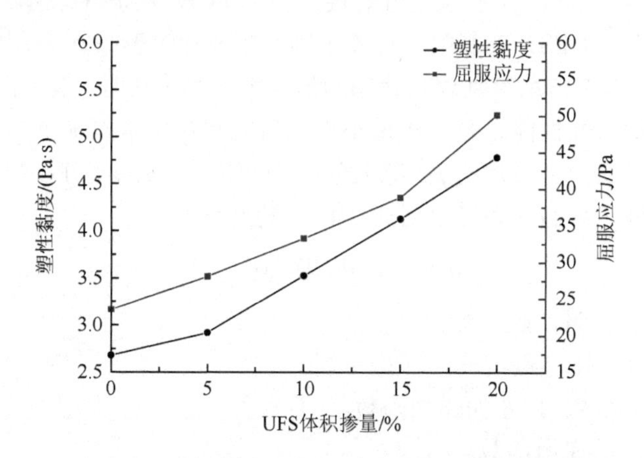

图 4.14　砂浆流变参数随 UFS 体积掺量变化趋势

3. 堆积密实度与砂浆流变性能关系模型

根据以上分析，对砂浆流变性能影响较大的因素为 V_s/V_b，但也受 FA、UFS 颗粒填充的影响，这 3 个因素改变了砂浆堆积密实度并影响了砂浆需水量。根据 Krieger-Dougherty 等的研究，塑性黏度通常由流体中固相浓度起控制作用，并随着固相浓度的增大而增大，并提出归一化浓度(ϕ/ϕ^*)的概念，且提出如式（4.4）所示模型：

$$\mu=\mu_c(1-\phi/\phi^*)^{-[\eta]\phi^*} \tag{4.4}$$

式中，μ 为流体塑性黏度，Pa·s；

μ_c 为初始液体塑性黏度，Pa·s；

ϕ 为固体颗粒体积分数，量纲一；

ϕ^* 为理想状态下最大的固相浓度，量纲一；

$[\eta]$ 为流体的特征黏度，对于圆形颗粒系统通常取值为 2.5，Pa·s。

式（4.4）也间接说明了水胶比与固体颗粒材料体积分数对浆体流变性能的影响。De Larrard 等将 Krieger-Dougherty 模型引入颗粒堆积理论中，研究表明归一化浓度表征的含义是固体颗粒体积与含水状态下的固体颗粒湿堆积密实度之比，同样用 ϕ/ϕ^* 表示，并根据实验配合比建立了经验模型，如式（4.5）所示。

$$\mu=\exp(26.75\phi/\phi^*-19.92) \tag{4.5}$$

式（4.5）用于预测混合料堆积密实度与塑性黏度的关系，但主要针对富含浆体的流体，且矿物掺和料用量较低，最大掺量仅为水泥用量的 20%。

因此，本节基于归一化浓度(ϕ/ϕ^*)并结合 CPM，对堆积密实度与塑性黏度作进一步研究，使得两者之间能够形成关联，并适用于低胶凝材料用量砂浆。根据浆体流变影响因素可知，砂浆塑性黏度主要受 PCE（用 P 来表示）、W/B、V_s/V_b、矿物外掺料（FA、UFS）的影响。这 4 个因素主要通过影响 ϕ^* 及用水量来影响砂浆塑性黏度，当砂浆体系得到理想状态的最佳密实度优化时，最小需水量为$1-\phi$，那么浆体产生的流变性能正是超出最小需水量的富余用水量提供的，也即在最小用水量情况下对应一个固定的 ϕ。综上分析，砂浆塑性黏度与 PCE 用量、水胶比、体系堆积密实度三者的关系可以用式（4.6）进行表征：

$$\mu=f_1(P,W/B)f_2(\phi/\phi^*) \tag{4.6}$$

式中，P 为 PCE 掺量，kg/m^3；

W/B 为水胶比，量纲一；

f_1 为自变量 P、W/B 的递减函数；

f_2 为 ϕ/ϕ^* 的递增函数。

本节为配置低胶凝材料用量砂浆，要使得浆体流变性能达到最佳，同时为了使得模型能够量化，故将 PCE 掺量定为饱和掺量，水胶比选定为 0.45，使两者作为恒定值。对砂浆堆积密实度进行归一化后，便可得到 ϕ/ϕ^* 与砂浆流变性能的关联模型，如图 4.15 所示。

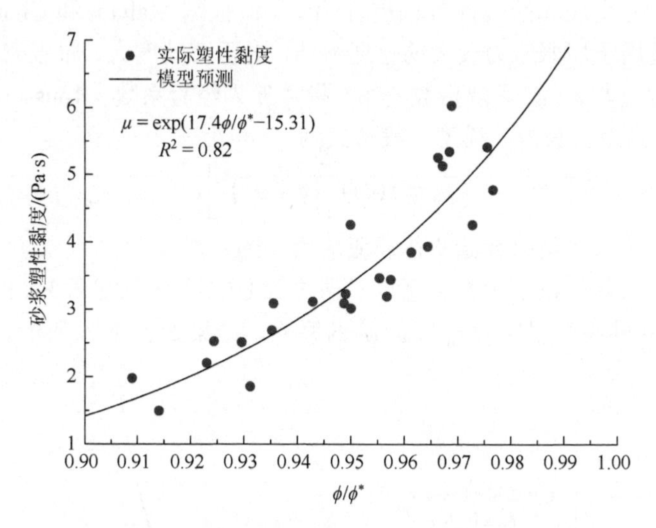

图 4.15　砂浆塑性黏度与 ϕ/ϕ^* 关系曲线

由图 4.15 所知，砂浆塑性黏度与 ϕ/ϕ^* 具有较强的相关性，其函数模型可用式（4.7）表示：

$$\mu = \exp(17.40\phi/\phi^* - 15.31) \tag{4.7}$$

式（4.7）考虑了不同体积掺量 FA、UFS 及 V_s/V_b 对 ϕ^* 的影响，以及低胶凝材料用量砂浆到正常胶凝材料用量砂浆的范围。由模型曲线趋势可知，当 ϕ/ϕ^* 较低时，胶凝材料用量较大，形成的浆体体积也较大，塑性黏度较低，砂浆流动性较大。随着 ϕ/ϕ^* 逐渐增大，骨料堆积密实度增大，浆体量减小，使得剩余包裹细骨料的浆体厚度逐渐变薄，这将会降低骨料之间的润滑作用，骨料颗粒间接触的可能性及点数目将会增大，造成体系内摩擦力增大，这将不利于体系产生滑动变形，也即砂浆塑性黏度逐渐增大。因此应用 CPM 来计算多材料组成体系的堆积密实度，能够较好地预测砂浆流变性能。

对于砂浆屈服应力的预测模型，De Larrard 提出屈服应力会同时受到细骨料、水泥等各组分对混合料压实指数 K 的贡献的影响，并提出式（4.8）模型形式：

$$\tau_0 = f\left(\sum_{i-1}^{n} a_i \frac{\phi_i/\phi_i^*}{1-\phi_i/\phi_i^*}\right) = f\left(\sum_{i-1}^{n} a_i K_i'\right) \tag{4.8}$$

式中，τ_0 为砂浆屈服应力，Pa；

ϕ_i 为 i 级颗粒的实际固体体积，m^3；

ϕ_i^* 为 i 级颗粒能占据的最大体积，m^3；

K_i' 为各组分颗粒对混合料压实指数的贡献值的影响，量纲一。

式（4.8）体现了屈服应力受到水泥、骨料等固体颗粒组分对体系密实指数的贡献权重，并用加和的线性方程进行预测，但根据 Mahaut 和 Chateau 的研究，式（4.8）仅适用于屈服应力较大的普通流体，对于流动度大、屈服应力低的流体，砂浆屈服应力 τ_0 与 ϕ_i / ϕ_i^* 呈现指数关系，指数 n 为经验系数，Roussel 和 Toutou 的研究表明，n 由拟合获得，模型一般形式为

$$\tau_0 \propto \tau(0) f\left[\left(\phi_i / \phi_i^*\right)^n\right] \tag{4.9}$$

式中，$\tau(0)$ 为不含骨料时初始浆体屈服应力，Pa。

因此，本节基于以上参数关系，考虑掺入 UFS 及大量掺入 FA 的情况并结合 CPM 理论建立砂浆屈服应力 τ_0 与 ϕ / ϕ^* 的联系，结果如图 4.16 所示。

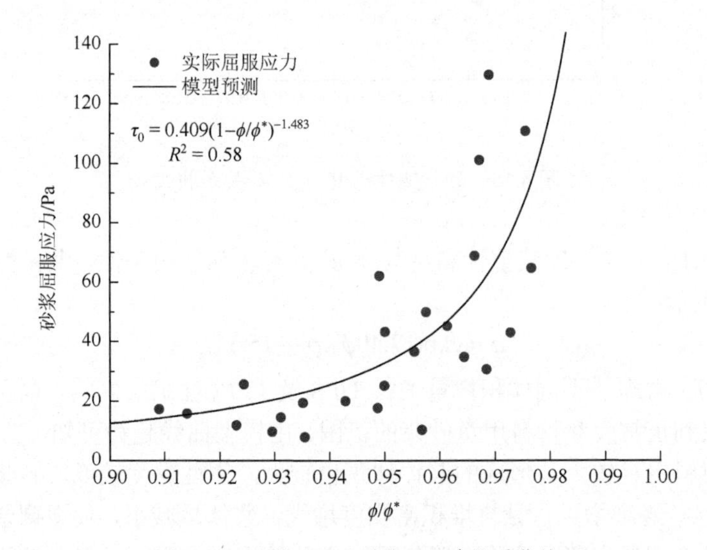

图 4.16　砂浆屈服应力与 ϕ / ϕ^* 关系曲线

通过对图 4.16 进行分析，砂浆屈服应力随着 ϕ / ϕ^* 的增大呈现指数增大趋势，这种关系可通过式（4.10）进行表示：

$$\tau_0 = 0.409(1 - \phi / \phi^*)^{-1.483} \tag{4.10}$$

式中，0.409 为不含细骨料时浆体初始屈服应力。

当 ϕ / ϕ^* 值小于 0.967 时，砂浆屈服应力增长平缓，此时对应的 $V_s/V_b \leqslant 3$，此时砂浆屈服应力较低，浆体易于流动；当 ϕ / ϕ^* 值大于 0.967 时，即 $V_s/V_b > 3$ 时，砂浆屈服应力整体呈现非线性指数增长趋势，砂浆屈服应力较大，浆体需要克服

较大的内摩擦力，这会对其流动性产生不利影响。这也从侧面说明在水胶比不变的情况下，砂浆屈服应力对体系固体颗粒含量存在较大的影响，即砂浆屈服应力随着体系固体颗粒体积分数的增大而非线性增大。

因此，对于配置低胶凝材料砂浆及 SCC，用水量与固体颗粒体积分数是拌和物流变性能的关键性影响因素，同时需要考虑 V_s/V_b 与堆积密实度之间的关系，也即需要平衡胶凝材料与粗细骨料的体积分数。

4.4　堆积密实度对自密实混凝土性能的影响

4.4.1　材料组成对混合料堆积密实度的影响

混凝土混合料体系一般可分为胶凝材料颗粒体系及砂石骨料颗粒体系[3]。本节应用 CPM 研究不同砂率（S/A）、不同骨料组分、骨料与胶凝材料用量体积比（V_s/V_b），来优化混合颗粒体系，并根据堆积密实度参数评价混合颗粒体系的合理性，达到合理降低体系空隙率及胶凝材料用量的目的。

1. 砂率对骨料体系堆积密实度的影响

S/A 是粗细骨料体系的一个宏观表征参数，本节应用 CPM 计算骨料体系在不同 S/A 情况下堆积密实度的变化趋势，确定骨料体系堆积密实度的最佳值，从而在合理的 S/A 范围内进行堆积密实度的进一步优化。骨料颗粒堆积压实指数采用 4.1 进行计算，计算结果如图 4.17 所示。

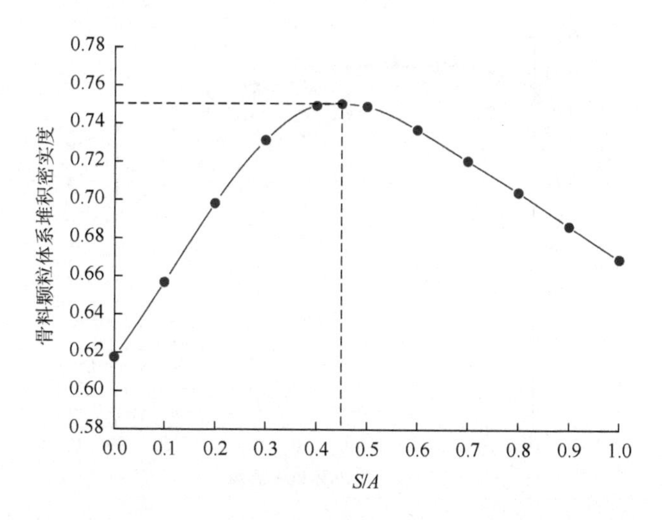

图 4.17　不同 S/A 情况下骨料颗粒体系堆积密实度变化趋势

由图 4.17 可以看出，S/A 在 0～0.45 时，随着 S/A 的增大，砂石骨料颗粒体系堆积密实度逐渐增大，S/A 为 0.45 时，堆积密实度达到最大值，为 0.7264；而当 S/A 在 0.45～1 时，砂石骨料颗粒体系的堆积密实度随着 S/A 增大而降低。根据 CPM，由于粗细骨料之间粒径差距较大，会产生较为明显的相互填充效果，S/A 在 0～0.45 时，颗粒以粗骨料占主导，骨料体系存在松动效应，而粗骨料之间的空隙部分逐渐被细骨料所填充，这使得骨料整体堆积密实度增加，在 S/A 为 0.45 时，细骨料对于粗骨料间的空隙填充达到峰值。随着细骨料继续增加，骨料颗粒体系逐渐变成以细颗粒占主导，骨料颗粒体系存在附壁效应，而且细颗粒的聚集引起松动效应的增强，聚集的颗粒难以有粗骨料般的紧密堆积，导致骨料体系相互作用产生的空隙增加，骨料整体堆积密实度降低。

因此，配置低胶凝材料用量的 SCC，S/A 合理区间范围需要落在 0.45（最佳）附近，为了研究在合理区间范围内不同 S/A 对 SCC 工作性能及力学性能的影响，因此，本节选定 S/A 为 0.40～0.60 来做进一步的堆积密实度研究。

2. *超细砂粉对骨料体系堆积密实度的影响*

本节在粗细骨料体系优化的基础上，进一步探究 UFS 对骨料体系堆积密实度的影响。UFS 体积掺量范围为 0～100%，增量梯度为 10%等体积代替原有混合料体系的中砂，取压实指数为 4.1 进行堆积密实度计算，结果如图 4.18 所示。显然，UFS 体积掺量在一定范围内能使骨料体系堆积密实度有所提高：对比不掺 UFS 的骨料体系，当 UFS 体积掺量在 41%内时，堆积密实度有所提高，并约在掺量为 20%时达到最大值，为 0.7331（$S/A = 0.45$ 时），当掺量大于 41%时，含 UFS 的骨料堆积

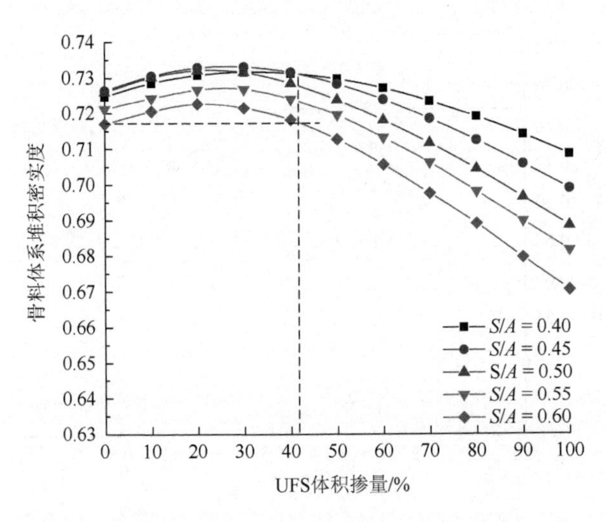

图 4.18 骨料体系堆积密实度随 UFS 体积掺量变化趋势

密实度逐渐下降。尤其是 UFS 完全代替中砂时，骨料堆积密实度较最大堆积密实度降低 4.89%，填充密实效果较差。另外，对比不同 S/A 对骨料堆积密实度的影响，S/A 为 0.40、0.45、0.50 及 UFS 掺量在 30%以内时，堆积密实度较为相近，当掺量超过 30%时，体系堆积密实度逐渐呈现出差距：随着 S/A 增大，下降幅度逐渐增大。综合以上趋势分析及 UFS 对砂浆流变性能的影响，UFS 的掺量约在 20%以内时能够较好地发挥填充密实作用，同时能改善浆体流变性能。

UFS 颗粒粒径主要介于水泥与砂子颗粒之间，能够很好地提高颗粒级配曲线的完整性，使得骨料体系颗粒范围更广。根据 CPM 原理及曲线趋势，UFS 与原有骨料体系处于部分相互作用状态，且这种相互作用较大，这主要是因为 UFS 体积代替原有中砂颗粒，两者颗粒重叠范围较广，因此骨料体系堆积密实度能够在一定范围内得到提高，当 UFS 代替量逐渐增大时，混合料逐渐以细颗粒为主，细颗粒对粗颗粒的松动作用越来越明显，使得骨料体系密实度降低[4]。

3. 不同骨料与胶凝材料体积比对混合料体系堆积密实度的影响

本节结合胶凝材料及骨料体系，通过 V_a/V_b 参数表征两个体系混合后的颗粒体积分数，通过变化不同 V_a/V_b 得到混合料体系堆积密实度变化趋势，并进一步得到最佳堆积密实度，从而确定最佳混合料组合。本节在低胶凝材料用量砂浆不同 V_s/V_b 基础上，考虑粗骨料体积掺量[5, 6]，选取相应的 V_a/V_b 范围为 3.5～8.0，对应的胶凝材料用量范围为 290～525 kg/m^3，对正常胶凝材料用量 SCC 与低胶凝材料用量 SCC 的堆积密实度变化趋势进行对比，选取 S/A 为 0.40、0.45、0.50、0.55、0.60 5 个水平，取 $K = 7$，应用 CPM 进行 SCC 湿堆积密实度的计算分析，结果如图 4.19 所示。

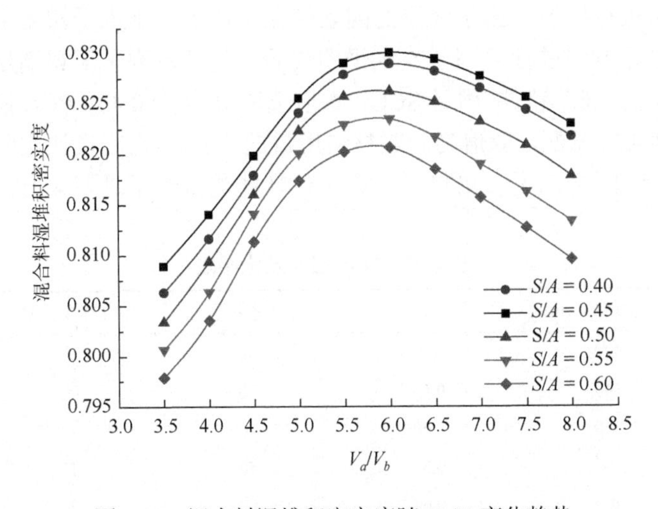

图 4.19　混合料湿堆积密实度随 V_a/V_b 变化趋势

由图 4.19 分析可知，不同 S/A 的混合料堆积密实度均随着 V_a/V_b 的变化呈现先递增后递减趋势，在 V_a/V_b 约为 6.0 时达到峰值，当 S/A 分别为 0.40、0.45、0.50、0.55、0.60 时，堆积密实度峰值分别为 0.8290、0.8301、0.8262、0.8235、0.8207，易知，在相同 V_a/V_b 情况下 S/A 为 0.45 的湿堆积密实度比 S/A 为 0.6 时提高约 1.15%。当 S/A 为 0.45 时，堆积密实度达到最大，此时对应的胶凝材料用量仅为 362 kg/m^3，对比 $V_a/V_b = 3.5$ 时，提高约 2.6%。当 $V_a/V_b > 6.0$ 时，混合料堆积密实度逐渐降低。

显然，与粗细骨料体系堆积密实度变化趋势类似，将胶凝材料加入骨料体系中，混合料堆积密实度存在峰值点，根据 CPM 原理，其本质原因仍是骨料与胶凝材料这两种粗细颗粒在总混合料中的主导作用随着两者用量的变化而变化。也即，在混合料体系中，当体积比小于 6 时，体系仍是以胶凝材料的细颗粒为主，当体积比大于 6 时，体系转为以骨料的粗颗粒为主。因此，对于配制低胶凝材料用量的 SCC，根据计算结果，当最佳 S/A 为 0.45，且 V_a/V_b 约为 6.0 时，混合料体系达到最佳堆积密实度，空隙率达到最小值。基于混合料堆积密实度趋势，选取的区间须落在 $V_a/V_b = 6.0$ 附近。故为了方便研究，本节选取 V_a/V_b 的区间为 5.3～7.2，此时对应的胶凝材料用量范围为 320～400 kg/m^3。

4.4.2 堆积密实度对自密实混凝土工作性能影响的研究

基于以上混合料的不同组成对堆积密实度的影响规律进行研究，显然，应用 CPM 优化可获得最佳堆积密实度，对应可得到最佳混合料组合。而体系堆积密实度与混凝土新拌工作性能[7]存在密切相关性，因此，结合 S/A、胶凝材料用量、FA、UFS 等对混合料堆积密实度的影响，本书对这 4 个影响因素与低胶凝材料 SCC 工作性能的关系进行研究。由于涉及的因素较多，每个因素水平梯度不同，因此本节采用正交设计方法进行 4 因子 5 水平的实验。另外，为了配置满足规范要求且流动性能优异的低胶凝材料用量 SCC，本节选取 W/B 为 0.45，PCE 掺量为饱和掺量，经过前期实验试配，取值为胶凝材料用量的 3.5%。正交设计实验因素及水平见表 4.23，详细配合比见表 4.24，SCC 工作性能测试结果见表 4.25。

表 4.23 实验因素及水平表

水平	胶凝材料/(kg/m^3)	S/A	FA 体积掺量/%	UFS 体积掺量/%	对照组
1	320	0.40	0	0	1
2	340	0.45	30	5	2
3	360	0.50	40	10	3
4	380	0.55	50	15	4
5	400	0.60	60	20	5

表 4.24　SCC 实验配合比及堆积密实度计算

编号	胶凝材料/(kg/m^3)	S/A	FA 体积掺量/%	UFS 体积掺量/%	堆积密实度
1	320	0.40	0	0	0.8254
2	320	0.45	30	5	0.8349
3	320	0.50	40	10	0.8296
4	320	0.55	50	15	0.8113
5	320	0.60	60	20	0.8012
6	340	0.45	0	10	0.8238
7	340	0.50	30	15	0.8162
8	340	0.55	40	20	0.8016
9	340	0.60	50	0	0.8242
10	340	0.40	60	5	0.8346
11	360	0.50	0	20	0.8136
12	360	0.55	30	0	0.8258
13	360	0.60	40	5	0.8211
14	360	0.40	50	10	0.8259
15	360	0.45	60	15	0.8149
16	380	0.55	0	5	0.8253
17	380	0.60	30	10	0.8094
18	380	0.40	40	15	0.8144
19	380	0.45	50	20	0.8010
20	380	0.50	60	0	0.8231
21	400	0.60	0	15	0.7984
22	400	0.40	30	20	0.8063
23	400	0.45	40	0	0.8314
24	400	0.50	50	5	0.8141
25	400	0.55	60	10	0.8097

表 4.25　SCC 工作性能测试结果

编号	SF/mm	T_{500}/s	SF$_J$/mm	L-Box		VSI
				T_{L600}/s	PR	
1	505	11.58	330	/	/	3
2	510	10.32	355	/	/	2
3	565	6.46	450	/	/	1
4	670	6.12	565	19.9	0.57	0
5	695	5.24	625	13.2	0.72	0
6	560	6.72	465	/	/	1

续表

编号	SF/mm	T_{500}/s	SF_J/mm	L-Box		VSI
				T_{L600}/s	PR	
7	615	7.72	570	27.5	0.66	0
8	700	8.16	660	18.3	0.75	0
9	560	4.08	445	/	/	3
10	575	3.29	485	/	/	2
11	640	9.86	580	22.4	0.82	0
12	590	4.47	495	/	/	2
13	595	4.04	510	/	/	2
14	615	4.87	535	27.7	0.70	0
15	680	5.18	610	19.0	0.82	0
16	565	3.53	490	36.0	0.62	1
17	625	4.18	555	27.6	0.68	0
18	770	3.85	720	12.0	0.73	0
19	785	3.38	745	3.3	0.85	0
20	650	2.86	580	/	/	2
21	705	4.02	670	5.3	0.82	0
22	725	3.81	675	16.8	0.82	0
23	660	2.87	540	32.4	0.65	1
24	715	1.97	650	19.5	0.69	1
25	710	2.38	680	10.7	0.72	0

注：SF_J为 J 环高差；T_{L600}为 L 型箱的实际测试时间；PR 为 L-Box 测试通过率；VSI 为视觉稳定性指数。

基于表 4.25 中 SCC 的实验测试结果进行 SF、T_{500}、SF_J的极差分析计算，可以得到这三个因素水平的平均值及极差，结果见表 4.26～表 4.28。

表 4.26　SF 极差计算结果

水平	SF/mm				
	胶凝材料	S/A	FA 体积掺量	UFS 体积掺量	对照组
k1	589	638	595	587	645
k2	602	645	626	592	638
k3	624	648	652	615	644
k4	679	636	669	678	640
k5	697	610	662	688	624
R	108	38	74	101	20
主次顺序	胶凝材料用量＞UFA 体积掺量＞FA 体积掺量＞S/A				

表 4.27　T_{500} 极差计算结果

水平	T_{500}/s				
	胶凝材料用量	S/A	FA 体积掺量	UFS 体积掺量	对照组
k1	7.94	5.88	7.18	4.66	6.214
k2	6.03	5.73	5.68	4.69	6.098
k3	5.34	5.77	5.08	4.96	4.324
k4	3.56	6.13	4.08	5.38	4.75
k5	3.01	6.51	3.79	5.92	4.846
R	4.93	0.78	3.39	1.26	1.89
主次顺序	胶凝材料用量＞FA 体积掺量＞UFA 体积掺量＞S/A				

表 4.28　SF_J 极差计算结果

水平	SF_J/mm				
	胶凝材料用量	S/A	FA 体积掺量	UFS 体积掺量	对照组
k1	465	549	507	478	561
k2	525	561	540	498	558
k3	546	566	572	539	571
k4	620	575	590	627	559
k5	645	561	598	659	552
R	180	26	91	181	19
主次顺序	UFA 体积掺量＞胶凝材料用量＞FA 体积掺量＞S/A				

研究堆积密实度对新拌 SCC 的 SF 的影响之前，需要先明晰各影响因素对 SCC 的影响机理及程度。将表 4.26～表 4.28 中各因素极差 R 与对照组 R 相比，可知胶凝材料、S/A、FA 与 UFS 体积掺量对 SCC 工作性能存在不同程度的影响。因此，根据以上极差计算表首先进行各因素对 SCC 工作性能影响趋势的分析，然后基于各因素对混合料堆积密实度的影响规律，研究混合料堆积密实度对 SCC 的 SF、T_{500}、SF_J、L-Box 的 T_{L600} 和 PR 的影响。

1. 混合料堆积密实度对 SF 的影响

混合料堆积密实度 α_t 与 V_a/V_b 密切相关，由于 UFS 是惰性粉体材料，对 SF 的显著影响主要是通过提高浆体体积量来改善 SCC 流动性[8]。因此，本节将胶凝材料、FA、UFS 等作为粉体来考虑，并通过不同粉体掺量来改变骨料与粉体体积比（V_a/V_p）参数，进而由 V_a/V_b 与 α_t 的关系可以推导出 V_a/V_p 对应的 α_t，最终可获得 α_t 对 SF 的影响趋势。根据表 4.24 的配合比参数即可整理出粉体用量与 SF 之间的关系，如图 4.20 所示。

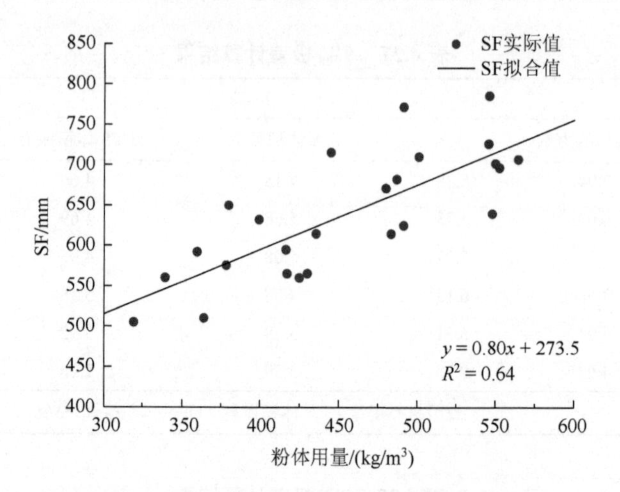

图 4.20 SCC 粉体用量与 SF 之间的关系趋势

由图 4.20 可以看出，粉体用量与 SF 之间具有较强的相关性：随着 SCC 粉体用量的增大，SF 呈现逐渐增大趋势。粉体用量的增加对 SF 的影响主要是随着粉体与水混合后浆体体积量增加，堆积状态的骨料颗粒之间包裹的浆体层厚度逐渐增大，这有利于骨料相互滑动运动，最终宏观体现出来的就是 SF 增大，而且浆体体积量与 SF 之间也呈现良好的线性关系。根据骨料与粉体用量之间的关系，同理可也得出 V_a/V_p 与 SF 之间的关系，如图 4.21 所示。

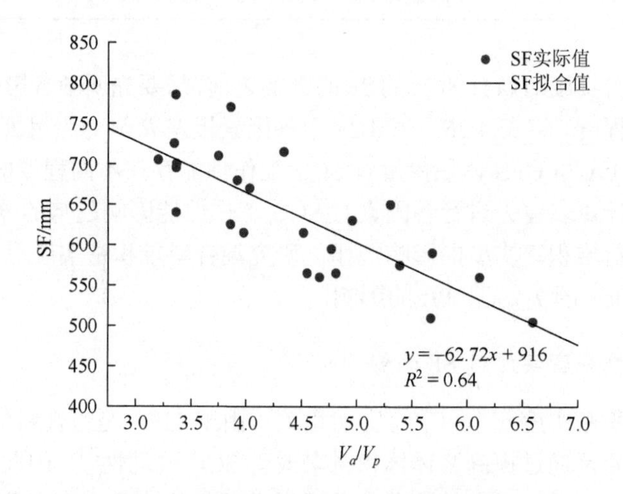

图 4.21 V_a/V_p 与 SF 之间的关系趋势

由图 4.21 可知，SCC 的 SF 随 V_a/V_p 的增大而呈现逐渐降低的趋势，表明混合料中骨料掺量大、粉体掺量少，不利于拌和物工作性能的提高。因此，根据需要配置的 SCC 流动性能等级，设计低胶凝材料用量 SCC 时，需要平衡粉体和骨料两者之间的体积用量，即混合料体系堆积密实度必须落在一个合理的区间之内，密实度过高，粉体量偏低，SCC 流动性不足，密实度过低造成空隙率过大，粉体用量过大，胶凝材料用量也将加大，造成 SCC 配置成本不经济。下文将基于图 4.21 的分析，进一步研究 α_t 与 SF 的影响关系。

显然由图 4.22 可知，随着混合料 α_t 的增大，新拌 SCC 的 SF 呈现逐渐降低趋势，两者之间形成十分明显的线性关系。当 550 mm＜SF＜650 mm 时，有 0.815＜α_t＜0.835，且粉体量为 365～485 kg/m^3，对应的胶凝材料用量范围为 340～380 kg/m^3，即图中阴影部分为低胶凝材料含量低碳 SCC 区域，此时有 4.21＜V_a/V_p＜6.01。若应用 CPM 进一步优化混合料 α_t，尽管粉体材料用量降低，但是新拌 SCC 流动度很有可能达不到要求。当 α_t＜0.815 时，SF 能够达到 650 mm 以上的流动度，自密实性能较为优异，但粉体用量较高，且至少达到 469 kg/m^3。

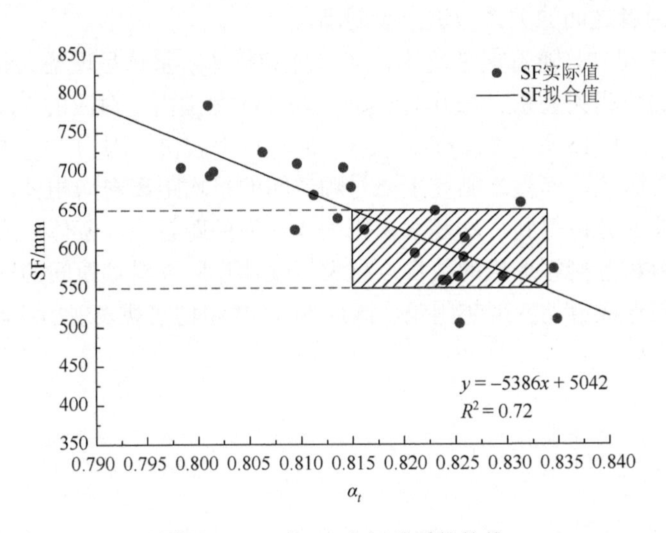

图 4.22　α_t 与 SF 之间关系的趋势

基于以上分析，α_t 对 SCC 的流动性能存在明显的影响。当 α_t 较大时，混合颗粒级配中粗细骨料体积掺量较多而粉体量较少，根据砂浆流变性能分析易知，这将使得 SCC 拌和物塑性黏度偏低且屈服应力偏高，SCC 拌和物在自重力作用下需要克服较大的屈服应力，进而使得 SCC 拌和物水平方向的运动变形能力降低，宏观表现为 SF 降低。当 α_t 较低时，从 V_a/V_p 角度分析可知，此时混合颗粒体系粉体量较多，拌和物形成的浆体量较大，包裹骨料表面的浆体层厚度较大，拌和物屈服应力较低，塑性黏度适中，有利于混合物水平向前运动，宏观表现为 SF 值增大。因此，混合料存在不同的堆积密实度区间，使得 SCC 的 SF 能够满足不同性能的要求。α_t既不能过大，也不能过小，需要平衡α_t与 SF 之间的关系，这对于配置低胶凝材料用量 SCC 尤为重要。

2. 混合料α_t对T_{500}的影响

由表 4.27 可知，胶凝材料用量、S/A、FA 与 UFS 体积掺量对新拌 SCC 流动速度存在较大的影响，对新拌 SCC 中的T_{500}影响程度顺序为胶凝材料用量＞FA 体积掺量＞UFA 体积掺量＞S/A。胶凝材料用量与 FA 体积掺量均对T_{500}有明显降低的作用；而随着 UFS 体积掺量的增大，T_{500}逐渐升高；另外，T_{500}在S/A为 0.4～0.5 时呈现小幅降低趋势，而后在 0.5～0.6 时逐渐增大。基于第 4 章砂浆流变性能研究，这 4 个因素对T_{500}的影响主要是通过改变浆体的塑性黏度来产生作用，而浆体黏度主要表征的是 SCC 拌和物变形的速度，黏度越小则流体可塑性越好，流动速度越大，即T_{500}越小。基于以上分析，由于 4 个因素与α_t密切相关，以下将对α_t与T_{500}两者之间的关系做进一步明晰。

由图 4.23 可知，随着α_t的增大，SCC 拌和物T_{500}整体呈现增大趋势，两者间存在较明显的正相关关系。在 0.815＜α_t＜0.835 范围内，对应的T_{500}在 5～8 s。当 0.795＜α_t＜0.815 时，T_{500}在 2～5 s，流动速率较快。因为T_{500}主要受到拌和物塑性黏度的影响，而塑性黏度主要与颗粒间的平均距离密切相关，这也可由对砂浆流变性能的分析得到。α_t越大，则固体颗粒间距越小，浆体形成的润滑层厚度越薄，骨料相互接触形成的数目点越大，浆体克服骨料颗粒间的摩擦力并包裹固体颗粒表面形成滑动变形越困难，因此 SCC 拌和物宏观表现出流动速度变慢，T_{500}值逐渐增大。

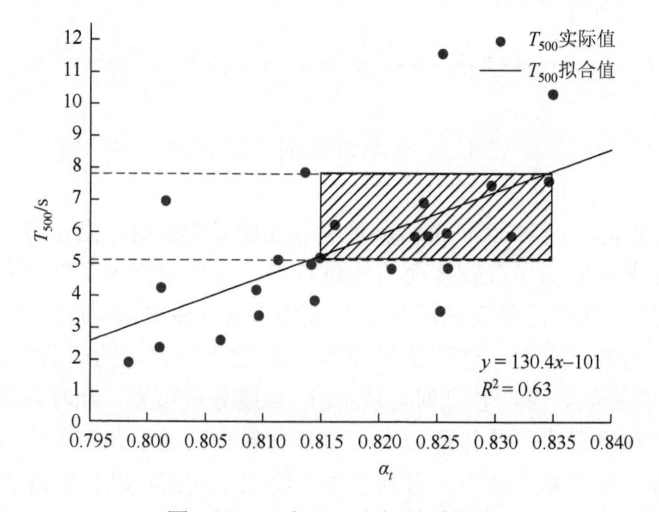

图 4.23　α_t与T_{500}之间关系趋势

3. 混合料 α_t 对 SF_J 的影响

由表 4.28 可知，胶凝材料用量、S/A、FA 与 UFS 的体积掺量，在 SCC 通过 J-Ring 测试时对其性能有显著影响，对 SCC 的 SF_J 影响程度顺序为 UFA 体积掺量＞胶凝材料用量＞FA 体积掺量＞S/A，显然，当胶凝材料用量、FA 与 UFS 体积掺量逐渐增加时，SCC 的 SF_J 逐渐提高，对于 S/A，SF_J 随着 S/A 的增大呈现先升高后降低的趋势，并在 0.55 处流动性较好。SF_J 整体趋势与 SF 类似，且 UFS 对改善 SCC 拌和物间隙通过性具有明显作用，这是由于掺入 UFS 提高了 SCC 浆体含量，且具有较好填充性能改善了固体颗粒级配，根据 UFS 对砂浆的流变性能影响，UFS 具有良好的增黏效果。FA 体积用量与 S/A 均使得混合料堆积密实度得到优化，而胶凝材料用量和 UFS 体积掺量则通过调整 V_a/V_p 参数使得混合料的骨料与粉体达到良好的平衡，进而达到提高 SF_J 的效果。

基于以上分析，以下对 α_t 与 SF_J 两者之间的关系作线性拟合，结果如图 4.24 所示。

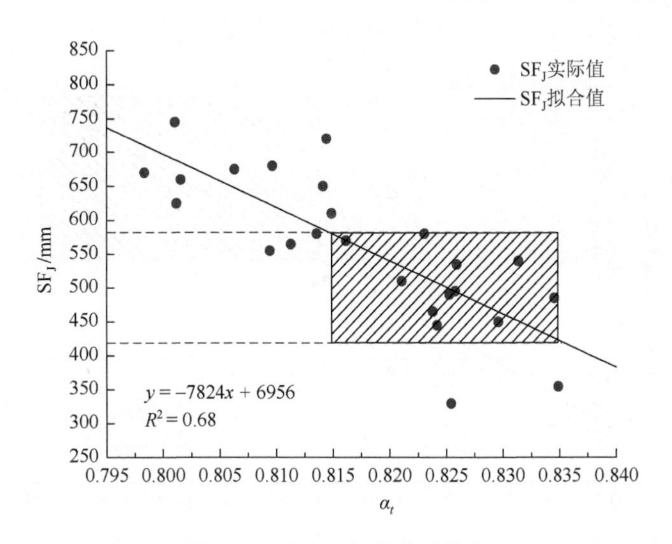

图 4.24　α_t 与 SF_J 的关系趋势

由图 4.24 可以看出，SF_J 与 α_t 具有较强的线性相关性，即 SF_J 随着 α_t 的增大而呈现降低趋势。当 550 mm＜SF_J＜650 mm 时，堆积密度范围有 0.815＜α_t＜0.835，与 SF 相对应，此时 SF_J 范围为 425 mm＜SF_J＜580 mm，如图 4.24 阴影部分，在合理的 α_t 范围内，SF_J 点绝大部分落在阴影区域内。当 0.795＜α_t＜0.815 时，SF_J 实验点主要落在 580 mm＜SF_J＜750 mm，此时 SCC 拌和物流动性能等级为 SF_2，间隙通过性能较为优异。

基于以上趋势分析，由于 SF_J 主要表征 SCC 拌和物的间隙通过性能，这要求 SCC 拌和物具有均匀性及抗离析性能，根据对砂浆流变性能的分析，这两方面性能主要要求拌和物具有较低的屈服应力及适当的塑性黏度。而 α_t 对 SF_J 的影响主要表现为，通过改变混合料的颗粒级配来优化颗粒间的紧密堆积状态。因此，当 α_t 较大时，骨料体积掺量较多而浆体量较少，拌和物屈服应力较大，黏度偏低，浆体流速较快，骨料流速较慢，容易在 J-Ring 处形成拱圈效应而产生堵塞。相反，当 α_t 较小时，骨料级配以细颗粒为主，从 V_a/V_p 角度分析可知，拌和物浆体含量较多且塑性黏度良好，容易包裹骨料通过钢筋间隙而不发生离析。

4. 混合料 α_t 对 T_{L600} 与 PR 的影响

L-Box 测试的两个指标 T_{L600} 与 PR 要求新拌 SCC 拌和物具有较好的流动速率与间隙通过性，这两个指标主要与拌和物塑性黏度相关性较大。α_t 与浆体塑性黏度的关系已经阐明，因此，以下对 α_t 与 T_{L600}、PR 之间的关系进行研究。根据表 4.25 可得图 4.25 和图 4.26。

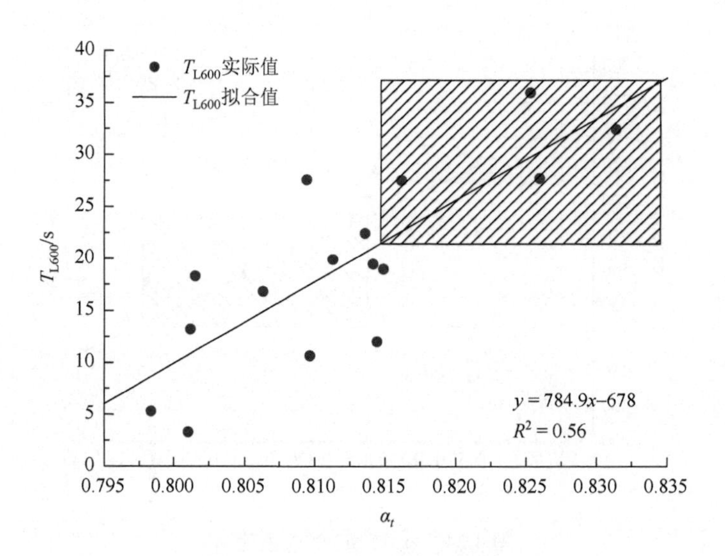

图 4.25　α_t 与 T_{L600} 的关系趋势

由图 4.25 及图 4.26 可知，T_{L600} 随着 α_t 的增大整体呈现增大趋势；而 PR 随着 α_t 的增大逐渐降低。当 0.815＜α_t＜0.835 时，T_{L600} 范围为 20～38 s，此时有 0.62＜PR＜0.71；当 0.795＜α_t＜0.815 时，T_{L600} 范围为 5～20 s，且 0.71＜PR＜0.81。因此，当 α_t 较大且胶凝材料用量较低时，混合料组成需要得到适当的优化，新拌 SCC 拌和物才能满足各项性能的塑性黏度。

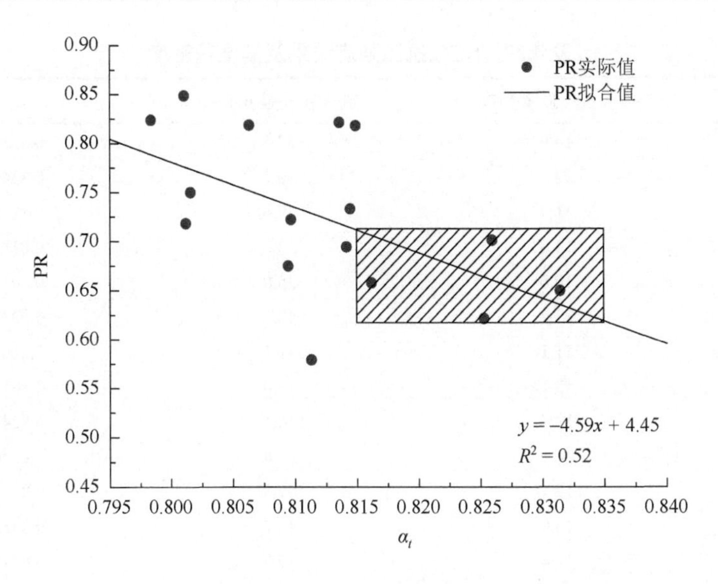

图 4.26　α_t 与 PR 的关系趋势

综合以上 α_t 对 SCC 工作性能的影响规律，可以总结为两方面：一方面是 α_t 对新拌 SCC 工作性能具有明显影响，要满足控制指标 SF 的不同性能等级，α_t 需要处于合理的不同区间。在满足 SF 的前提下，可通过优化 α_t 达到低胶凝材料用量的目的。另一方面是在满足 SF 的前提下，还需要调整混合料组成来进一步优化 α_t：通过不同用量胶凝材料、S/A、FA 及 UFS 体积掺量来调整 SCC 拌和物性能，使其具有良好的塑性黏度与屈服应力，即在宏观性能上具有良好的间隙通过性及抗离析性，最终获得同时满足各项工作性能要求的低胶凝材料用量 SCC。

4.4.3　堆积密实度对自密实混凝土力学性能影响的研究

新拌 SCC 力学性能[9]是混凝土硬化后最重要的指标之一，本节为配置低胶凝材料用量 SCC，综合考虑其工作性能与力学性能，取规范范围内的最大水胶比 $W/B = 0.45$。在水胶比恒定的情况下，由于胶凝材料用量、S/A、FA 体积掺量、UFS 体积掺量等对 α_t 存在不同程度的影响，而 α_t 能直接反映单位体积内混凝土内部的空隙率，且空隙率与混凝土抗压强度密切相关。因此，本节将对 α_t 与力学性能之间的关系进行相关研究。SCC 的 7 天与 28 天抗压强度及极差计算结果见表 4.29～表 4.31。

表 4.29　SCC 抗压强度结果及其堆积密度

编码	7 天抗压强度/MPa	28 天抗压强度/MPa	α_t
1	14.0	37.5	0.8254
2	20.9	49.1	0.8349
3	11.9	39.6	0.8296
4	14.8	37.6	0.8113
5	10.6	35.0	0.8012
6	23.2	48.9	0.8238
7	11.1	41.1	0.8162
8	13.1	35.0	0.8016
9	12.4	35.1	0.8242
10	9.7	35.4	0.8346
11	19.1	47.5	0.8136
12	14.8	43.7	0.8258
13	11.4	39.3	0.8211
14	13.7	34.9	0.8259
15	11.3	35.2	0.8149
16	17.3	49.6	0.8253
17	16.3	43.2	0.8094
18	14.2	42.3	0.8144
19	14.2	38.9	0.8010
20	8.3	35.5	0.8231
21	17.6	37.8	0.7984
22	14.4	39.6	0.8063
23	12.5	44.8	0.8314
24	11.3	35.9	0.8141
25	11.6	35.1	0.8097

表 4.30　7 天抗压强度极差计算结果

水平	7 天抗压强度/MPa				
	胶凝材料用量	*S/A*	FA 体积掺量	UFS 体积掺量	对照组
k1	14.4	13.2	18.2	12.4	13.2
k2	13.9	15.1	15.5	14.1	15.6
k3	14.1	12.3	12.6	15.3	13.6
k4	14.1	14.3	13.3	13.8	14.4
k5	13.5	13.7	10.3	14.3	13.0
R	1.0	2.8	7.9	2.9	2.6
主次顺序	FA 体积掺量＞UFA 体积掺量＞*S/A*＞胶凝材料用量				

表 4.31　28 天抗压强度极差计算结果

水平	28 天抗压强度/MPa				
	胶凝材料用量	*S*/*A*	FA 体积掺量	UFS 体积掺量	对照组
k1	39.8	38.0	44.3	39.3	37.4
k2	39.1	42.4	43.3	40.3	41.8
k3	40.1	39.9	40.2	42.8	39.1
k4	41.9	40.2	36.5	39.2	40.2
k5	38.6	38.1	35.2	37.9	41.1
R	3.3	4.4	9.0	4.9	4.5
主次顺序	FA 体积掺量＞UFA 体积掺量＞*S*/*A*＞胶凝材料用量				

根据表 4.30 与表 4.31 可知，4 个影响因素的极差 *R* 分别与对照组相比，在 *S*/*A* 恒定的情况下，FA 对 SCC 抗压强度的影响最为明显，且影响程度远大于胶凝材料用量，且 SCC 的 7 天和 28 天抗压强度均随着 FA 体积掺量的增加而逐渐降低；其次是 UFS 体积掺量，在 0～10%范围内 SCC 抗压强度有一定的提高，随后呈现下降趋势。

通常而言，*S*/*A* 是决定水泥石基体和界面过渡区空隙率的重要影响因素，而水泥石的性质由胶凝材料成分决定，而界面过渡区空隙率与混合料密实状态有重要关系，这两者在很大程度上影响着混凝土抗压强度。

经过对比分析可知，不同 FA 体积掺量下，SCC 抗压强度随着混合料 α_t 的增大略有增大趋势，但相关度不明显。当 0.815＜α_t＜0.835 时，对不同 FA 体积掺量的混凝土 7 天抗压强度求平均值，其范围主要落在 10.5～20.4 MPa，而 28 天抗压强度主要落在 35.4～45.3 MPa。

从材料组成角度分析可知，在相同的 FA 体积掺量情况下，由 V_a/V_p 与 α_t 的关系趋势可知，当 α_t 较低时，混合料的粉体掺量较大，其中由表 4.24 可知，UFS 占据的粉体量较多，在 15%～20%，UFS 作为惰性粉体，本身没有化学活性，其在混凝土内部的作用效应主要为物理填充效应，当 UFS 掺量较多时，其会吸附较多的水分，使得水泥及 FA 水化反应不充分，直接导致混凝土硬化后抗压强度偏低，因此综合考虑 SCC 工作性能及强度的平衡，UFS 体积掺量宜在 15%内。另外，混合颗粒级配经过 CPM 优化后，α_t 较大，浆体与骨料之间黏合较为紧密，这使得两者之间的过渡界面区空隙率较小，进而有利于 SCC 抗压强度提高。

应用 CPM 对混合料 α_t 优化后，并对 SCC 工作性能与力学性能进行研究后，得出低胶凝材料用量 SCC 的 α_t 合理范围在 0.815～0.835，550 mm＜SF＜650 mm，同时具有良好的间隙通过性及抗离析性能，且硬化后的混凝土 28 天抗压强度在 35.4～45.3 MPa。

4.4.4 固体颗粒分布模型对自密实混凝土性能影响的对比研究

1. Dinger-Funk 和 Wallevik 的颗粒分布模型

目前在混凝土颗粒级配的研究中，较为经典且具有较高 α_t 的固体颗粒模型为 Dinger-Funk 连续颗粒分布模型及 CPM。近年来冰岛学者 Wallevik 为了配置低胶凝材料用量的低碳 SCC，提出一种具有晶格效应的典型颗粒分布级配曲线。为了对比不同颗粒分布级配曲线的低胶凝材料用量混凝土性能的区别，以下先分别介绍 Dinger-Full 及 Wallevik 的颗粒分布级配曲线模型。

1）Dinger-Funk 连续颗粒级配曲线

Dinger-Funk 提出的连续颗粒级配曲线考虑了骨料体系颗粒的最大与最小粒径，其方程如下：

$$U(D_p) = 100\frac{D_p^n - D_{\min}^n}{D_{\max}^n - D_{\min}^n} \tag{4.11}$$

式中，$U(D_p)$ 为骨料颗粒粒径为 D_p 的通过百分数，%；

$D_{\min}$ 为颗粒体系最小粒径，mm；

$D_{\max}$ 为颗粒体系最大粒径，mm；

n 为颗粒分布指数，量纲一。

Brouwers 对此颗粒级配曲线进行研究，指出砂石颗粒中 n 与粗骨料含量有关，n 越大，粗骨料含量越大，通常 n 在 0.4～0.7，本节选取 n 为 0.4 进行骨料颗粒配置。

2）Wallevik 颗粒分布曲线

Wallevik 针对 Eco-SCC 进行骨料颗粒分布级配曲线的研究，认为低碳 SCC 胶凝材料用量较低，混凝土变得不稳定，因此提出具有增强的颗粒晶格效应的骨料体系分级曲线实现其稳定性，该分级的特征在于高细粉含量，但优选不含胶体的颗粒。这种连续分级中等粒径骨料颗粒含量相对较高，接近所用最大骨料粒级的石子含量相对较低，而最大骨料颗粒粒径通常为 16 mm。图 4.27 为 Eco-SCC 的骨料粒级分布，显然其分级理论上是一条直线，其中细颗粒包括粉末，但水泥熟料颗粒除外，因此可根据所用骨料的粒径范围可得出相应的 Eco-SCC 颗粒分布曲线。

2. 三种颗粒分布曲线模型配置的混凝土性能对比研究

本节将砂石原材料进行筛分，并根据颗粒曲线进行配置，其中 G1 为符合 GB/T 14684—2022、GB/T 14685—2022 以及《普通混凝土配合比设计规程》（JGJ 55—2011）推荐的混凝土配合比设计方案；G2 为通过 Dinger-Funk 颗粒分布

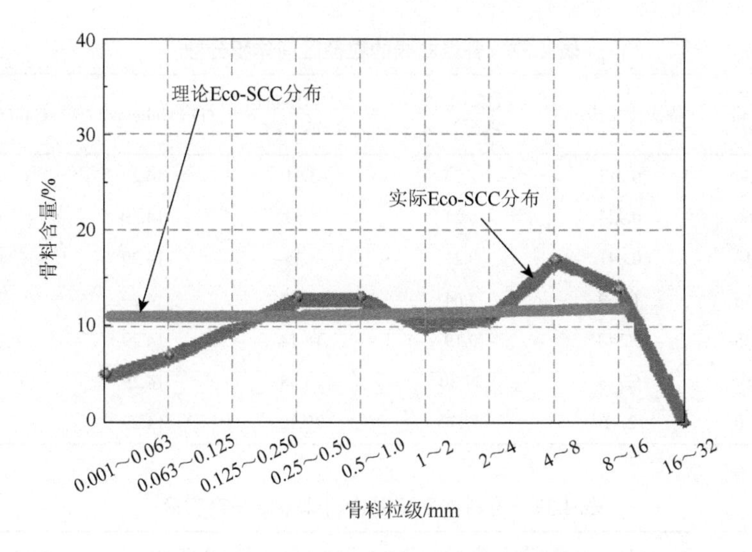

图 4.27　Eco-SCC 骨料体系颗粒分布

方程计算得出的颗粒级配方案；G3 为 Wallevik 的 Eco-SCC 颗粒分级理论曲线；G4 为将 G1 级配经过 CPM 计算，使 15% UFS 体积掺量代替原有中砂且 *S/A* 为 0.45，并将粒径区间体积分数优化后得到的更大堆积密度的颗粒级配方案。4 组骨料颗粒级配曲线如图 4.28 所示，粒径区间体积分数和骨料体系及混合料体系堆积密度计算见表 4.32 和表 4.33。

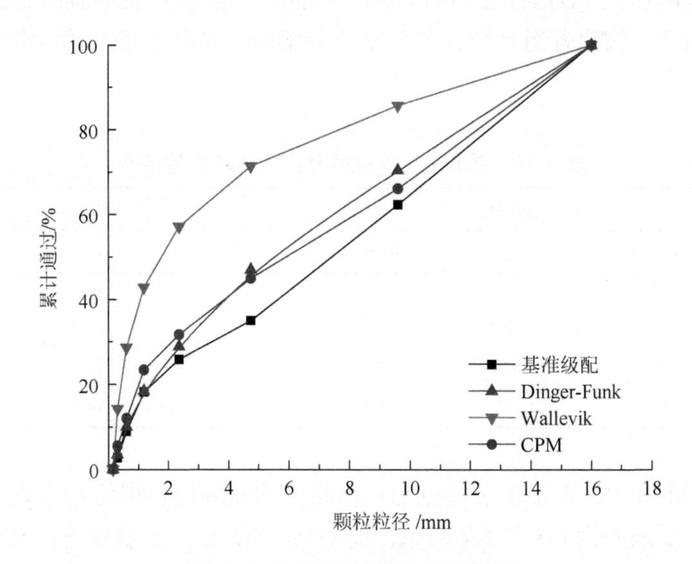

图 4.28　不同骨料颗粒级配曲线

表 4.32　各组曲线的粒径区间体积分数

粒径范围/mm	特征粒径 d_i/mm	G1（基准级配）/%	G2（Dinger-Funk）/%	G3（Wallevik）/%	G4（CPM）/%
0.15～0.30	0.212	2.75	3.51	14.29	5.53
0.30～0.60	0.424	6.21	6.53	14.29	6.49
0.60～1.18	0.841	9.21	8.35	14.29	11.34
1.18～2.36	1.669	7.64	10.47	14.29	8.33
2.36～4.75	3.348	9.19	18.14	14.29	13.31
4.75～9.50	6.718	27.30	23.48	14.29	21.1
9.50～16.0	12.329	37.70	29.52	14.29	33.9

表 4.33　骨料体系及混合料体系堆积密实度

材料	G1（基准级配）/%	G2（Dinger-Funk）/%	G3（Wallevik）/%	G4（CPM）/%
骨料体系堆积密实度	0.7587	0.7881	0.7724	0.7944
混合料体系堆积密实度	0.8085	0.8158	0.8097	0.8199

由表 4.32 和表 4.33 可知，各组级配曲线经由 CPM 计算后，骨料体系 α_t 大小顺序均为 G1＞G2＞G3＞G4。本节 4 组颗粒粒径分布方案采用相同水泥量 $C = 340\ kg/m^3$，水胶比为 0.45，PCE = 3.5%，由计算可知此时混合料体系堆积密实度大小顺序同样为 G1＞G2＞G3＞G4。因此，本实验在相同胶凝材料用量、相同 V_a/V_b 条件下，按照各组骨料体积分数进行混凝土工作性能与力学性能实验，结果见表 4.34。

表 4.34　混凝土工作性能及力学性能实验结果

编号	工作性能				抗压强度/MPa	
	SF/mm	T_{500}/s	SF_J/mm	VSI	7 天	28 天
G1	485	/	/	2	17.8	43.5
G2	515	6.62	395	1	15.1	48.2
G3	620	7.87	540	0	11.6	40.6
G4	605	5.36	515	0	14.7	46.8

由表 4.34 可知，在工作性能方面，在相同的胶凝材料用量及水胶比下，流动性满足 SCC 要求的为 G3 和 G4 两组，而 G1 与 G2 工作性能较差，其中 Wallevik 颗粒级配曲线的 G3 流动性能最佳，T_{500} 较长，黏度偏大，而 CPM 优化后的 G4 流动性与 G3 较为接近，T_{500} 适中，黏度较好。在力学性能方面，Dinger-Funk 颗

粒级配曲线配置的 G2 28 天抗压强度最大，其次与之接近的是经 CPM 优化过后的 G4，最低的为 Wallevik 级配曲线的 G3。

对 G3 与 G4 两组低胶凝材料用量 SCC 的性能进行分析，由于 Wallevik 颗粒级配曲线的粉体掺量较高，粗骨料较少，堆积密实度较低，几乎成为砂浆混凝土，根据砂浆流变性能分析，屈服应力较低，塑性黏度偏大，因而 SF 良好，且具有良好的抗离析性及间隙通过性能，但同时由于惰性粉体量较大，硬化后力学强度不高。对于 CPM 配置的 G4 性能，不仅经过颗粒区间体积分数优化，而且通过掺入适量的 UFS 惰性粉体增加了浆体量，在提高了混合料的堆积密实度的同时，还能够改善新拌 SCC 的塑性黏度，也能保证硬化后的力学性能不受明显的影响。

因此，在 α_t 合理范围内进行 CPM 优化，一方面可以使得胶凝材料用量降低，另一方面能够使得 SCC 的工作性能及力学性能达到平衡。

4.4.5　低胶凝材料用量的低碳自密实混凝土性能研究

NT 具有提高浆体塑性黏度及屈服应力的效果，同时具有提高浆体力学性能的作用，相反，大掺量 FA 具有明显降低浆体流变参数的作用。因此，结合两者的优点对低胶凝材料用量的 SCC 性能进行改善，具有十分重要的研究价值[10]。

结合上述低胶凝材料用量 SCC 性能的研究成果，本节根据不同 NT 与 FA 体积掺量对低胶凝材料用量 SCC 做进一步探讨。本实验选取水胶比为 0.45，PCE 掺量为 3.5%，UFS 体积掺量恒定为中砂体积用量的 15%，FA 体积掺量为水泥体积用量的 30%、40%、50%，NT 掺量为对照组水泥质量掺量的 0、1%、3%、5%，胶凝材料用量为 340 kg/m^3，具体配合比及实验结果分别见表 4.35 和表 4.36，其中 C 为水泥；NT 为纳米 TiO_2，其后面数字代表水泥的质量百分比；FA 为粉煤灰，其后面数字代表内掺水泥体积掺量的百分比。

表 4.35　SCC 实验配合比

编号	胶凝材料/(kg/m^3)	FA 体积掺量/%	NT 掺量/%
C-FA30	340	30	0
C-FA30-NT1	340	30	1
C-FA30-NT3	340	30	3
C-FA30-NT5	340	30	5
C-FA40	340	40	0
C-FA40-NT1	340	40	1
C-FA40-NT3	340	40	3
C-FA40-NT5	340	40	5

续表

编号	胶凝材料/(kg/m³)	FA 体积掺量/%	NT 掺量/%
C-FA50	340	50	0
C-FA50-NT1	340	50	1
C-FA50-NT3	340	50	3
C-FA50-NT5	340	50	5

表 4.36　SCC 工作性能与力学性能测试结果

编号	工作性能				抗压强度/MPa	
	SF/mm	T_{500}/s	SF_J/mm	VSI	7 天	28 天
C-FA30	670	4.8	570	0	10.4	35.4
C-FA30-NT1	665	6.6	565	0	13.3	39.6
C-FA30-NT3	640	8.7	545	0	16.7	43.6
C-FA30-NT5	595	9.3	510	0	18.9	46.3
C-FA40	695	4.4	585	0	8.6	32.6
C-FA40-NT1	680	5.6	575	0	12.2	36.8
C-FA40-NT3	660	7.7	565	0	14.7	39.9
C-FA40-NT5	620	8.2	535	0	16.6	41.4
C-FA50	705	3.5	605	1	7.1	27.1
C-FA50-NT1	690	4.1	590	0	8.4	28.3
C-FA50-NT3	670	5.8	575	0	10.7	31.7
C-FA50-NT5	635	7.5	555	0	12.3	32.4

在工作性能方面，NT 对 SCC 流动性能存在较大影响：随着 NT 的增加，SCC 拌和物的 SF 及 SF_J 有明显降低趋势，且掺量为 5%时降低幅度明显加大。在 T_{500} 方面，显然 NT 的掺入提高了 SCC 的坍落扩展时间。另外，大量 FA 的添加有利于提高拌和物的 SF 与 SF_J，同时有助于加快拌和物的流动速率。对于配置低胶凝材料用量的 SCC，通过大掺量 FA 能得到大流动度 SCC，当 FA 为 30%～50%时，SF 为 670～705 mm。与 NT 复掺后，当 FA = 30%且 NT = 5%时，SCC 的 SF 达到最低值，即 SF_{min} = 595 mm＞550 mm，且 T_{500} = 12.8，SF_J = 510，满足流动性的控制指标要求。由于大掺量单掺 FA，拌和物容易离析泌水，但是掺入 NT 及 UFS 后，拌和物塑性黏度较大，几乎不发生离析泌水现象，这有利于调节及改善低胶凝材料用量 SCC 拌和物的稳定性。

在力学性能方面，随着 NT 掺量的增加，SCC 的 7 天、28 天抗压强度均有上升趋势；然而，与 NT 的作用效果相反，SCC 抗压强度随着 FA 体积掺量的增加而降低，且 FA 对抗压强度的影响程度较 NT 大。当 FA 体积掺量为 30%～50%时，抗压强度为 27.1～35.4 MPa。NT 复掺后，当 FA = 30%且 NT = 5%时，SCC 的 28 天抗压强度达到最大值，即 46.3 MPa，强度达到 C40 以上；而当 FA = 60%且 NT = 5%时，SCC 的 28 天抗压强度达到 32.4 MPa，强度偏低。因此，过高的 FA 掺量容易使得抗压强度过低，为了改善 FA 带来的影响，同时发挥 NT 增强力学性能的作用，NT 宜适当掺入，但过大的 NT 也会影响 SCC 的工作性能。

因此，配置低胶凝材料用量 SCC 需要平衡工作性能及力学性能[11]。掺入 15%UFS 和 30%FA 的 SCC 拌和物 SF 可达到 670 mm，且 28 天抗压强度达到 35.2 MPa，此时胶凝材料用量为 340 kg/m^3，其中水泥用量为 258.7 kg/m^3，FA 用量为 81.3 kg/m^3。在此基础上复掺 5%NT，能够配置出 C40 以上的低胶凝材料用量纳米 SCC，此时 SF = 595 mm，抗压强度为 46.3 MPa。

4.5　高密堆聚度的低碳自密实混凝土设计方法

4.5.1　高密堆聚度的低碳自密实混凝土配合比设计

本节根据 CPM 的颗粒堆积理论分析，通过优化粉体组合及粗细骨料颗粒级配，提高混合粉体及骨料的堆积密实度，在混合料最佳堆积密实度范围内进行 SCC 配合比设计，最终得到满足目标工作性能和力学性能要求的低胶凝材料用量低碳 SCC[11]。

使用低胶凝材料用量低碳 SCC 配合比设计方法[12]需要先收集及测定原材料的基本参数，应用 CPM 计算混合粉体体系和骨料体系堆积密实度，对应得到最佳粉体组合和最佳砂率，然后在骨料与粉体体积比变化的情况下，得出不同区间的混合料堆积密实度，根据 SCC 所需要配置的流动性能等级，选取不同的堆积密实度区间，进而结合水胶比与目标抗压强度的关系，确定配合比各基本参数。最终通过掺加饱和减水剂对混凝土进行测试，对于不满足工作性能要求的，则需要调整砂率、骨料与胶凝材料体积比等参数[13]，最终得到同时满足工作性能和目标力学性能的低胶凝材料用量低碳 SCC，详细分为如下 4 个步骤。

（1）确定材料及其性质参数，包括：

a. 胶凝材料的密度 ρ_b，可根据矿物掺合料与水泥相对含量及各自表观密度，以及各材料颗粒区间的体积分数 y_i 确定。

b. 粗、细骨料的密度 ρ_g、ρ_s，测定骨料颗粒粒径分布，计算各粒径区间体积分数。

c. 测定各粒径区间骨料的堆积密度，应用数理方法确定固体颗粒各粒级的剩余堆积密实度 γ_i。

（2）利用 CPM 并根据固体颗粒堆积方式，确定相应压实指数 K，然后计算

3 个体系堆积密实度，即混合粉体体系、骨料体系、混合料体系堆积密实度。

a. 计算混合粉体不同体积比的堆积密实度，确定不同组合的最佳堆积密实度。

b. 计算粗、细骨料体系不同体积比混合后的最佳堆积密实度，确定最佳砂率 δ，可得出式（4.12）；算出最佳砂率 δ 后，即可进行惰性粉体 P 掺量的代替，通常代替量在砂体积量的 15%以内，即 $0<V_p/V_s<15\%$。

$$\frac{m_b}{m_a}=\frac{V_s\rho_s}{V_g\rho_g+V_s\rho_s}=\delta \tag{4.12}$$

c. 计算总混合料组合中不同的 V_a/V_b 的最佳堆积密实度 α_t'，对应可确定最佳体积比 ω，如式（4.13）表达式：

$$\frac{V_a}{V_b}=\frac{V_g+V_s}{V_b}=\omega \tag{4.13}$$

（3）根据目标抗压强度指标，以及水胶比与混凝土 28 天抗压强度 f_c 的关系，选择粉体组成及水胶质量比 θ，如式（4.14）所示，然后代入式（4.15）中即可求出胶凝材料体积用量 V_b，计算过程如式（4.14）～式（4.17）所示：

$$f_c\propto\varphi\left(\frac{w}{b}\right)=\theta \tag{4.14}$$

$$V_w+V_b+V_g+V_s=1 \tag{4.15}$$

$$\frac{V_w}{V_b}=\frac{\dfrac{m_w}{\rho_w}}{\dfrac{m_b}{\rho_b}}=\theta\frac{\rho_b}{\rho_w} \tag{4.16}$$

$$\frac{\rho_b}{\rho_b}\theta V_b+V_b+\omega V_b=\left(\frac{\rho_b}{\rho_b}\theta+1+\omega\right)=1 \tag{4.17}$$

（4）在得出胶凝材料体积的同时，由各材料密度和砂率比值便可分别求得胶凝材料用量、粗骨料用量、细骨料用量和用水量。进而根据初始 PCE 掺量，以及新拌 SCC 工作性能测试，调整 PCE 掺量及骨料与粉体体积比，使得其最终满足工作性能及目标强度要求。计算公式如式（4.18）～式（4.22）所示：

$$m_b=V_b\cdot\rho_b \tag{4.18}$$

$$m_w=m_b\cdot\theta \tag{4.19}$$

$$m_a=V_a\cdot\rho_a=V_b\cdot\omega\cdot\rho_a \tag{4.20}$$

$$m_g=m_a\cdot\delta \tag{4.21}$$

$$m_s=m_a-m_g \tag{4.22}$$

基于以上 4 步计算要点，低胶凝材料用量的低碳 SCC 配合比设计流程如图 4.29 所示。

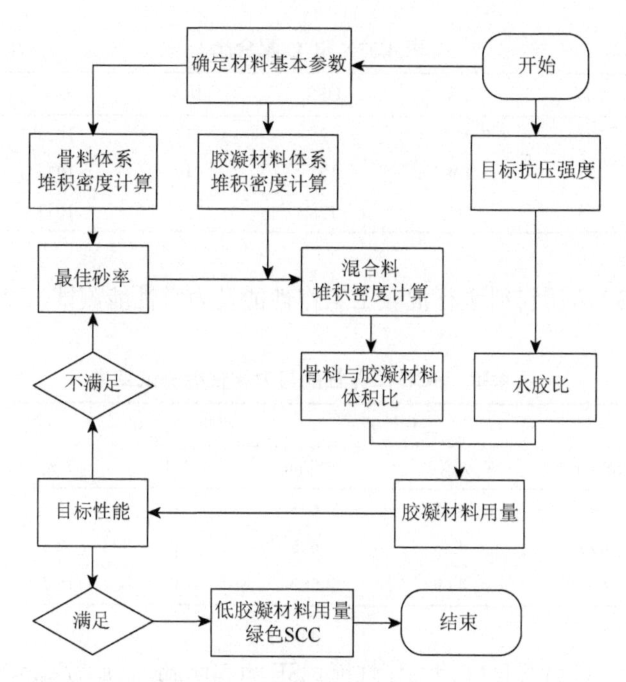

图 4.29　低胶凝材料用量的低碳 SCC 配合比设计流程

4.5.2　设计应用实例

基于以上配合比设计流程，本节需要配置胶凝材料用量在 340～380 kg/m^3，SF＞650 mm，2 s＜T_{500}＜8 s，VSI≤1，抗压强度在 C30 以上的低碳 SCC。根据堆积密实度与 SCC 工作性能的影响规律[14]，具体实验设计步骤如下：

（1）基于 FA 对 SCC 工作性能影响的研究，本实验的胶凝材料采用大掺量 FA 代替水泥，其体积掺量选定为 30%，算出胶凝材料堆积密实度。

（2）根据所使用的粗细骨料，算出骨料体系最佳堆积密实度，并对应得出最佳砂率。本实验骨料体系最佳砂率为 $S/A=0.45$，且使用 15%的 UFS 体积掺量对中砂进行代替。

（3）对 α_t 进行计算，根据算出的最佳堆积密实度选定合理区间，本实验最佳混合料堆积密实度范围为 0.8150＜α_t＜0.8350。

（4）根据步骤（3）对应算出 5.68＜V_a/V_b＜6.46，在此范围内选取 3 组混凝土混合料的 V_a/V_b 分别为 5.7、6.0、6.3。

（5）根据抗压强度与水胶比关系，选取的水胶比为 0.45，且 PCE 掺量为胶凝材料质量的 3.5%，即可算出 3 组胶凝材料用量分别为 373 kg/m^3、359 kg/m^3、347 kg/m^3，具体配合比见表 4.37。

表 4.37　SCC 配合比　（单位：kg/m^3）

编号	水泥	FA	UFS	中砂	石子	水
1	261	112	125	711	1023	168
2	251	108	127	719	1034	162
3	243	104	128	726	1043	156

根据表 4.37 所用材料进行混凝土工作性能及力学性能测试，结果见表 4.38。

表 4.38　SCC 工作性能与力学性能测试结果

编号	工作性能				抗压强度/MPa	
	SF/mm	T_{500}/s	SF_J/mm	VSI	7 天	28 天
1	705	3.18	625	0	14.6	43.7
2	690	4.26	605	0	12.3	40.9
3	675	4.69	580	0	15.7	38.2

配置出的 SCC 具有良好的工作性能，SF＞650 mm，2 s＜T_{500}＜8 s，580 mm＜SF_J＜650 mm，其坍落扩展度圆饼及边缘局部放大如图 4.30 所示，SCC 拌和物较为均匀，且无离析现象发生，即 VSI≤1。在力学性能方面，配置的 SCC 硬化 28 天后抗压强度均有 f_c＞35 MPa。

因此，配置的 SCC 同时满足了目标工作性能及力学性能两方面的要求，验证了本节所提出的低胶凝材料用量的低碳 SCC 配合比设计方法的实用性和可行性。本实验所用胶凝材料用量达到 347 kg/m^3，其中水泥用量仅为 243 kg/m^3，相比于 JGJ/T 283—2012 中的最低胶凝材料用量降低了 53 kg/m^3，为实现低胶凝材料用量的低碳 SCC，推荐了一种实用有效的配合比设计方法。

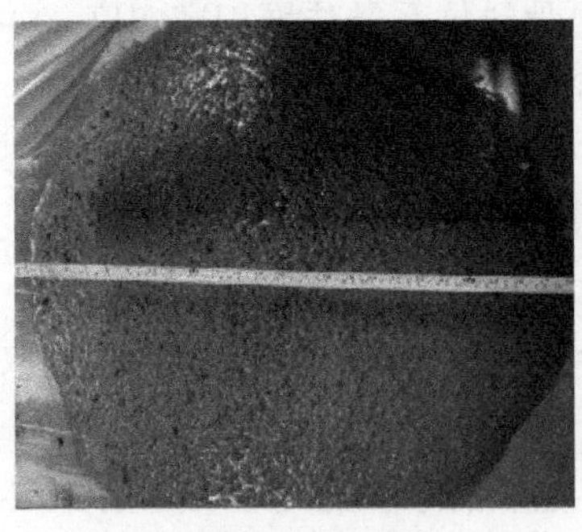
(a) 坍落扩展度全局图

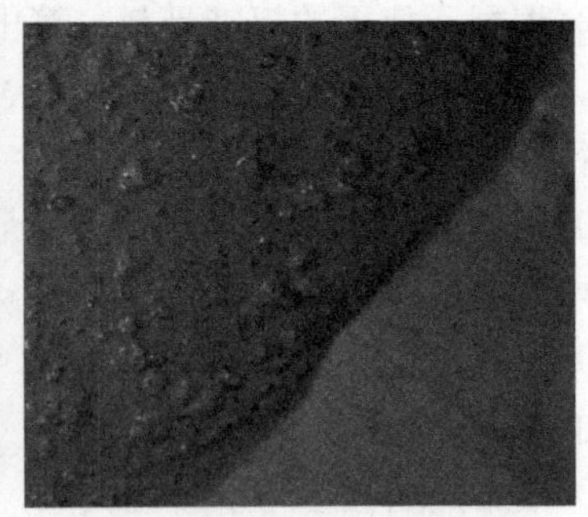
(b) 坍落扩展度边缘局部放大图

图 4.30　SCC 坍落扩展度全局及边缘局部放大图

4.6 本章小结

本章应用 CPM 对净浆、砂浆、混凝土 3 个层级系统的颗粒堆积密实度进行了计算分析及优化，并对不同材料组成及设计参数的净浆与砂浆流变性能的影响因素进行了正交设计的趋势分析，对砂浆体系堆积密实度及其流变性能进行了关系研究，在此基础上，指导 SCC 工作性能的参数优化设计，建立了混合料堆积密实度与工作性能之间的趋势关系。对比分析了 3 种颗粒级配模型的混凝土工作性能及力学性能，且对含纳米的低胶凝材料用量 SCC 进行了性能研究。基于以上研究，最终推荐了一种低胶凝材料用量低碳 SCC 配合比设计方法并进行了验证。基于以上研究得到了以下结论：

（1）净浆湿堆积密实度随粉煤灰体积掺量的增大呈线性递增趋势；相比于不掺 PCE 情况，添加饱和 PCE 的净浆湿堆积密实度增大趋势较平缓。纳米 TiO_2 的添加能显著提高浆体的塑性黏度和屈服应力。对比粉煤灰，纳米 TiO_2 对浆体流变性能的影响更显著。同时，纳米 TiO_2 有利于提高浆体抗折强度、抗压强度。

（2）砂浆堆积密实度随骨料与胶凝材料体积比的增大呈现先上升后下降趋势，骨料与胶凝材料体积比为 3.08 时达到最大值。超细砂粉及粉煤灰的掺入均有利于进一步提高砂浆堆积密实度。砂浆湿堆积密实度与其流变性能存在密切关系，归一化浓度 ϕ/ϕ^* 与砂浆塑性黏度、屈服应力存在较强的相关性，随着 ϕ/ϕ^* 增大，砂浆流变参数呈现曲线上升趋势。

（3）骨料体系湿堆积密实度随着 S/A 的变化呈现先增大后降低趋势，且在 S/A 为 0.45 时达到最大值，即 0.7264。超细砂粉掺量在 41.8%内有利于提高骨料体系堆积密实度，且最佳掺量在 20%以内。混合料体系堆积密实度随骨料与胶凝材料体积比的增大呈现先上升后下降趋势，体积比约为 6 时达到最大值。

（4）混合料堆积密实度对 SCC 的工作性能存在较大影响，混合料堆积密度在 0.815～0.835 时，对应 SCC 胶凝材料用量为 340～380 kg/m^3，实测坍落扩展度达 550～650 mm，同时具有良好间隙通过性及抗离析性能。当采用 30%粉煤灰体积掺量及 5%纳米 TiO_2 质量掺量进行混凝土复配时，能配置出 C40 以上的低胶凝材料用量纳米 SCC，此时胶凝材料用量为 340 kg/m^3，坍落扩展度达到 595 mm，28 天抗压强度达到 46.3 MPa。

参考文献

[1] Long W J，Kamal H K，Ammar Y，et al. Rheological approach in proportioning and evaluating prestressed self-consolidating concrete[J]. Cement and Concrete Composites，2017，82：105-116.

[2] Celik K，Jackson M D. High-volume natural volcanic pozzolan and limestone powder as partial replacements for

Portland cement in self-compacting and sustainable concrete[J]. Cement and Concrete Composites，2014，45：136-147.

[3] Kwan A K W，Wong V，Fung W W S. A 3-parameter packing density model for angular rock aggregate particles[J]. Powder Technology，2015，274：154-162.

[4] Jalal M，Pouladkhan A，Harandi O F，et al. Comparative study on effects of Class F fly ash，nano silica and silica fume on properties of high performance self compacting concrete[J]. Construction and Building Materials，2015，94（90）：104.

[5] Zhu W，Wei J X，Li F X. Understanding restraint effect of coarse aggregate on the drying shrinkage of self-compacting concrete[J]. Construction and Building Materials，2016，114：458-463.

[6] Yuksel C，Aghabaglou A M，Beglarigale A，et al. Influence of water/powder ratio and powder type on alkali-silica reactivity and transport properties of self-consolidating concrete[J]. Materials and Structures，2016，49：289-299.

[7] Long W J，Khayat K H，Lemieux G，et al. Performance-based specifications of workability characteristics of prestressed，precast self-consolidating concrete：A North American prospective[J]. Materials，2014，7（4）：2474-2489.

[8] Guillermina M，Viviana R，Zbyšek P，et al. Assessment of packing，flowability，hydration kinetics，and strength of blended cements with illitic calcined shale[J]. Construction and Building Materials，2020，254：119042.

[9] Long W J，Khayat K H，Hwang S D. Mechanical properties of prestressed self-consolidating concrete[J]. Materials and Structures，2013，46：1473-1487.

[10] Long W J，Lemieux G，Hwang S D，et al. Statistical models to predict fresh and hardened properties of self-consolidating concrete[J]. Materials and Structures，2012，45：1035-1052.

[11] Aashay A，Asim A，Farrokh K，et al. Material design of economical ultra-high performance concrete（UHPC）and evaluation of their properties[J]. Cement and Concrete Composites，2019，104：103346.

[12] Long W J，Kamal H K，Guillaume L，et al. Factorial design approach in proportioning prestressed self-compacting concrete[J]. Materials，2015，8（3）：1089-1107.

[13] Shi C J，Wu Z M. A review on mixture design methods for self-compacting concrete[J]. Construction and Building Materials，2015，84：387-398.

[14] 龙武剑，王卫仑，冼向平，等. 高强自密实混凝土研究及其在工程中的应用[J]. 混凝土，2014，(1)：90-92.

第5章　低碳自密实混凝土颗粒堆积系统仿真分析

5.1　引　　言

本章基于CPM，采用离散单元数值模拟方法，研究了颗粒的堆积行为、小颗粒的团聚效应、颗粒混合料的流动性。

首先，研究了团聚小颗粒的堆积状态，优化了CPM，包括：①优化了松动效应系数和附壁效应系数的计算公式;②定义了离散面力相互作用和压实作用，发展了CPM。

其次，基于离散单元法对颗粒堆积过程进行模拟研究，包括：①研究颗粒形貌对堆积密实度的影响；②研究堆积过程对堆积密实度的影响；③使用二元混合料进行参数标定；④使用修正后的CPM研究三元混合料。

最后，对新拌自密实混凝土进行了数值模拟研究，模拟了拌和过程、流变性实验和泵送系统中的流动过程。综上，本章采用数值模拟方法研究了具有离散性特点的胶凝材料颗粒系统，优化了混合料的颗粒堆积模型，模拟了新拌胶凝材料的流变行为，对相关研究具有一定的参考意义。

5.2　颗粒形貌和堆积过程对堆积密实度的影响

为了研究离散单元法对堆积过程的适用性，本节主要研究了常见颗粒形貌（包括圆球体、椭球体和圆柱体）在离散单元法软件中的数值模拟过程，并用实验进行验证。

5.2.1　球体形貌颗粒的堆积

1. 密实度实测

1）实验材料

圆球体是最常见的颗粒形貌，如粉煤灰呈圆球状，在精度不高的情况下，许多颗粒也可以简化成圆球状，因此首先对圆球体的颗粒堆积过程进行研究。本节采用实验玻璃球进行堆积，材料如图5.1所示。

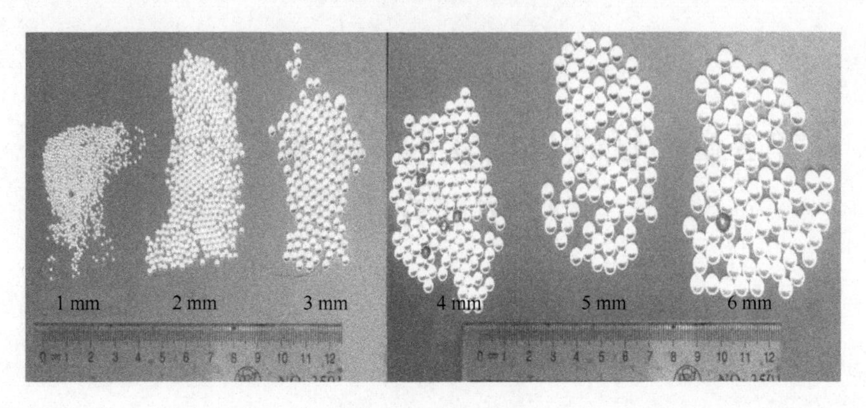

图 5.1　实验玻璃球

2）堆积过程和堆积密实度测定

堆积密实度的测量方法采用松装堆积密实度，各粒径圆球体的实测堆积密实度见表 5.1。

表 5.1　各粒径圆球体的实测堆积密实度

粒径/mm	堆积密实度
1	0.56
2	0.57
3	0.582
4	0.585
5	0.588
6	0.589

2. 模拟过程

1）颗粒模型

在软件中设置颗粒粒径，生成圆球体颗粒模型，如图 5.2 所示。

2）几何体模型及堆积过程

使用 EDEM 软件对堆积过程进行模拟，建立和实验仪器相同的几何体材料，属性参数设置与玻璃一致，在漏斗上方随机生成一定量的颗粒，并让其自由下落，填满下方的圆柱体容器。模拟过程如图 5.3 所示。

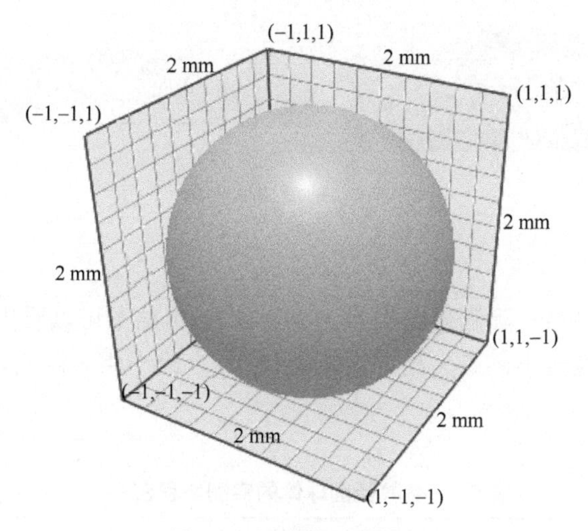

图 5.2　圆球体颗粒模型

图 5.3　圆球体堆积密实度模拟过程图

3）后处理网格划分

EDEM 软件有强大的后处理模块，可以收集颗粒在堆积过程中的各种信息。堆积密实度的计算可以由颗粒体积除以容器体积得到，颗粒体积可以通过划分网格由颗粒个数得到（图 5.4）。

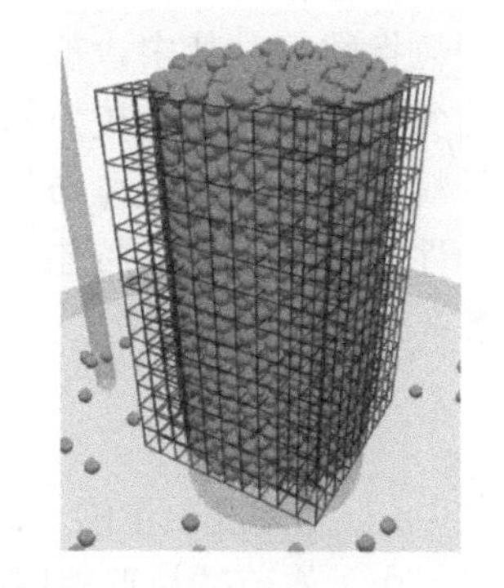

图 5.4　后处理测量容器体积

4）休止角对比

休止角是指颗粒落到平面上堆积成锥体后，母线与水平线的夹角。休止角能反映散体颗粒之间的相互作用力关系，可以作为量化散体的力学性质（包括内摩擦特性和流动性等）的宏观指标。本节不对休止角进行深入研究，仅讨论实验结果与模拟结果之间的合理性。

由图 5.5 可以看出，实验和模拟的堆峰形状十分相似，通过测量玻璃球空间堆积休止角可得实验结果为 18°，模拟结果为 18°，由此说明，在摩擦特性设置合理的情况下进行数值模拟是可行的。

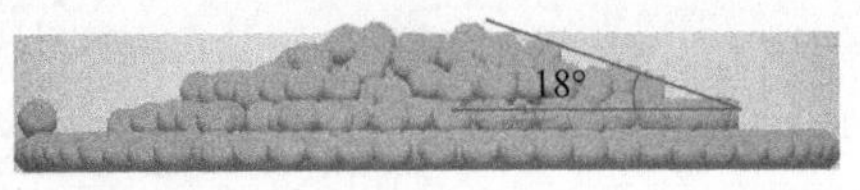

图 5.5　玻璃球休止角

5）数据对比

数值模拟结果与实际测量结果对比见表 5.2。由结果可以看出，实验组与模拟组的数据相对误差较小，最大相对误差为 5.9%，最小相对误差为 2.9%，平均相对误差为 4.4%。

表 5.2　各粒径圆球体的实测堆积密实度

粒径/mm	实测堆积密实度	模拟堆积密实度	相对误差/%
1	0.56	0.581	3.8
2	0.57	0.597	4.7
3	0.582	0.601	3.2
4	0.585	0.602	2.9
5	0.588	0.623	5.9
6	0.589	0.624	5.9

3. *形貌参数*

根据相关文献叙述，表征颗粒形貌[2]的参数有多种，如圆形度、粗糙度和颗粒指数等。其中，被广泛使用的参数是圆度。圆度反映的是骨料棱边及边角的尖锐程度。颗粒棱角越多越尖锐，圆度越差；反之棱角越圆滑，圆度越好。骨料圆度越大，浆体与骨料界面的摩擦力和对管壁的摩擦力越小，混凝土的流动性能和泵送性能越佳。因此，这里将圆度定义为本节的形貌参数。圆度的计算公式见式（5.1）。

$$r=\frac{4\pi N}{J^2} \tag{5.1}$$

式中，r 为圆度，量纲一；J 为颗粒周长，mm；N 为颗粒面积，mm^2。

由于本节颗粒形貌均为圆球体，故颗粒形貌均为相同值，按照式（5.1）计算，得到 $r=1$。

4. CPM 计算

以上结果，无论是实验还是模拟都是从堆积过程的角度进行分析得到的，以下根据堆积模型理论进行分析。在应用 CPM 进行推导过程中并没有考虑颗粒形貌的影响，仅在对附壁效应系数和松动效应系数进行标定时，采用了卵石和碎石两种形貌相差较大的颗粒。认为卵石颗粒的表现最佳，是因为它们具有较好的强度；碎石颗粒表现出明显的磨损，并在实验中产生细颗粒。

以上实验都采用圆球体颗粒，粒径均一致，这里使用 CPM 对不同粒径颗粒的堆积密实度进行计算（表 5.3），并以实验值去逼近理论计算值，从而得到表征堆积过程振实效果的压实指数 K。根据 De Larrard 对振实方式的不同 K 的设置和实验值，对松装堆积密实度的压实指数取 $K = 4.73$。

表 5.3　CPM 计算结果

粒径/mm	堆积密实度
1	0.601
2	0.612
3	0.619
4	0.630
5	0.632
6	0.623

如图 5.6 所示，实验值、理论值和模拟值之间仍然存在相对误差，特别是理论值和实验值之间。这主要是因为在 CPM 参数的实验标定环节中，粒径分组均是以区间为单位，区间范围内的大小颗粒会相对增强填充效果，而且不光滑的表面纹理也会导致嵌固效应等。因此，为了使 CPM 应用更加广泛，应该对 CPM 在颗粒形貌方面进行优化。

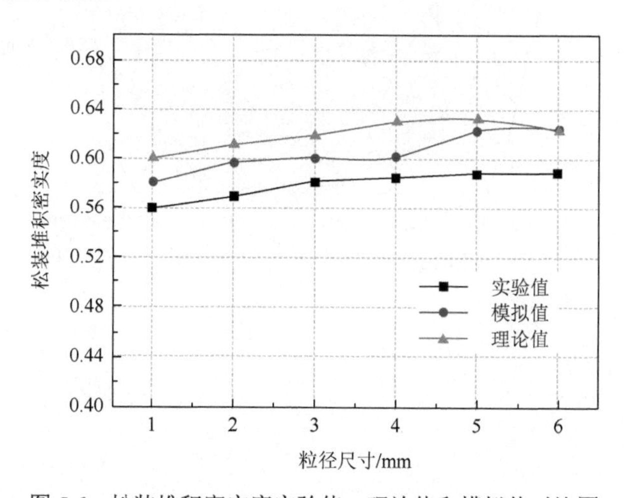

图 5.6　松装堆积密实度实验值、理论值和模拟值对比图

5.2.2 其他形貌颗粒的堆积

1. 实验实测

前期研究了圆球体颗粒形貌的堆积过程，本节采用与上文相同的研究方法，对椭球体颗粒和圆柱体颗粒堆积过程进行研究。

椭球体也是常见的颗粒形貌之一，如果对其表面纹理进行简化，在长轴和短轴不相同的情况下，许多颗粒可以简化成椭球体，因此首先对球体的颗粒堆积过程进行研究。采用椭球体塑料颗粒进行堆积，实验材料的长轴与短轴比为1.4∶1.7。

堆积密实度根据松装堆积密实度得到，经过测量得到椭球体和圆柱体的松装堆积密实度分别为0.56和0.6。

2. 数值模拟

1）颗粒模型

由于离散单元法数值模拟软件的建模基于圆球体，因此为了表示椭球体颗粒，这里将两个球体合并为一个颗粒，近似表示为椭球体，如图5.7所示。

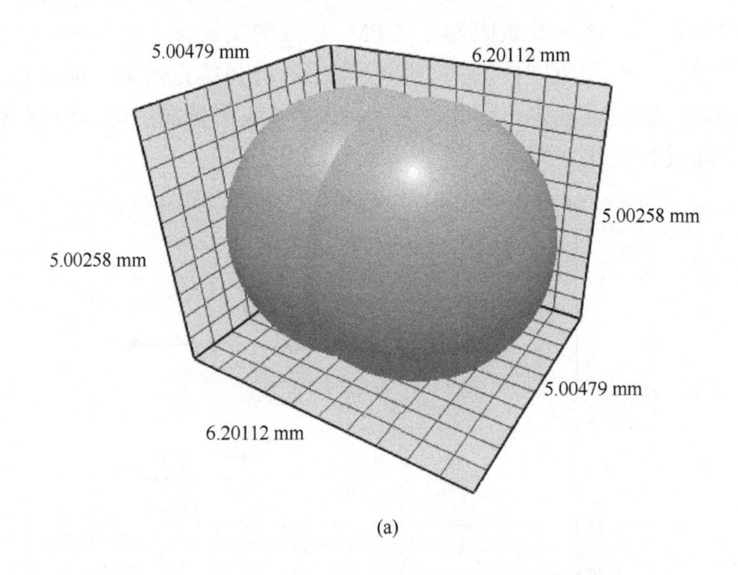

(a)

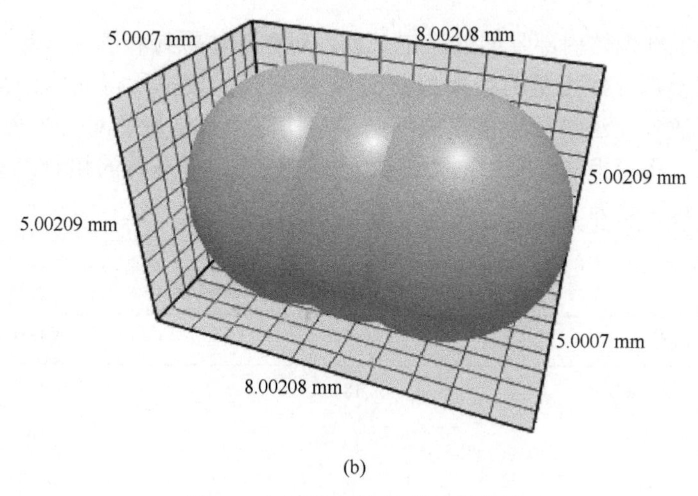

(b)

图 5.7　椭球体和圆柱体颗粒模型

2）模拟结果

采用与圆球体相同的几何体模型与堆积方式，颗粒稳定后的堆积结构与模拟结果对比如图 5.8 所示。

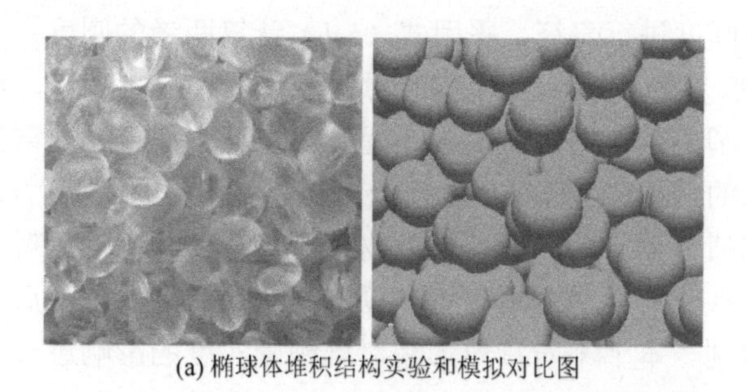

(a) 椭球体堆积结构实验和模拟对比图

(b) 圆柱体堆积结构实验和模拟对比图

图 5.8　椭球体、圆柱体堆积结构实验和模拟对比图

3）休止角

普遍认为，颗粒休止角不仅反映颗粒堆积体表层颗粒与次表层颗粒的摩擦关

系，更反映了堆积体内部骨架的稳定关系。对椭球体颗粒和圆柱体颗粒进行实验实测和数值模拟，休止角的结果见表 5.4，结果表明模拟所得的休止角与实测相同。使用离散单元法进行数值模拟的结果与实际测量结果的对比见表 5.4。由结果可以看出，实验组与模拟组的数据相对误差较小，椭球体的相对误差为 2.1%，圆柱体的相对误差为 5.1%。

表 5.4　椭球体和圆柱体的相关数据

组别	椭球体	圆柱体
实测休止角/(°)	18	19
模拟休止角/(°)	18	19
实测密实度	0.583	0.571
模拟密实度	0.595	0.600

3. 形貌参数

形貌参数用圆度进行表征，采用式（5.1）计算两者的圆度，椭球体的圆度为 1.09，圆柱体的圆度为 0.73。对于常见颗粒，如豆类或粮食等，已有学者进行了研究并得到相关圆度。然而，在土木工程实践中，工程材料通常都是不规则的。对于形貌不规则的颗粒，可以采用图形处理软件进行处理：先对图像增强、去噪；再对图像进行阈值分割，并二值化，使物体与背景分开；然后对二值图像进行膨胀、收缩、清除独立点及孔洞填充等，以方便图像的测量；最后进行图像中物体的自动测量与识别。本节不对颗粒形貌对堆积密实度的影响进行深入研究，仅提供一种对模型优化的思路，后续研究有待进一步开展。

4. CPM 计算

由于没有一个常用的指标对椭球体的粒径进行表示，因此假定认为所有椭球体颗粒的粒径由最小直径决定。在实际中，该假定的含义为所有颗粒都可以通过某一粒径的筛网。由于实际工程中常用的石子和砂都不宜采用扁长形，因此可以认为该假定是相对合理的。当直径与柱高比小于 1.5 时，可以假定粒径取直径。由 CPM 计算得到的理论堆积密实度，椭球体为 0.624；圆柱体为 0.611。

5.2.3　堆积过程对堆积密实度的影响

混合料颗粒体系的实际堆积密实度与堆积过程有关，由于不同的压实方式有不同的压实效果，压实指数 K 表示压实程度，反映了虚拟和实际堆积密实度之间的关系。不同的堆积方式会产生不同的颗粒堆积结构，从而影响堆积密实度。本节首先研究颗粒在竖直振动条件下的堆积，振动参数包括振动频率和振动时间；然后比较振实堆积和松散堆积对堆积密实度的影响。

本节对振实堆积密实度进行研究时采用的仪器可以对振动时间和振动频率进行设置，振幅被固定为竖向运动 5 mm。

1. 振动时间对堆积密实度的影响

振动时间对堆积密实度的影响与振动频率相关。振动频率越高，颗粒达到最密实的稳定堆积状态所需的时间就越短；振动频率越低，颗粒达到最密实的稳定堆积状态所需的时间就越长。这里仅研究振动时间的影响，所以将上下振动频率固定为 1 次/s。

由图 5.9 可以看出，随着振动时间的增加，堆积密实度逐渐增大，最后趋于稳定。这表明，在实验开始阶段，振动过程给颗粒施加了振实能量，使颗粒间发生位移并相互靠近，填充了颗粒间的空隙，从而增大了堆积密实度；随着颗粒间的空隙被逐步填充，当达到一定时间之后，颗粒达到最紧密堆积状态，此时堆积密实度趋于稳定；之后振动时间对堆积密实度的影响不大。

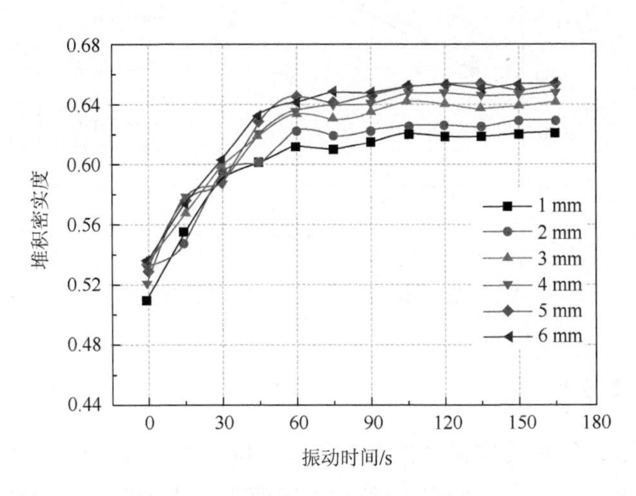

图 5.9　振动时间与堆积密实度的关系图

各种材料和形貌的变化趋势大致相同，只是变化幅度和趋于稳定的时间有所不同。玻璃球的表面摩擦力较小，颗粒间相对移动的趋势较大，因此在松装堆积状态下，颗粒容易形成致密的结构，在初始状态和最终紧密堆积状态下，密实度差别不大。

2. 振动频率对堆积密实度的影响

为了研究振动频率对堆积密实度的影响，首先应固定一个振动时间。振动时间的合理设置很重要，如果振动时间过长，则颗粒有可能已经达到最紧密堆积状态，无法显示出振动频率的区别。经过预实验调整，这里设置振动时间为5s。根据仪器的功能，将振动频率分别设置为1次/s、2次/s、3次/s。

在实验过程中发现，直管的上下往复运动会使管内颗粒做逆重力上升，造成最外层颗粒表面不密实，甚至出现悬浮现象，如图5.10所示。这是因为，颗粒的上升高度和运动速度与振动强度紧密相关。振动管向上运动时，管内颗粒形成较强的接触力链，颗粒被向上提升一段距离；而提升管向下运动时，管内颗粒变得松散，力链被破坏，因此在振动周期结束后，管内颗粒还不能回至其初始位置，即向上运动一段距离，此过程逐渐累积，最终形成管内颗粒的上升。

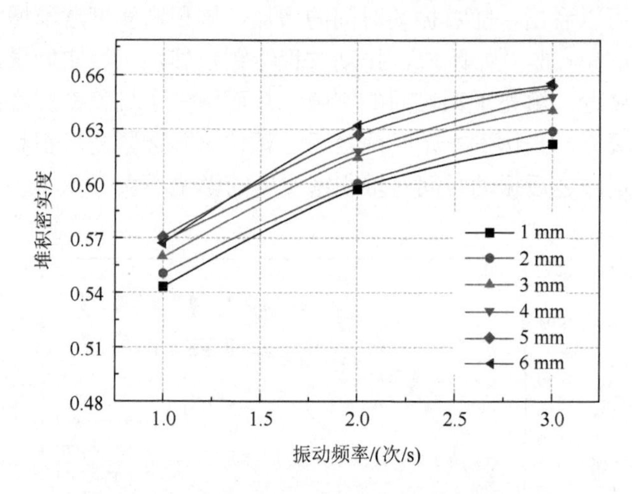

图5.10　振动频率对堆积密实度的影响

3. 模拟振实堆积

对本节所研究的振实堆积过程进行数值模拟，建立几何体，如图5.11所示。几何体的竖向振动幅度为5 mm，振动频率按前文所述条件进行控制。数值模拟振动过程如图5.12所示。

数值模拟结果与实验结果如图5.13所示，由图5.13可知，模拟结果与实验结果相差较大，平均误差为4.9%；实验组振实效果较好，密实度高，而模拟组的密实度较低。其主要原因在于，数值模拟过程受限于仿真软件的运动设置功能，颗粒在振动过程中无法得到与实验相同的压实能量，因此不能达到理想的堆积密实度。

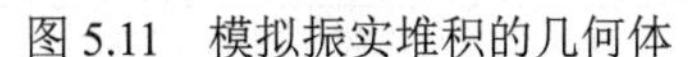

图 5.11　模拟振实堆积的几何体

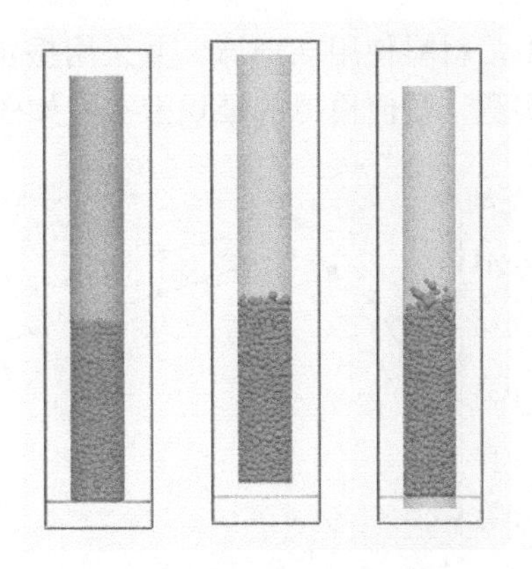

图 5.12　数值模拟振动过程示意图

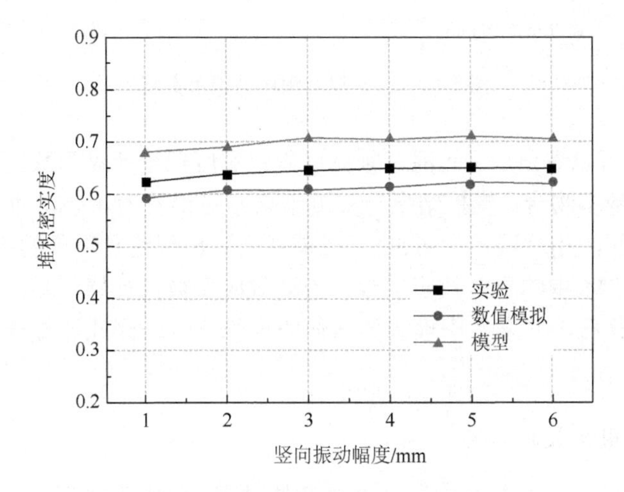

图 5.13　数值模拟结果与实验结果

5.2.4　多元混合料的参数标定及颗粒堆积研究

CPM 的优点在于考虑了多种粒径混合堆积密实度的计算，使该理论更符合实际混合料的多粒径交叉的特性，应用也更符合实际情况[3]。因此对多元混合料的颗粒堆积进行研究很有必要。本节以 CPM 为基础，以理想球体和细小颗粒不同粒径[4]的组合为对象，以离散单元法数值仿真为辅助手段，对多元混合料的颗粒堆积过程进行研究。

1. 二元混合颗粒堆积的研究

为研究二元混合颗粒堆积模型对圆球体的适用性问题，在本节堆积密实度实验中，材料使用玻璃球，并采用振实堆积密实度测量法。二元混合颗粒堆积的实验实测、数值模拟的堆积密实度如图 5.14 所示。

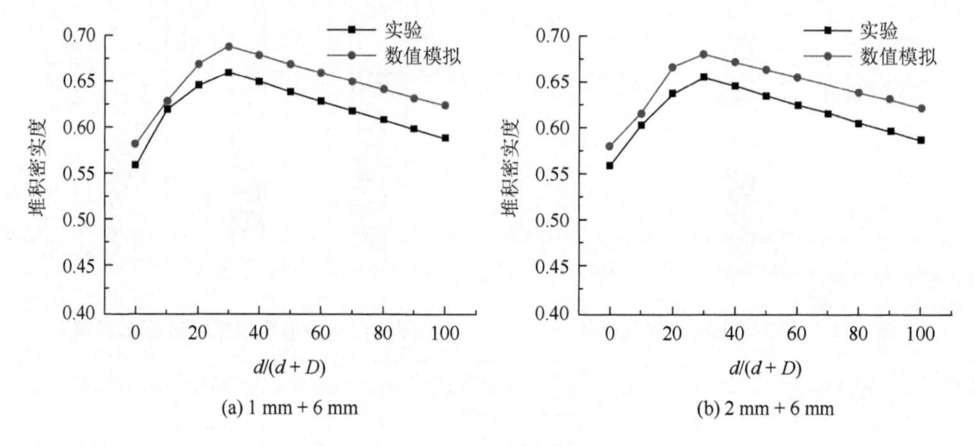

图 5.14　二元混合颗粒堆积密实度

由图 5.14 可以看出，二元混合颗粒堆积密实度理论计算和数值模拟结果的变化趋势与实验基本吻合。模拟结果与实测结果相对误差为 4.3%，而理论计算值与实验实测值之间的相对误差为 6.5%，较前者大。出现这种现象的主要原因是 De Larrard 在对 CPM 中的附壁效应系数和松动效应系数进行修正时，使用的多元混合料是卵石和碎石，并未考虑理想圆球体的堆积行为，因此计算结果出现了微小偏差。

2. 相互作用系数的标定

CPM 相互作用系数的标定是一个复杂的过程，涉及颗粒形状、表面纹理、粒径大小和材料种类等各种因素。原来模型的相互作用系数是根据以卵石和碎石为主的材料进行实验标定的，并假设相对误差可以接受，适用于实际工程。模型影响因素众多，本节以圆球体颗粒的实验数据和数值模拟结果为基础，对形貌参数对颗粒相互作用的影响进行初探性研究[5]。

根据前期推导的公式得到 a_{ij} 和 b_{ij} 的值，见表 5.5。

表 5.5　二元混合料相互作用系数实验值

作用系数	d_2/d_1							
	1/6	1/5	1/4	1/3	2/6	2/5	3/5	2/3
a_{ij}	0.430	0.480	0.537	0.611	0.654	0.742	0.802	0.845
b_{ij}	0.248	0.292	0.361	0.479	0.550	0.662	0.771	0.830

图 5.15 描述了 a_{ij} 和 b_{ij} 的实验点与尺寸比的关系，两者随着尺寸比的增大而增大，这与模型理论相一致。在原模型的系数推导中，研究者认为土木工程的筛子是有缺陷的（骨料磨损等原因），因此会造成实验点的漂移。然而，这并不能解释 R8R05 和 C8C05 混合料系列得到 b_{ij} 为负值的现象。此处可以认为颗粒形貌是对相互作用系数产生影响的原因之一。这里采用与原模型相似的函数形式对相互作用系数进行推导。

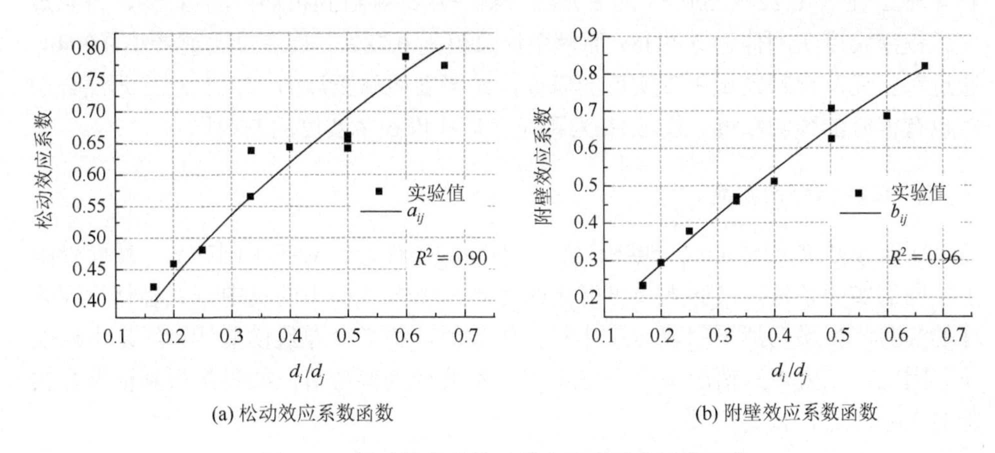

(a) 松动效应系数函数　　(b) 附壁效应系数函数

图 5.15　松动效应系数函数和附壁效应系数函数

使用 MATLAB 软件对图 5.15 中的离散点进行数值拟合，分别定义 a_{ij} 和 b_{ij} 中的形貌函数 $s_a=0.25+0.7r$ 和 $s_b=1.94-0.4r$，其中 r 为圆度。当颗粒形状为圆球体时，$r=1$，则 $s_a=0.95$，$s_b=1.54$。当采用原模型中的卵石材料堆积时，$r=1.1$。当使用其他形貌的颗粒时，可以计算该种类颗粒的圆度，代入公式中计算相互作用系数。然而，由于颗粒形貌多种多样，形貌函数仍有待使用大量实验数据进行优化。

$$a_{ij}=\sqrt{1-(1-d_i/d_j)^{s_a}} \tag{5.2}$$

$$b_{ij}=1-(1-d_i/d_j)^{s_b} \tag{5.3}$$

$$s_a=0.25+0.7r \tag{5.4}$$

$$s_b=1.94-0.4r \tag{5.5}$$

式中，s_a 为考虑松动效应的形貌函数，量纲一；

s_b 为考虑附壁效应的形貌函数，量纲一；

r 为颗粒圆度，量纲一。

3. 三元混合颗粒堆积的研究

圆球体的三元混合颗粒堆积密实度见表 5.6。

形貌参数由二元混合料进行标定，本节将标定后的模型用于计算三元混合料，并与实测值进行对比，以验证模型的计算精度。

由表 5.6 可知，当颗粒以粒径为 1 mm、3 mm 和 6 mm 组合时，堆积密实度最大值出现在三种颗粒含量分别为 20%、40%和 60%时，堆积密实度实验值为 0.678，模拟值为 0.693，计算值为 0.711，其中，后两者与前两者的误差分别为 3.0% 和 4.9%。对于 0.22/0.25/0.53 的三元混合料（从细颗粒到粗颗粒的占比），得到最大堆积密实度实测值为 0.7945，而模型计算值为 0.7897，后者仅比前者小 0.0048。通过对三元混合颗粒堆积密实度的研究，结果表明修正后的 CPM 对三元混合颗粒也有很好的预测精度。图 5.16 为颗粒含量和堆积密实度的三角图。

4. 压实指数的确定

压实指数 K 的值取决于堆积过程，不同的操作方法对应不同的 K。然而受限于不同的实验条件，实验人员可能无法完全按照表 5.6 中的集中方式进行相同条件的实验，如果仍然采用表 5.6 中规定的数值，势必会导致模型计算结果出现误差。因此，在大多数情况下，表 5.6 中的数值仅为参考值，如果想得到更符合实验的 K，确定 K 很有必要。

表 5.6　三元混合颗粒堆积密实度

组别	颗粒含量/%			堆积密实度		
	1 mm	3 mm	6 mm	实验值	模拟值	计算值
1	20	20	20	0.649	0.669	0.686
2	20	40	40	0.678	0.693	0.711
3	20	60	60	0.653	0.674	0.688
4	20	80	80	0.645	0.664	0.681
5	40	20	40	0.62	0.641	0.646
6	40	40	20	0.649	0.666	0.676
7	40	60	80	0.633	0.657	0.668
8	40	80	60	0.641	0.662	0.672
9	60	20	60	0.645	0.662	0.672
10	60	40	80	0.632	0.649	0.662
11	60	60	20	0.653	0.673	0.686
12	60	80	40	0.634	0.653	0.664
13	80	20	80	0.645	0.667	0.674
14	80	40	60	0.638	0.655	0.674
15	80	60	40	0.621	0.637	0.65
16	80	80	20	0.658	0.683	0.687

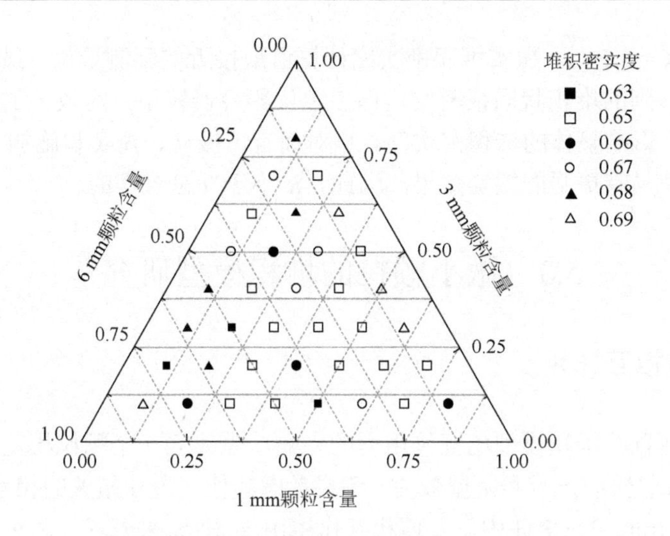

图 5.16　三元混合颗粒含量和堆积密实度图

以建议值（浇筑方式 $K=4.1$，振动加捣实方式 $K=9$）为基础对 K 进行调整，以期得到使堆积密实度实测值最接近计算值时的 K 值。实验组采用松装堆积密实度和振实堆积密度，K 取 4.1 和 9。对比实验值和模型值之差，使相对误差最小的 K 为适用于该操作的压实指数。

各种 K 对应的堆积密实度如图 5.17 所示。可以看出：

（1）当 $K=3.8$ 时，松装堆积密实度计算值最接近实际测量值。干堆积时，浇筑方式 $K=4.1$，棒捣方式 $K=4.5$，振动方式 $K=4.75$，在没有施加外力的情况下，各方式的 K 比较接近。

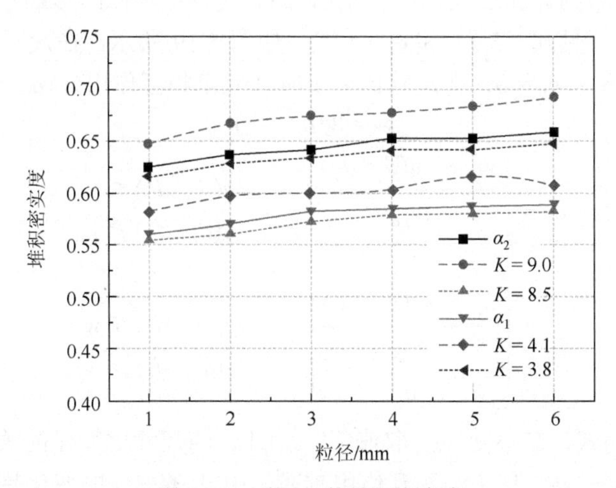

图 5.17　不同 K 的堆积密实度

（2）当 $K = 8.5$ 时，振实堆积密实度计算值最接近实际测量值。虽然使用振实密度仪测定得到的堆积状态很密实，但由于仪器容器较小，对较大的颗粒可能会有尺寸效应，影响整体的堆积密实度。相对而言，振动、捣实和施加 10 kPa 力的方式对大颗粒具有更强的振实效果，因此，K 小于 9 是合理的。

5.3 微小颗粒的堆积模型研究

5.3.1 几何相互作用

考虑几何颗粒堆积模型相互作用力的影响，先建立一个颗粒相互作用的表达式。不仅要考虑松动效应和附壁效应，还要考虑其他与尺寸相关的相互作用效应。

在 De Larrard 的 CPM 中，几何相互作用由 a_{ij} 和 b_{ij} 来表示。两个系数表达式的因变量为尺寸比 d_i/d_j，a_{ij} 和 b_{ij} 遵循一定的线性关系。d_i/d_j 是一个常数，大小为小颗粒粒径 d_i 除以大颗粒粒径 d_j 的比值，分布在 0 和 1 之间。假设粒径分为 n 个级别，d_1 表示粒径最大的级别，d_n 表示粒径最小的级别。当模型考虑 a_{ij} 时，尺寸比应使用 d_i/d_j，此时 i 粒级颗粒为占主要部分的大颗粒；而当模型考虑 b_{ij} 时，尺寸比应使用 d_i/d_j，此时 i 粒级颗粒为占主要部分的小颗粒。

如图 5.18 所示，当尺寸比小于 0.72 时，a_{ij} 比 b_{ij} 大。当尺寸比大于 0.72 时，b_{ij} 比 a_{ij} 大，说明此时附壁效应的作用大于松动效应的作用。对大颗粒含量为 70% 的二元混合料来说，当尺寸比减小时，主导颗粒粒级将会发生交叉变化。

这种交叉现象可能会导致模型中相互作用改变，为避免发生这种现象，此处重新定义 a_{ij} 和 b_{ij} 的计算公式。采用 Schwanda 模型中类似的形式［式（5-6）］，重新定义 a_{ij} 和 b_{ij}，见式（5.7）和式（5.8）。如图 5.19 所示，在尺寸比为 0 时（没有相互作用），$a_{ij} = b_{ij} = 0$；在尺寸比为 1 时（完全相互作用），$a_{ij} = b_{ij} = 1$。

$$w = \lg(d_i / d_w) \tag{5.6}$$

$$a_{ij} = \begin{cases} \dfrac{w_{0,a} - \lg(d_i / d_j)}{w_{0,a}} & \lg(d_i / d_j) < w_{0,a} \\ 0 & \lg(d_i / d_j) \geqslant w_{0,a} \end{cases} \tag{5.7}$$

$$b_{ij} = \begin{cases} \dfrac{w_{0,b} - \lg(d_j / d_i)}{w_{0,b}} & \lg(d_j / d_i) < w_{0,b} \\ 0 & \lg(d_j / d_i) \geqslant w_{0,b} \end{cases} \tag{5.8}$$

根据上述两式，在不同 $w_{0,a}$ 取值下，绘制 a_{ij} 随尺寸比变化的关系图。在尺寸比相同的情况下，$w_{0,a}$ 越小，相互作用越弱。由 4 条曲线的变化趋势可以看出，$w_{0,a}$ 和 $w_{0,b}$ 的取值将会影响相互作用的大小。

在上述提出的相互作用方程中，$w_{0,a}$ 和 $w_{0,b}$ 可以被定义为函数。通过定义函数，使得后续研究可以考虑由不同形貌颗粒产生的相互作用和由表面力产生的额外相互作用。这里，w_0 的表达式为

$$w_0 = f_{\text{int}}(d_i, d_j) \cdot f_{\text{shape}} \qquad w_0 \geqslant 0 \tag{5.9}$$

式中，参数 f_{shape} 为形貌参数，其值取决于 i 粒级颗粒的形貌特征。在本节中，形貌对堆积密实度的影响并不作为直接研究因素，并假设所有粒径颗粒的形状基本相同，因此定义形貌参数 $f_{\text{shape}} = 1$。换言之，形状因素只是隐含地通过各粒级颗粒的堆积密实度被考虑了。关于颗粒形貌对堆积密实度的影响，学者 Stark 和 Muller 做了相关研究。在式（5.8）中，参数 f_{int} 为相互作用参数，用于描述颗粒间的相互作用力，5.3.2 节将会详细说明此参数。另外，在未来研究中，式（5.8）还可能被拓展为考虑多方面因素的形式，如考虑塑化剂对堆积密实度的影响。

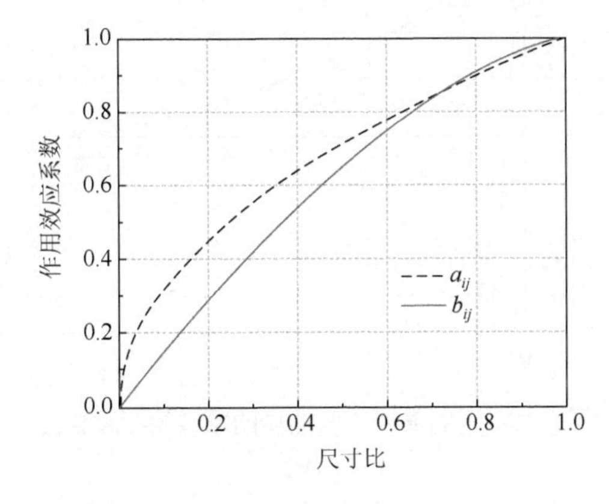

图 5.18　作用效应系数与尺寸比的关系

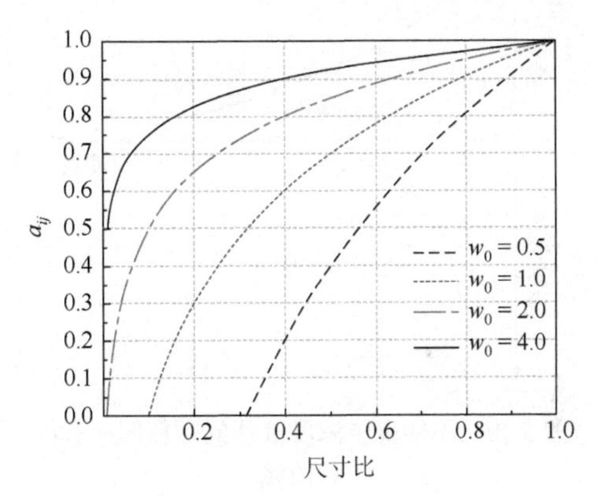

图 5.19　a_{ij} 随尺寸比的变化趋势

5.3.2　表面力的相互作用

1. DLVO 理论

如前所述，对小颗粒而言，颗粒间的表面相关力将会增加且可能超过自身的重力。因此，表面合力的大小决定了颗粒相互吸引或相互排斥的程度。在胶体系统里，应用最广泛的颗粒作用力理论是 DLVO 理论。DLVO 理论由 Derjaguin 和 Landau 于 1941 年、Verwey 和 Overbeek 于 1948 分别提出。该理论认为在一定条件下胶体颗粒能否稳定存在，取决于胶粒之间相互作用的势能。颗粒间的总势能等于范德瓦耳斯作用势能和双电层引起的静电作用势能之和。在材料中范德瓦耳斯力是吸引力，它源于原子和分子电偶极子的相互作用。偶极子的吸引力取决于

原子、分子的类型和颗粒的距离。在微米级颗粒的胶体系统中，范德瓦耳斯吸引力可以比重力大 100 万倍。因此，在微小颗粒的堆积模型中，这种力会对颗粒结构产生不可忽视的影响。

根据 DLVO 理论，分散的稳定性由范德瓦耳斯吸引力和静电排斥力的能量决定。当混合物中的颗粒相互靠近时，双电层相互影响。每层离子重新定位，系统的自由能增加，引起颗粒间的排斥力。同时，吸引能与颗粒间距离成反比的规律增强。图 5.20 是不同离子浓度液体的颗粒间距和能量曲线。图 5.21 是不同离子浓度液体的颗粒间距和合力曲线。对小颗粒而言，颗粒间距较小时，吸引力占主导作用；颗粒间距较大时，排斥力占主导作用。

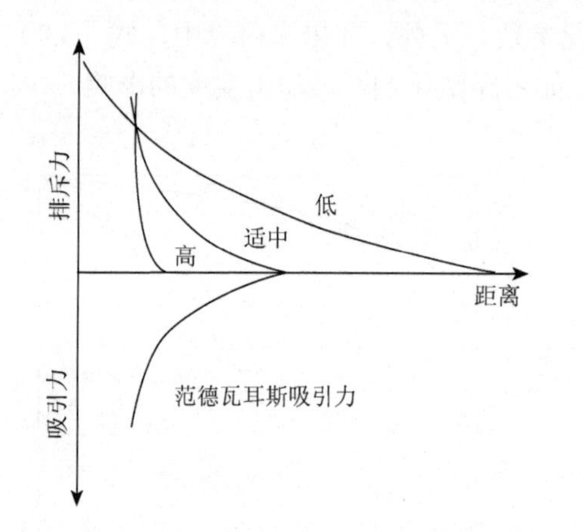

图 5.20　不同离子浓度液体的颗粒间距和能量曲线

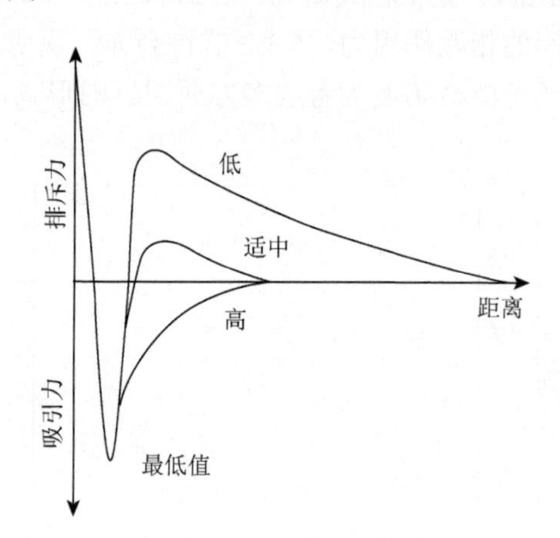

图 5.21　不同离子浓度液体的颗粒间距和合力曲线

2. 离散单元法模拟

1）表面力的施加

为了研究表面相关力对堆积密实度和混合料的颗粒结构的影响，使用离散单元法软件 EDEM 进行模拟。由于 EDEM 软件基于 Hertz-Mindlin 接触模型运行，为了能按 DLVO 理论进行颗粒团聚效应的研究，软件应该使用新的接触模型。颗粒间的相互作用非常复杂，不同学者对其进行了相关研究，对微米、近亚微米尺度的细颗粒间相互作用过程的显微观察发现，细颗粒间具有吸引-旋绕-排斥的相互作用。传统模型为包含范德瓦耳斯力、静电库仑力和电像力的传统颗粒间作用力模型。本节采用简化的颗粒间作用力模型，以式（5.10）的形式计算，应用接触模型可以计算黏聚力是否作用于颗粒。

$$F_{adh} = F_{el} - F_{vdw} \tag{5.10}$$

作用于颗粒上的黏聚力合力 F_{adh} 由静电排斥力 F_{el} 和范德瓦耳斯吸引力 F_{vdw} 构成。当一个颗粒接近另一个颗粒时，可以计算施加在两者上的力。根据 Flatt 的研究，范德瓦耳斯吸引力由式（5.11）表达：

$$F_{\mathrm{vdw}}=\frac{1}{6}A(S)\left[\frac{(d_1d_2)/(d_1+d_2)}{2s^2}+\frac{d_1+d_2}{2d_1d_2}-\frac{1}{S}\right] \tag{5.11}$$

式中，$A(S)$为 Hamaker 因子；

d 为颗粒直径；

s 为两个颗粒间的距离。

Hamaker 因子与颗粒的材料和颗粒间分隔的距离有关。Flatt 研究了一些材料的 Hamaker 因子，得出相关的计算公式。

静电力根据式（5.12）计算：

$$F_{\mathrm{el}}=\frac{Q^2}{4\pi\varepsilon_0\left[2(z+s)\right]^2} \tag{5.12}$$

利用 EDEM 软件的 API 可以编写和编译自定的颗粒体力插件。EDEM 的颗粒体力插件可以用支持 C 语言调用协议的语言来编写。颗粒体力插件由.dll 库文件及一个可选的.txt 文件组成。用户可根据需求对.txt 文件进行编辑设置。此模型使用的自定义颗粒属性文件用 C ++ 编写，编译给 EDEM 使用，相互作用力以颗粒体力的形式执行。

2）EDEM 模拟粗颗粒

为了研究团聚颗粒对堆积密实度和混合颗粒结构的影响，本节基于离散单元软件进行模拟，并对比使用新的黏结接触模型和未使用黏结接触模型的计算结果。本节研究没有黏结接触的毫米级别粗颗粒。5.3.3 节将研究微小颗粒的颗粒结构和堆积密实度。

用软件在容器中随机生成区间在[0.8 d, 1.2 d]的颗粒，每组球体平均直径的变化区间为 2～10 mm，变化幅度为 1 mm。球体只受重力压实，形成的颗粒结构为松散堆积结构。由软件可以得到所有球体的体积和位置信息。使用软件可以很直观看到颗粒结构，图 5.22 为 4 mm 和 10 mm 球体混合堆积的颗粒结构图。此外，应用数值模拟方法还能研究整体堆积密实度和局部堆积密实度。整体堆积密实度是指在整个容器中，单位体积中颗粒所占的体积。局部堆积密实度是指在某层厚度 δ 里，单位体积中颗粒所占的体积。如果一个容器有 50 mm 高，分成 50 层，每层 1 mm，这样就可研究附壁效应的影响。图 5.23 为两组颗粒组合附壁距离的密实度变化图，由图 5.23 可知，附壁效应对单一粒径组颗粒堆积密实度的影响比对混合粒径组的影响大。当颗粒靠近壁面时，颗粒排列是有序的；当颗粒距离壁面为 0.5 d 时，局部堆积密实度增大；当颗粒距离壁面为 d 时，局部堆积密实度减小。这种效应还存在于单一粒径的 4 种粒径颗粒中。当颗粒有更广的尺寸分布时，这种效应则会减弱。

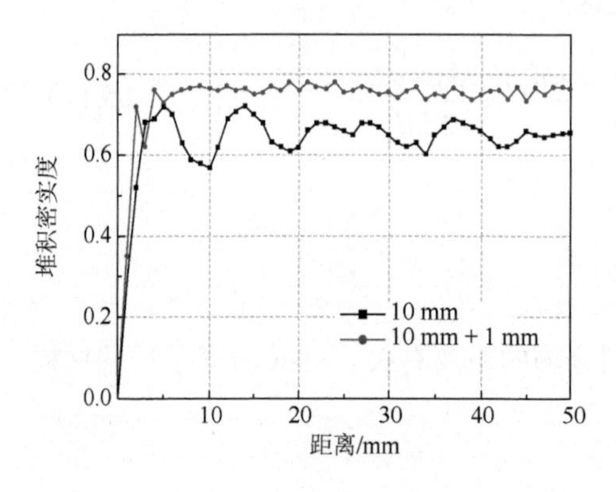

图 5.22　不同颗粒组合附壁距离的堆积密实度变化图

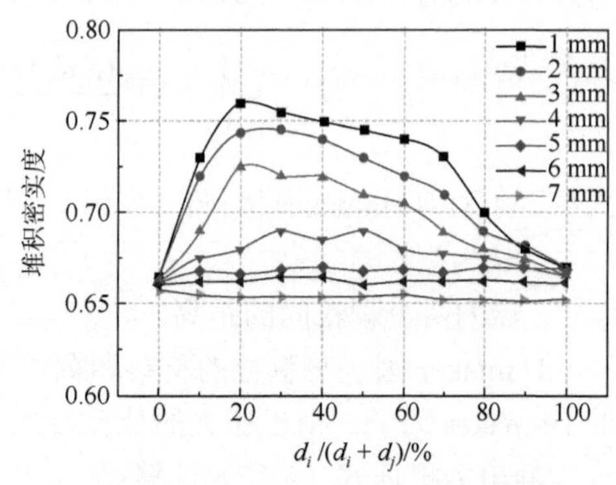

图 5.23　二元混合物尺寸比与堆积密实度

为了减小模拟中的容器四周的附壁效应，模拟采用充分大的容器，并采用虚拟边界。离开容器的球体会从另一面进入，在容器壁设置相同的属性。

几种不同混合料的整体堆积密实度由图 5.23 表示。每组混合料中的大颗粒均为粒径为 10 mm 的球体，小颗粒为粒径从 1 mm 到 7 mm 变化的球体。每种尺寸比的大颗粒的含量变化幅度均为 10%。图 5.25 表明，大尺寸比的颗粒相互作用比小尺寸比的颗粒大。此外，大尺寸比混合料的最大堆积密实度出现在大颗粒体积含量较少的组别中。粒径为 10 mm 的球体颗粒的堆积密实度为 0.654；10 μm 的球体颗粒的堆积密实度为 0.464。

3）模拟小颗粒

为了研究团聚颗粒对堆积密实度和混合颗粒结构的影响，使用基于黏结接触模型的离散单元法软件模拟微小颗粒堆积，研究毫米级别颗粒与微米级别团聚颗粒堆积密实度和混合料的颗粒结构。用软件在容器中随机生成区间在[0.8 d, 1.2 d]的颗粒，球体的平均直径为 10 μm。模拟得到的两者的堆积密实度分别为 0.464 和 0.654。此外，为了研究附壁效应和松动效应，还模拟粒径为 5 μm 和 20 μm 的混合球体颗粒。在模拟过程中，小颗粒既会相互团聚，也会附着在大颗粒上。

图 5.24 和图 5.25 显示了这种相互作用效应。与毫米级别颗粒相反，微米级别颗粒的最大堆积密实度出现在大颗粒含量较低的时候。这是因为小颗粒的团聚引起松动效应的增强，团聚颗粒不能像大颗粒那样紧密堆积。另外，由于吸引力作用，当大颗粒吸引较小颗粒时，微小颗粒会有序地靠着在大颗粒的壁面，这种有序性会减小附壁效应。

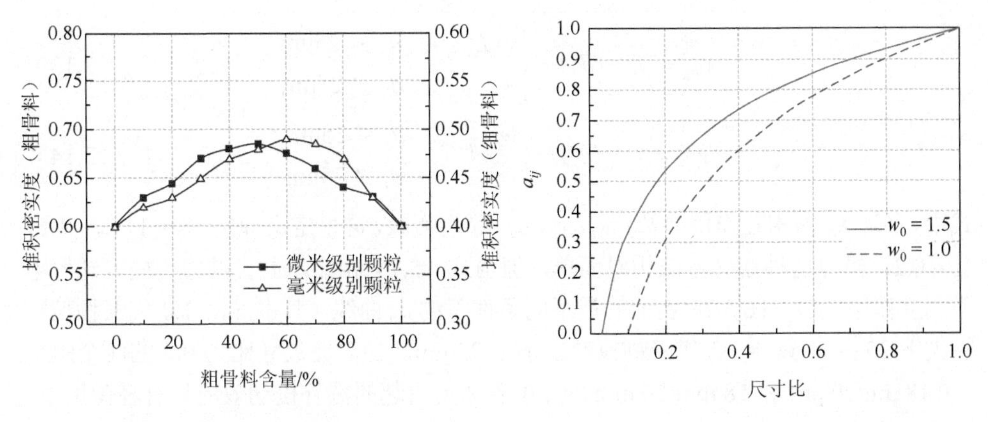

图 5.24　堆积密实度属性图　　图 5.25　尺寸比和松动效应系数的关系

3. 相互作用力

对于粒径小于 125 μm 的颗粒而言，表面力的影响会超过重力的影响，从而形成团聚效应。压实能量或搅拌过程会对团聚效应产生影响。假定堆积模型中的颗粒结构是随机形成的，那么局部相互效应会扩散为整体相互效应。图 5.26（b）与图 5.26（c）（大颗粒表面黏附着小颗粒）相比，大颗粒被旁边空隙里的团聚小颗粒推开。如果小颗粒没有充分填充大颗粒间的空隙，小颗粒就会产生团聚效应，从而增强附壁效应。这两种附加的松动效应取决于混合料中小颗粒的数量，这与原模型中的松动效应与尺寸比相关是对应的。

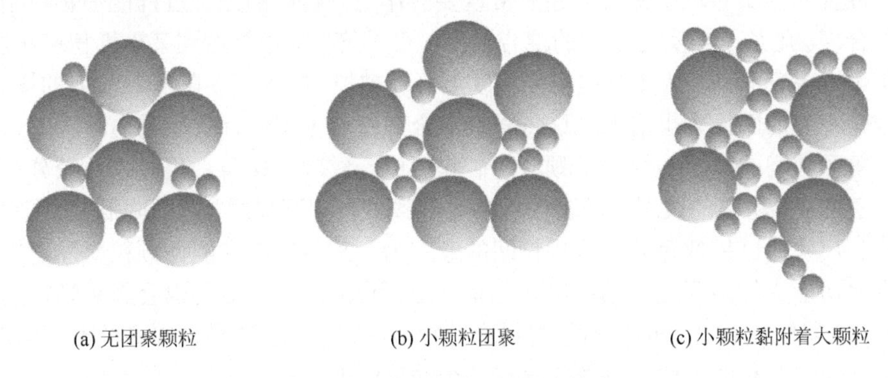

(a) 无团聚颗粒　　(b) 小颗粒团聚　　(c) 小颗粒黏附着大颗粒

图 5.26　团聚效应下的松动效应

另外，团聚的小颗粒也受到大颗粒的影响，只是对于自身内部堆积密实度的影响并不显著。小颗粒的黏附会导致大颗粒附近的堆积密实度变大。这些效应会导致原来与尺寸比相关的附壁效应减弱。为了在模型中实现这些效应，将式（5.11）改写为式（5.13）和式（5.14）。

$$w_{0,a} = f_{\text{int},a}(d_j) = \begin{cases} w_a L_a & d_j < 25\mu\text{m} \\ w_a & d_j \geqslant 25\mu\text{m} \end{cases} \tag{5.13}$$

$$w_{0,b} = f_{\text{int},b}(d_i) = \begin{cases} w_b L_b & d_i < 25\mu\text{m} \\ w_b & d_i \geqslant 25\mu\text{m} \end{cases} \tag{5.14}$$

式中，参数 f_{int} 为相互作用参数；w_a、w_b、L_a、L_b 为常数，这里定义 $w_a = w_b = 1$，$L_a = 1.5$，$L_b = 0.2$。虽然这种定义方法相对简单，但与式（5.7）相比，上式以另一种方式考虑了相互作用效应。图 5.25 展示的是不同条件下的 a_{ij} 曲线，其中 $w_0 = 1.0$ 代表颗粒粒径大于 25 μm，$w_0 = 1.5$ 代表颗粒粒径小于 25 μm。当对比尺寸比为 0.9 的两个组合（如 18 μm/20 μm 和 18 mm/20 mm）时，由表面力引起的额外松动效应只有轻微增加，如图 5.25 所示。这是相对合理的，因为大尺寸比的两组颗粒在尺寸上非常相似，会表现出相同的趋势。对于粒径为 20 μm 和 5 μm 的混合颗粒组别，松动效应较为明显，小颗粒更容易团聚，如图 5.26 所示。此外，在较低尺寸比（小于 0.1）和可忽略表面力情况（$w_0 = 1$）下，加小颗粒不会增大松动效应。但是，1 μm 的颗粒可以团聚或黏附于大颗粒（如 20 μm）上而增大松动效应。因此，$w_{0,a}$ 的增大导致尺寸比的作用范围增大，从而松动效应影响堆积密实度。

5.3.3 压实作用

1. 颗粒结构的变形

混合和压实对堆积密实度起非常重要的作用。良好的混合过程能使颗粒结构更加合理。施加了振实能量后的混合料堆积变得密实，最终达到某一堆积密实度。如果不考虑表面力，压实过程很大程度上可以被控制。然而，随着表面力的增大，混合颗粒间的摩擦力也增大，这将导致混合和压实过程的有效性减小。

粗颗粒间的摩擦力取决于颗粒的矿物组成、纹理、棱角、尺寸、粒径分布和堆积密实度。粗糙的纹理和较多的棱角会导致颗粒相互嵌固，因而降低剪切形变。棱角和尺寸通过扩散距离影响颗粒间的摩擦力，扩散距离指能使颗粒解除自锁、发生剪切形变的层厚度。颗粒尺寸分布会使颗粒间相互接触，也会影响颗粒间摩擦力。密级配混合料的单位质量材料含有较多的接触面，这导致较高的剪切强度。断裂级配混合料的单位质量材料含有较少的接触面，这导致较低的剪切强度。有较高密实度的混合料，颗粒有较小的空间去旋转和调整自身位置，变形会减小，因此高堆积密实度会增加颗粒间摩擦力和剪切强度。

对粗颗粒而言，松散堆积密实度、压实堆积密实度和虚拟堆积密实度三者之间存在一定的关系。施加了较高的压实能量后，剪切变形会使颗粒堆积更紧密。虽然棱角颗粒实验组数据与模型计算数据存在一定的误差，但总体而言，CPM 定义的压

实指数 K_t 能很好地代表压实作用的大小。当某种混合或压实能量施加到混合物上时，大颗粒会移动自身位置到其他地方。然而，对含有小颗粒的混合料而言，表面力会增加颗粒间摩擦力。压实能量并不足以克服表面吸引力，颗粒仍然团聚且没有压实。这表明，对小颗粒而言，K_t 的计算、K_t 对堆积密实度的影响都应该被修正。

2. 实现

在 CPM 中，K_t 是实际堆积密实度 α_t 和虚拟堆积密实度 β_t 之间的桥梁。根据式（2.15），当 K_t 越大时，α_t 就越接近 β_t。对单一粒径的颗粒，$K_t = K_i$，为常数。对二元混合物，$K_t = K_1 + K_2$，这里 K_t 为常数，K_1 为粒径为 10 mm 的颗粒的压实指数，K_2 为粒径为 4 mm 的颗粒的压实指数，K_t 由式（5.15）计算：

$$K_t = \sum_{i=1}^{n} K_i = \sum_{i=1}^{n} \frac{r_i / \beta_i}{1/\alpha_t - 1/\beta_{ti}} \tag{5.15}$$

如图 5.27 所示，虽然混合料的总的压实指数 K_t 为常数，但是在压实指数较大的情况下，K_i 和 K_j 的曲线会突然交叉。一般地，压实指数对主导粒级颗粒的影响最大。在图 5.27 中，当大颗粒含量较高（60%～65%以上）时，K_1 大于 K_2。K_t 越大，这种现象越明显。当 K_t 趋于∞时，非主导粒级颗粒的 K_i 趋于 0。与主导粒级颗粒相比，施加在非主导粒级颗粒上的振实能量对堆积密实度的作用不明显。

如前所述，为了使表面力相互作用和压实作用相结合，应该考虑图 5.27 中的效应。K_t 对不易压实的小颗粒有较小影响，而对容易压实的大颗粒有较大影响。对二元混合料堆积而言，意味着 K_2 会变小，而 K_1 会变大。为了考虑这种效应，De Larrard 使用了更一般的形式对式（5.15）进行描述，并提出了式（5.16）和式（5.17）。

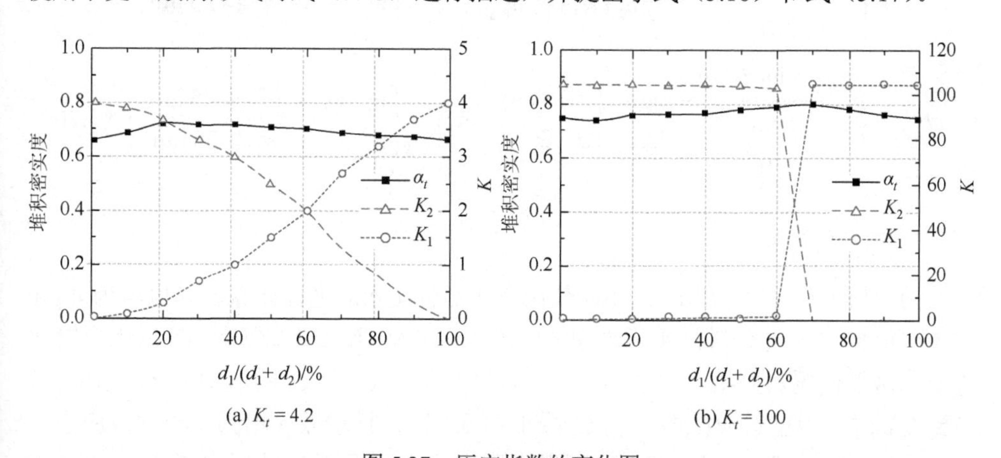

(a) $K_t = 4.2$　　(b) $K_t = 100$

图 5.27　压实指数的变化图

$$K_t = \sum_{i=1}^{n} K_i = \sum_{i=1}^{n} \frac{\varphi_i / \varphi_i^*}{1 - \varphi_i / \varphi_i^*} \tag{5.16}$$

$$\varphi_i^* = \beta_i \left\{ 1 - \sum_{j=1}^{i=i-1} \left[1 - b_{ij} \left(1 - \frac{1}{\beta_j} \right) \right] \varphi_j - \sum_{j=i+1}^{n} \frac{a_{ij}}{\beta_j} \varphi_j \right\} \tag{5.17}$$

上述公式中，φ_i 为第 i 粒级颗粒的实际固体体积，而 φ_i^* 为当有其他粒级颗粒存在时第 i 粒级颗粒可能占有的最大体积。这样，φ_i 总是比 φ_i^* 小。为了使 K_2 相对变小，φ_2 / φ_2^* 应该变小，而 φ_1 / φ_1^* 应该变大。为了将模型的压实能量表示为变量，此处使用式（5.16）替代式（5.15），将 φ_i / φ_i^* 重写为式（5.18）：

$$\frac{\varphi_i}{\varphi_i^*} = \frac{\gamma_i}{\left\{ 1 - \sum_{j=1}^{i-1} \left[1 - b_{ij,c} \left(1 - \frac{1}{\beta_j} \right) \right] \gamma_i \alpha_t - \sum_{j=i+1}^{n} \frac{a_{ij,c}}{\beta_j} \gamma_j \alpha_t \right\} \beta_i} \tag{5.18}$$

使用式（5.18）代替式（5.15），提供了增加松动效应 $a_{ij,c}$ 和减少附壁效应 $b_{ij,c}$ 的可能性。在二元混合料中，$b_{ij,c}$ 的减小会使 φ_i^* 增加，φ_2 / φ_2^* 减小会降低 K_2 。反过来，$a_{ij,c}$ 增加会使 φ_i^* 减小，φ_1 / φ_1^* 增大会提高 K_2 。式（5.19）和式（5.20）分别定义了 $a_{ij,c}$ 和 $b_{ij,c}$，式中的 C_a 和 C_b 表示常数，这里分别取 1.5 和 0.2。需要注意的是，这样使用变量压实指数时，式（5.7）、式（5.8）、式（5.13）和式（5.14）中的 a_{ij} 和 b_{ij} 与式（5.19）和式（5.20）中的 $a_{ij,c}$ 和 $b_{ij,c}$ 并不相同。另外，φ_i 总是比 φ_i^* 小，所以如果式（5.20）中的 C_b 小于 1，则 C_b 的最小值取决于 L_b 和 C_a。当 C_b 太小时，最终的实际堆积密实度会超过虚拟堆积密实度，但这是不可能的。为了防止这种情况发生，当 C_a 小于 L_a、C_b 小于 L_b 时，应注意两者的取值。

$$a_{ij,c} = \begin{cases} \dfrac{w_{0,a} - \lg(d_i / d_j)}{w_{0,a}} & \lg(d_i / d_j) < w_{0,a} \\ 0 & \lg(d_i / d_j) \geqslant w_{0,a} \end{cases} \quad w_{0,a} = \begin{cases} w_a \cdot C_a & d_j < 25\ \mu\text{m} \\ w_a & d_j \geqslant 25\ \mu\text{m} \end{cases} \tag{5.19}$$

$$b_{ij,c} = \begin{cases} \dfrac{w_{0,a} - \lg(d_j / d_i)}{w_{0,b}} & \lg(d_j / d_i) < w_{0,b} \\ 0 & \lg(d_j / d_i) \geqslant w_{0,b} \end{cases} \quad w_{0,b} = \begin{cases} w_b \cdot C_b & d_i < 25\ \mu\text{m} \\ w_b & d_i \geqslant 25\ \mu\text{m} \end{cases} \tag{5.20}$$

3. 压实值的影响

为了研究变量 C_a 和 C_b，在此使用修正后的 CPM 进行计算。模拟组为 4 μm 和 10 μm 的二元混合料，实际堆积密实度 $\alpha_i = 0.6$，压实指数 $K_t = 4.1$ 。为了对比方便，这里设置对照组，并假定 w_a、w_b、L_a、L_b、C_a 和 C_b 的值均为 1。当 C_b 减小到 0.2 时，附壁效应减弱；当 C_a 减小到 0.2 时，松动效应增强。松动效应会导致 K_1 增大和 K_2 减小。图 5.28 表明考虑压实-相互作用效应的压实指数 K_2 总是大于或等于没有考虑该效应的 K_2 。K_t 的值越大，则对 K_1 和 K_2 的效应越明显。对于 K_2 而言，从 $K_t = 100$ 到 $K_t = 4.2$ ，压实效应对小粒径的作用效果相对弱化。

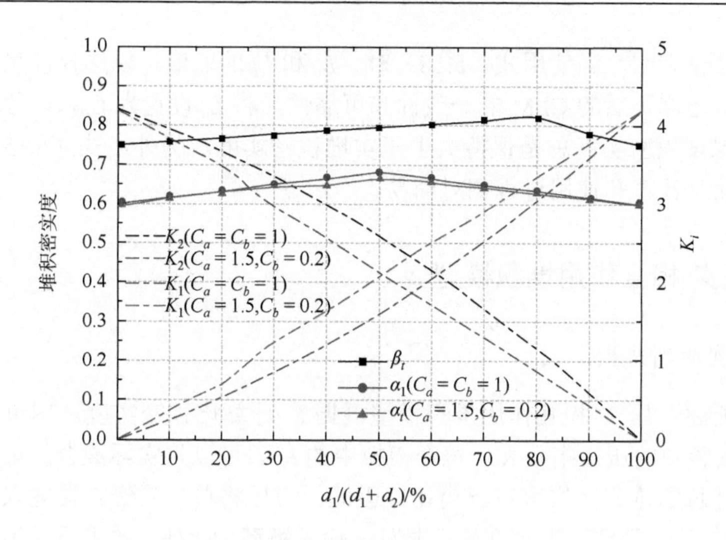

图 5.28　二元混合料的 K_1 和 K_2

改变 C_a 和 C_b 会降低压实指数 K_t 对小颗粒的效果。图中对照组是由直径为 4 μm 和 10 μm 的颗粒组成的二元混合料，$\alpha_i=4.1$，$K_t=4.2$，$L_a=L_b=C_a=C_b=1$；变量组为 $L_a=L_b=0.5$ 和 $L_a=L_b=1.5$，而 C_a 和 C_b 为常数。图 5.29 表明，每种模拟最后的堆积密实度是相同的。这个例子说明，压实-相互作用效应仅由式（5.18）中的系数 $a_{ij,c}$ 和 $b_{ij,c}$ 决定，而不受 L_a 和 L_b 的影响。从式（5.16）和式（5.18）中可以得出结论，α_t 仅由混合物的组成和压实指数 K_t 决定，与 β_{ti} 无关。

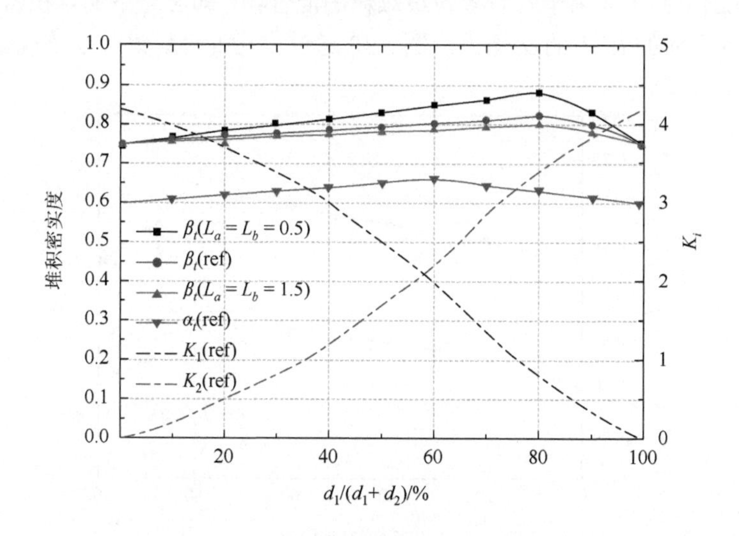

图 5.29　二元混合料堆积密实度的变化

这个结论表明，当使用式（5.18）时，L_a 和 L_b 的取值可以选择任意大于 0 的值。为了保持修正后的 CPM 的一致性和可靠性，将 L_a 设置为 C_a，L_b 设置为 C_b。这样，虚拟堆积密实度总是保持大于压实堆积密实度。另外，式（5.15）仍然是有效的，而且计算和使用过程相对简易。

5.3.4　压实-相互作用堆积模型

1. 从实验到建模

如前所述，压实-相互作用堆积模型根据 K_t 计算堆积密实度。用单一粒级的粗颗粒，实验中的压实指数 K_{exp} 符合模拟中的 K_t，可以将实际混合料堆积密度与根据模型计算的堆积密实度进行对比。因此，可以将单一粒级直接输入模型中。设 $K_{\text{exp}} = K_t$，测量堆积密实度 α_{exp} 作为 α_i 输入模型。此外，如果需要不同压实指数下的堆积密实度，可以使用式（5.21）重新计算堆积密实度。

然而，小颗粒的粒径分布通常范围较广，不能由单一的粒径表示。这样，填料的测量堆积密实度符合混合料的总的堆积密实度。总的堆积密实度由含有不同粒级颗粒的填料计算而得[11]。所以，当不能将粒径分布范围较广的材料的参数直接输入模型中时，应按下述方法解决：

$$\beta_i = \left(1 + \frac{1}{K_{\text{exp}}}\right)\alpha_i = \left(1 + \frac{1}{K_t}\right)\alpha_t \tag{5.21}$$

式（5.21）并不适用于含有多粒级颗粒的混合物，即 K_{exp} 下的堆积密实度 α_{exp} 与多粒级混合料的 K_t 下的 α_t 无关。图 5.30 通过二元混合料说明了该现象。

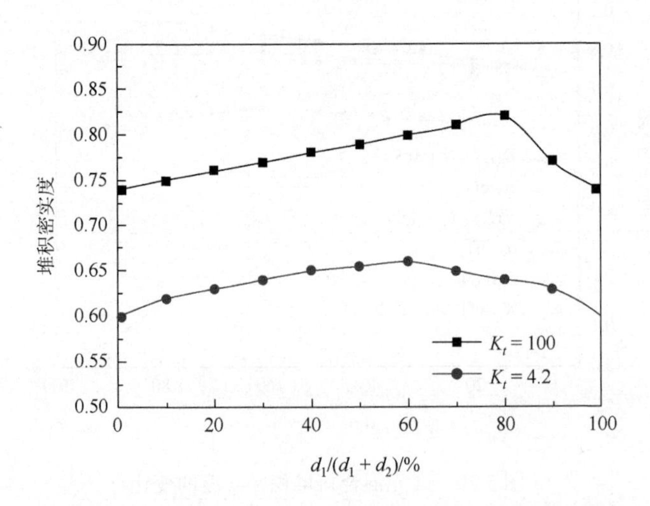

图 5.30　二元混合料的 $K_t = 4.2$ 和 $K_t = 100$ 的堆积密实度属性

水泥材料或其他有含多粒级颗粒的填料，粒度分布容易达到 $d_{min}/d_{max} = 0.01$。在多数情况下，这些材料的实验堆积密实度取决于材料组而非颗粒粒级。这样，材料的测量堆积密实度 α_{exp} 便可作为参数输入修正后的 CPM 中，因为修正模型需要各粒级颗粒的堆积密实度。这对修正模型很重要，因为在这种情况下模型就可以考虑表面力相互作用。K_{exp} 为施加在总混合料上的实验压实指数，对于粒径小于 25 μm 的组别而言，K_{exp} 对小颗粒的压实效果不如 K_{exp} 对大颗粒的压实效果。另外，已知各粒级颗粒的 α_i 则可以得到 α_t，通过使用修正后的 CPM 可以反向求得各 α_i，这些 α_i 与没有考虑压实-相互作用的 α_i 是不同的。例如，石英粉 M300 的（$\alpha_{exp} = 0.551$，$K_{exp} = 11$）反向计算过程：根据粒径分布，石英粉被分为 8 组粒径，假定各粒级的 α_i 值相等，根据 $\alpha_t = 0.551$ 和 $K_t = 11$ 计算 α_i，使用考虑压实-相互作用的修正模型（$L_a = C_a = 1.5$，$L_b = C_b = 0.2$），得到 $\alpha_i = 0.402$。而没有考虑小颗粒压实-相互作用情况（$L_a = C_a = L_b = C_b = 1$）得到的 $\alpha_i = 0.432$。前者明显小于后者。因此，对于多粒级材料，应该将 α_i 视为取决于模型本身的参数。因为修正模型是假设某材料的粒径为常数 α_i，在模型中使用 α_i 很重要。如果某材料所有粒级颗粒的 α_i 不是常数，那么压实-相互作用应该以另一种方式进行修正。

2. 输入参数

使用修正后的 CPM 时，使用较多的粒级能提高预测精度，但前提是粒径测量方法是可行的，特别是对于颗粒粒径分布有重合的材料。另外，粒级的增加会减慢计算过程，这对单一粒级混合料没有影响，但对多元混合料优化方法却很重要。这里，建议将材料粒级按尺寸比为 0.5～0.9 进行分组。另外，修正后的 CPM 中材料组的 α_i 为常数。模型根据已知的粒径分布求出各粒级的常数 α_i，并令 $\alpha_t = \alpha_{exp}$。这样，输入参数只取决于实验数据，而用户不需要知道颗粒相互作用。

3. 压实-相互作用值

修正后的 CPM 为原 CPM 额外的一个模块。它是基于相互作用和摩擦力效应，由离散单元法数值模拟发展而来的。式（5.19）和式（5.20）中的相互作用系数由前文章节中的实验值得到，最终值为 $w_a = w_b = 1$、$L_a = C_a = 1.5$、$L_b = C_b = 0.2$。骨料 $w_a = w_b = 1$ 可以由 De Larrard 的实验值验证。与 CPM 对比，修正后的 CPM 对小颗粒的堆积密实度预测结果较好。实验数据与修正模型相比，平均误差为 2.1%。

不同组合石英粉的堆积密实度计算结果表明，在实现压实-相互作用模块（$w_a = w_b = 1$、$L_a = C_a = 1.5$、$L_b = C_b = 0.2$）时，模型的准确度会提高。这说明，修正将平均误差从 3.8%降低到 1%，将最大误差从 6.4%降低到 1.8%。

$$w_{0,a}=\begin{cases} w_a+k\left(\dfrac{d_{ci}-d_j}{d_{ci}}\right) & 0<d_j<d_{ci} \\ w_a & d_j\geqslant d_{ci} \end{cases} \tag{5.22}$$

在修正后的CPM中，堆积密实度、颗粒粒径分布、压实效应和表面力相互作用都被考虑了。材料特性，如颗粒形貌和表面纹理等，间接地隐含于测量堆积密实度。材料表面纹理和颗粒形貌等变量会降低本节修正后的CPM的准确度。本节并没有考虑塑化剂对相互作用和堆积密实度的影响，不同类型的塑化剂可能会导致式（5.19）和式（5.20）中的相互作用常数、d_i和d_j发生变化，这样便可用类似于式（5.22）的公式代替式（5.19）和式（5.20）对相关效应进行考虑，其中d_{ci}为考虑压实-相互作用的边界直径。因此，颗粒粒形和PCE对小颗粒堆积密实度的影响仍然是有待研究的方向，在此方面可以进一步优化模型。

5.4　新拌自密实混凝土颗粒系统的模拟仿真研究

5.4.1　离散单元模型

在建立新拌自密实混凝土数值模型[9]时，一般有两种假设：①新拌自密实混凝土为连续体；②新拌自密实混凝土为不连续体，即新拌自密实混凝土是离散的。当假设新拌自密实混凝土为连续体时，计算过程得到了简化，但是模型的材料属性选择及评价变得复杂，而且在大变形的条件下，边界条件难以设定。连续性假设往往存在着局限性，不能较好地处理新拌自密实混凝土的不均匀性问题。而离散单元模型可以解决颗粒间的相互作用和大变形流动问题，因此更适用于模拟新拌自密实混凝土。

混凝土是由水、粉体材料、细骨料、粗骨料和空气等多种材料组成的一种非匀质连续混合材料，与一般的离散固体颗粒群具有本质区别[10]。综合考虑现阶段计算机的计算水平及离散元法的计算能力和计算效率，本章将新拌自密实混凝土看作由粗骨料和砂浆组成的材料，分别采用具有不同材料属性的两类颗粒进行表征，如图5.31所示。

5.4.2　拌和实验与模拟

拌和是指通过外力把两种或两种以上的组分制作成均匀的拌和物的过程。拌和是混凝土制备中的重要过程，拌和物的均匀程度会极大地影响硬化混凝土的性能。保证混凝土拌和物的均匀性是提高混凝土质量的前提。采用实验和数值模拟

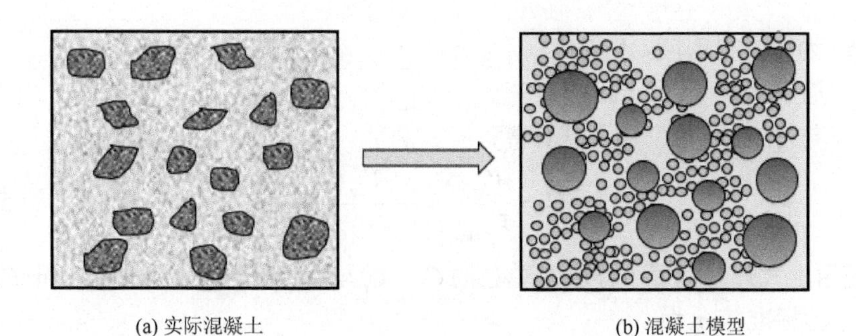

(a) 实际混凝土　　(b) 混凝土模型

图 5.31　混凝土离散元模型

相结合的方法，可以由实验得到实际拌和结果，还可以由数值模拟得到材料组分在拌和过程中的运动和受力信息，有助于详细地研究混合料的拌和过程。

通常，材料组分有粉粒体和黏塑性体两种。粉粒体是粉体或者颗粒不连续体，力学特性为弹性，变形性能较低。黏塑性体为不特定的连续体，力学特性为黏塑性，变形性能较高。混凝土是由这两种材料组成的复合材料。

拌和作用主要分为随机扩散作用和捏合作用。对离散固体的粉粒体而言，拌和过程的剪切力较小，拌和作用为随机扩散作用。对黏塑性体而言，变形的剪切力较大，拌和作用为捏合作用。

拌和指数是表征材料拌和后状态的指标，用拌和物中目标粉粒体的体积比率标准差 σ 和完全分离状态的成分偏差 σ_0 的比率来表示，见式（5.23）。拌和状态不均匀时，拌和指数 I 接近 1；拌和状态良好时，拌和指数 I 接近 0。

$$I = \frac{\sigma}{\sigma_0} \tag{5.23}$$

对于由多种材料组成混凝土的复合材料，在计算拌和指数时，将混凝土分解成浆体和粉粒体（粗骨料）两种成分。混凝土的拌和指数由下述方法进行测定和计算。

从拌和好的混凝土里取 N 个样本，称量各样本混凝土重量 $w_{c,i}$，然后把各样本混凝土里的砂浆用流水冲洗，保留样本里的粗骨料，再称粗骨料的重量 $w_{ag,i}$，样本里的混凝土体积 V_{ci}、粗骨料体积 $V_{ag,i}$、粗骨料体积比率 $V_{ag,i}$ 用下列公式计算：

$$V_{ci} = w_{c,i} / \rho_c \tag{5.24}$$

$$V_{ag,i} = w_{ag,i} / \rho_{ag} \tag{5.25}$$

$$V_{\text{pack},i} = (1-e) \times V_{ci} \tag{5.26}$$

式中，ρ_c 为混凝土密度，kg/m^3；

ρ_{ag} 为粗骨料密度，kg/m^3；

e 为空隙率，量纲一。

$V_{ag,i}$与$V_{ag,i}$的比值C_i由下式计算：

$$C_i = \frac{V_{ag,i}}{V_{\text{pack},i}} = \frac{V_{ag,i}}{(1-e)\times V_{ci}} \tag{5.27}$$

使用上式计算，每个样品有单独的C_i。C_i与设计配合比粗骨料装满时的体积比率C_p的标准差σ为

$$\sigma = \sqrt{\frac{1}{N}\sum_{i=1}^{N}(C_i - C_0)^2} \tag{5.28}$$

$$C_0 = \frac{V_{ag}}{(1-e)\times V_c} \tag{5.29}$$

假定在完全分离状态下，式（5.28）中的C_i等于 1 或者 0，可以推导出σ_0为

$$\sigma_0 = \sqrt{C_0 \times (1 - C_0)} \tag{5.30}$$

混凝土的拌和指数I是按式（5.28）得到的σ和式（5.30）得到的σ_0的比率。拌和材料分离时，拌和指数I接近 1；拌和状态良好时，拌和指数I接近 0。

1. 实验方案

拌和实验方案如图 5.32 所示。根据日本学者小原孝之的混凝土拌和实验方案：首先用砂浆搅拌机拌和砂浆，表 5.7 为砂浆配合比。使用粒径为 6 mm、单颗质量为 0.2 g 的塑料球为粗骨料，将粗骨料和砂浆导入 500 mL 玻璃杯内左右两侧，用直径为 5 mm 的搅拌棍进行拌和。搅拌棍的回转速度为6π rad/s，粗骨料体积比率为 44%，拌和时间为 10 s。

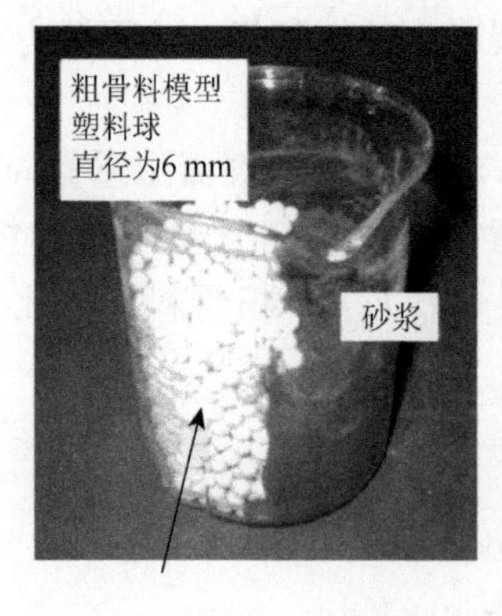

图 5.32　拌和实验方案

根据砂浆配合比，砂浆模型参数采用：剪切屈服强度 $\tau_u = 300\ \text{Pa}$ 、衰减系数 $h = 0.3$ 。

表 5.7 砂浆配合比

水灰比	水/(kg/m^3)	水泥/(kg/m^3)	砂/(kg/m^3)	减水剂/(kg/m^3)
0.55	283	517	1450	1.551

2. 结果比较

图 5.33 为在拌和实验中 0 s、3 s 和 10 s 时，实验和模拟的拌和状态的比较。当拌和过程进行到 3 s 时，粗骨料和砂浆处于未完全混合状态；10 s 时，粗骨料在混合料中的分布比较均匀。模拟结果基本与实验结果相符。

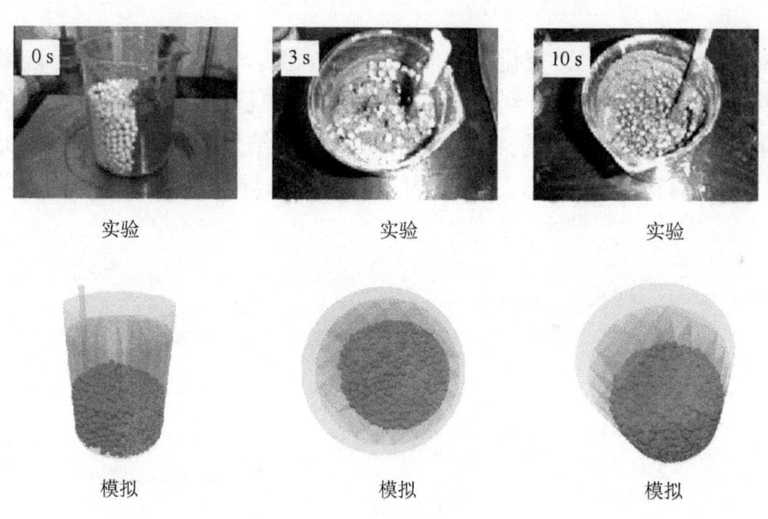

图 5.33 拌和实验和模拟结果

图 5.34 为数值模拟过程中每秒的结果，随着时间的推移，粗骨料在混合料中的分布逐步均匀。6 s 时，可以看到正在进行对流拌和，7 s 之后，可以看到正在进行扩散拌和，到 10 s 时，砂浆和粗骨料基本混合均匀。

图 5.34　拌和实验和模拟结果

图 5.35 为随时间（t）变化的拌和指数（I）图。由图 5.35 可知，随着时间的推移，拌和指数减小，从 6 s 到 10 s，拌和效果逐步稳定，拌和指数减小的速度放缓。实验测得 3 s 和 10 s 时的拌和指数和数值模拟结果吻合。从整个拌和过程看，从 0 s 到 6 s 是对流拌和过程，从 6 s 到 10 s 是扩散拌和过程。

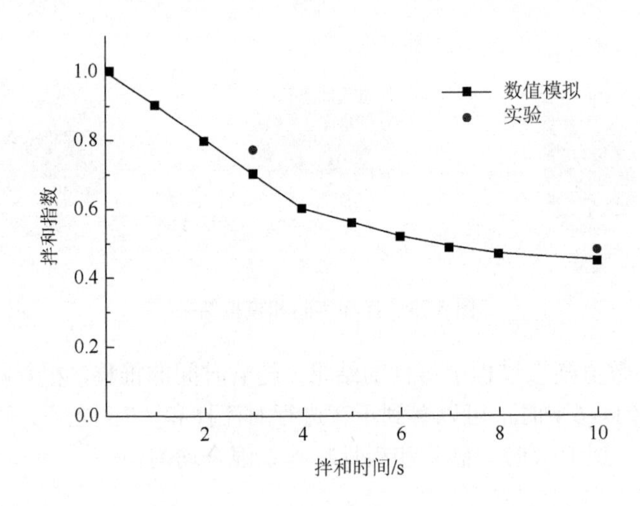

图 5.35　拌和指数随拌和时间的变化

参考小原孝之制定的混凝土搅拌机拌和实验，实验方法如图 5.36 所示。将搅拌机拌和好的混凝土出料后，用杯子取 30 个样品，称量每个杯子的混凝土重量；将每个杯子中混凝土里的砂浆冲洗干净；粗骨料晾干后，称量其质量。使用的搅

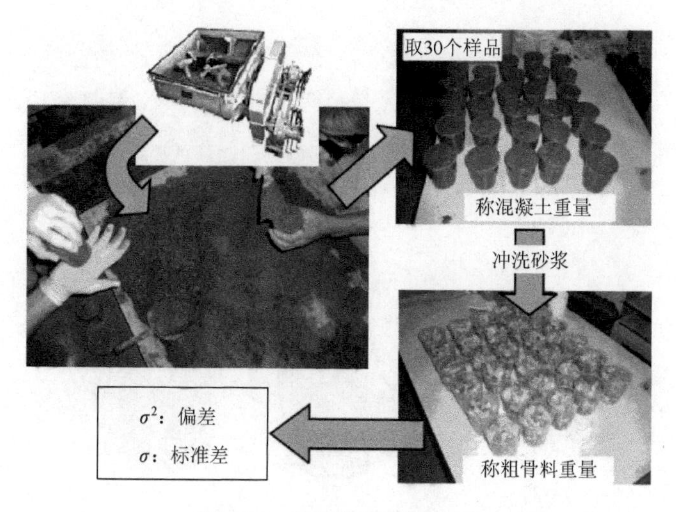

图 5.36　拌和指数测定方法

拌机是单卧轴强制式搅拌机，额定搅拌量是 60 L，额定功率是 2.2 kW。拌和方式：将全部材料同时投入后拌和。粗骨料体积比为 0.4；拌和时间为 200s；粗骨料平均粒径为 18.0 mm；样本体积为 200 mL，样本个数为 30 个。

测量得到混凝土搅拌设备的尺寸：长×宽×高 = 60 cm×44 cm×57 cm。根据此数据建立离散元软件中的几何体模型，如图 5.37 所示。

(a) 混凝土搅拌设备

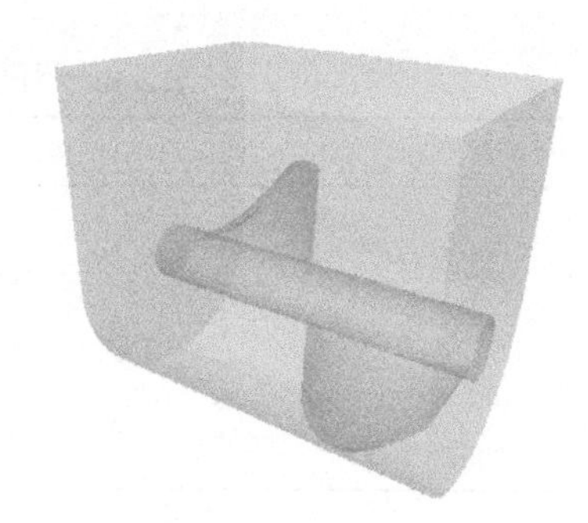

(b) 几何体模型

图 5.37　混凝土搅拌设备和几何体模型

由图 5.38 可以看出，在数值模拟过程中，总体而言，搅拌过程与实际一致，混凝土混合料的拌和均匀性与实际吻合。但是模拟过程仍存在着不足之处，在 $t = 3$ s 时可以看出，砂浆和骨料之间的黏合作用并不明显，两者之间呈现出两相分离的状态。其原因在于，砂浆离散元模型的定义与实际砂浆特性存在差异。由此说明，新拌自密实混凝土离散元模型有待进一步优化。

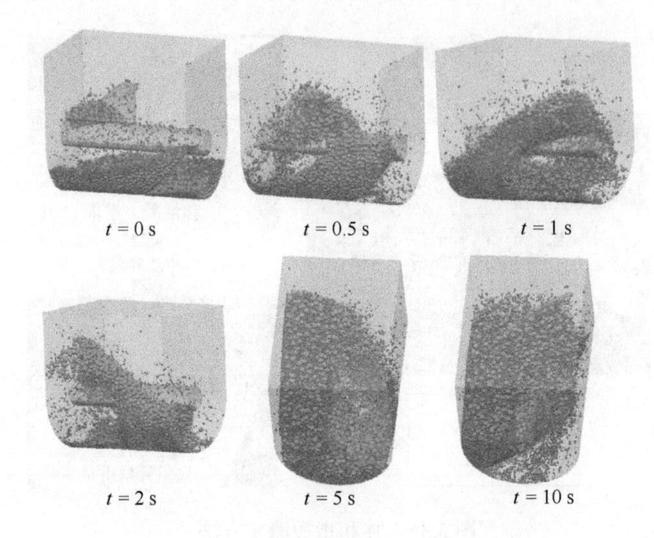

图 5.38 不同时刻混凝土搅拌情况模拟图

模拟过程中不同时刻的拌和指数可以通过后处理得到：在空间中划分制定大小的网格，获取骨料个数等信息，然后按前述方法计算拌和指数。

表 5.8 为不同拌和时间的拌和指数。结果表明，模拟结果能较好地反映出拌和指数随时间的变化情况，但是模拟拌和指数比实验拌和指数高约 7%，这是因为搅拌机扇叶的几何体建模与实际物体有差异，从而影响模拟搅拌机的拌和能力。

表 5.8 不同拌和时间的拌和指数

拌和时间/s	实验拌和指数	模拟拌和指数
1	0.564	0.605
3	0.291	0.308
10	0.096	0.101
30	0.093	0.100
200	0.087	0.094

不同型号的搅拌机有不同的拌和能力，这里采用数值模拟方法研究不同搅拌机的拌和指数，对拌和能力进行定性分析，如图 5.39 所示。

5.4.3 坍落扩展度实验与模拟

新拌自密实混凝土从拌和到成型需经过输送、泵送、浇灌、压实等过程。这些过程都与混凝土的流变性能密切相关。本节以曹国栋和宋军华的流变学实验为

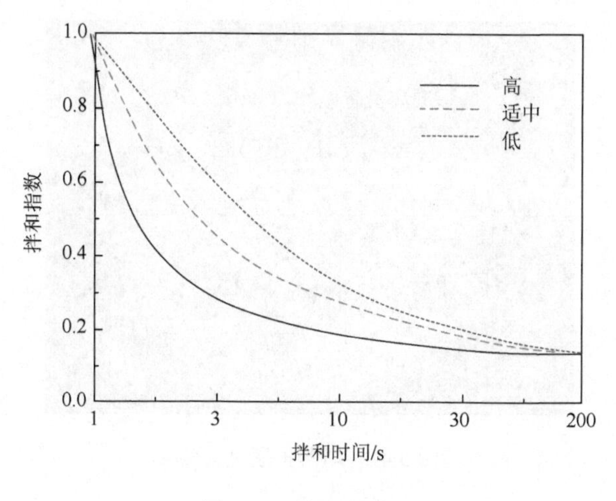

图 5.39　拌和能力图

基础，对坍落扩展度、L 型箱、V 型箱、U 型箱进行数值模拟，验证混凝土离散单元模型的可靠性。

坍落扩展度实验由于操作简单、实验时间短、实验样品取量少、结果容易获取等优点，在实际工程和混凝土快速测试中得到了广泛应用。坍落扩展度实验按照《普通混凝土拌和物性能试验方法标准》（GB/T 50080—2016）操作。测量设备如图 5.40 所示。

(a) 测量装置

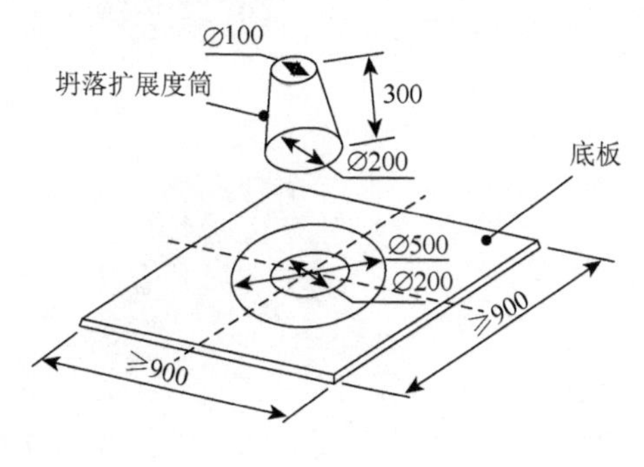

(b) 装置尺寸

图 5.40　坍落扩展度测量装置

图中各数字单位为毫米

实验混凝土的配合比为：水 212.8 kg/m^3，水泥 448 kg/m^3，粉煤灰 112 kg/m^3，粗骨料 870 kg/m^3，细骨料 712 kg/m^3。混凝土实测坍落扩展度为 650 mm，如图 5.41 所示。

图 5.41　坍落扩展度实验

使用前期建立的混凝土离散元模型进行数值模拟，粗骨料最大粒径为 2 mm。

由图 5.42 可以看出，数值模拟方法能较好地反映出实际混凝土在坍落过程中的各种形态。最后测得坍落扩展度为 620 mm，与实验值的相对误差为 4.6%。

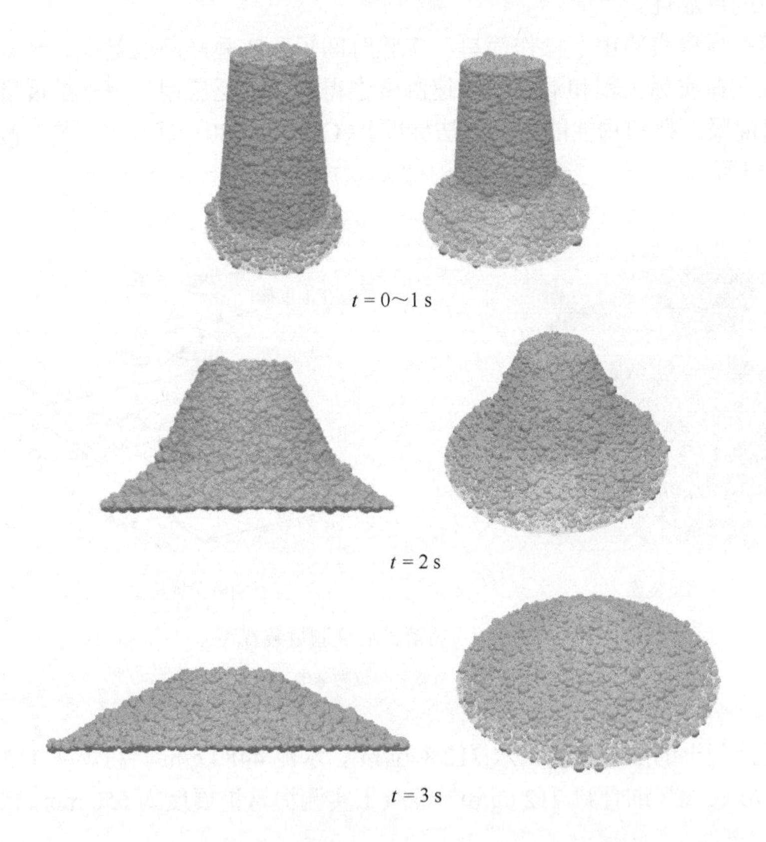

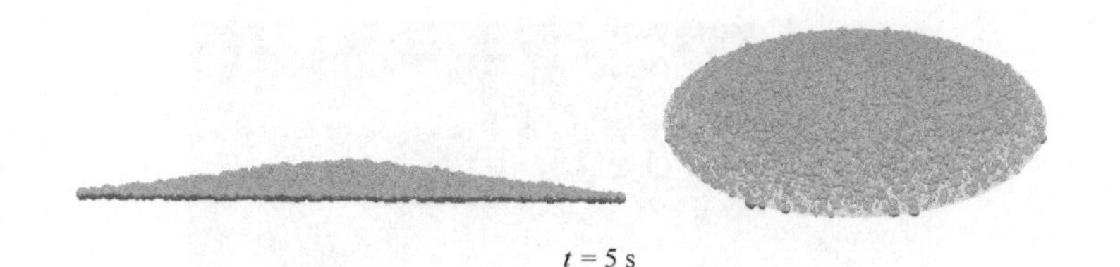

图 5.42　各时刻混凝土的坍落形态

5.4.4　L 型箱实验与模拟

L 型箱实验主要用来测试新拌自密实混凝土的流动通过能力，即穿越密集排布钢筋的能力。常用的测量设备如图 5.43 所示，为了更好地观察新拌自密实混凝土在 L 型箱内的流动形态，测量设备采用自制的有机玻璃 L 型箱。应用 L 型箱观察混凝土的流动规律及其最终的流动形态，验证应用离散元模型模拟新拌自密实混凝土流动的可行性。此外，还能得到难以通过实验手段得到的信息，如粗骨料速度分布和新拌自密实混凝土内部压力分布规律等。

图 5.43　混凝土 L 型箱

图中数字单位为毫米

该装置适用于自密实混凝土，如果采用普通混凝土，骨料和砂浆将会被卡在竖向储料桶内。本实验使用自制的 L 型箱时并没有在流动口处设置模拟钢筋间距的格挡，模拟过程也不设置。L 型箱实验结果如图 5.44 所示。

图 5.44　混凝土 L 型箱实验

图 5.45 为混凝土在 L 型箱中的流动过程模拟图。在整个流动过程的初期，模拟与实践较符合。然而，在后期的流动过程中，数值模拟的混凝土没有一直延伸到容器的前端，而且最终出现了骨料和砂浆分离的情况，有几颗骨料甚至滚动至前方，这说明砂浆的模拟参数仍需要调整。

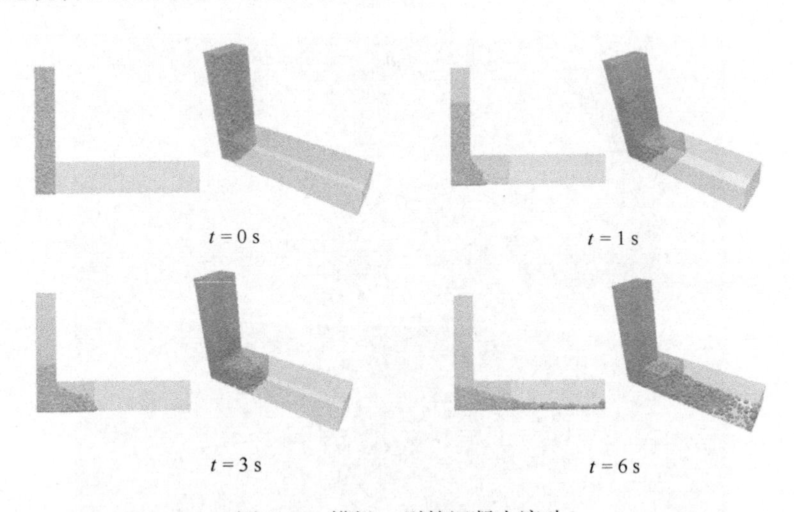

图 5.45　模拟 L 型箱混凝土流动

5.4.5　V 型箱实验与模拟

新拌自密实混凝土的黏度可以根据混凝土从 V 型箱上部全部流出所需时间来表征，仪器如图 5.46 所示。本节借助离散元模拟法对新拌自密实混凝土的 V 型箱实验进行模拟，混凝土流出时间为 8 s，通常情况下新拌自密实混凝土的流出时间在 5～20 s。

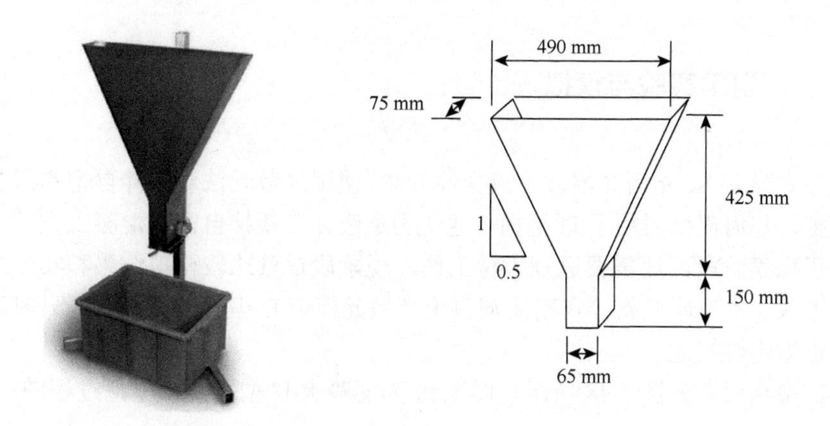

图 5.46　V 型箱及其尺寸图

图 5.47 为混凝土 V 型箱实验的模拟过程图。使用离散元模拟法，不仅可以获取混凝土流动形态，还能获得新拌自密实混凝土在 V 型漏斗中的速度分布、压力分布等信息。

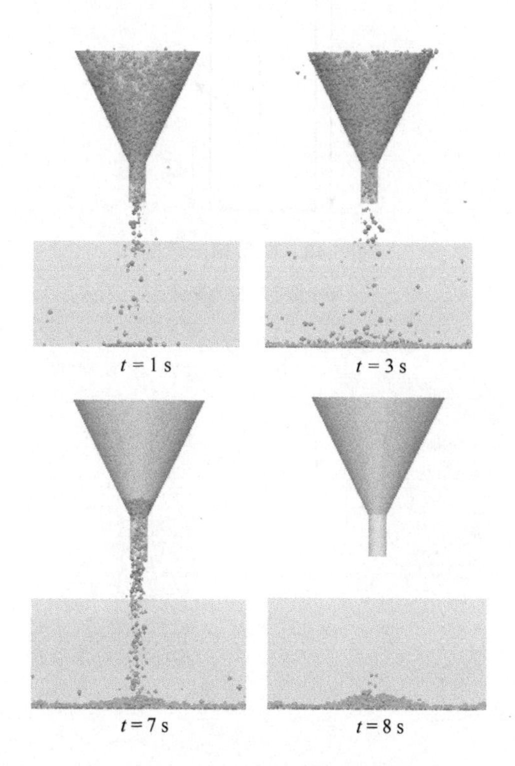

图 5.47　V 型箱实验模拟过程图

5.4.6　U 型箱实验与模拟

日本学者 Noor 研究混凝土流变性能时，使用离散元法对新拌自密实混凝土进行模拟，几何模型采用了 U 型箱。他认为离散元在新拌自密实混凝土领域的应用仍处于探索阶段，还需要进行大量工作，现阶段定量比较模拟结果和实际结果的意义不大。本节研究新拌自密实混凝土离散元模拟 U 型箱的有效性，只对混凝土流动性做定性描述。

U 型箱仪器如图 5.48 所示。图 5.49 为混凝土 U 型箱实验模拟过程图。

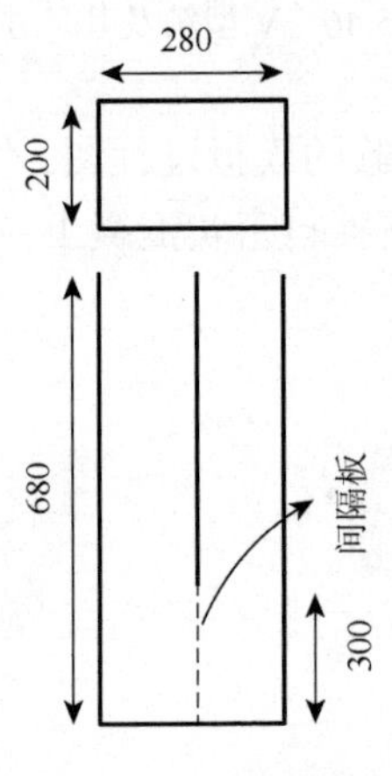

图 5.48　U 型箱示意图

图中数字单位为毫米

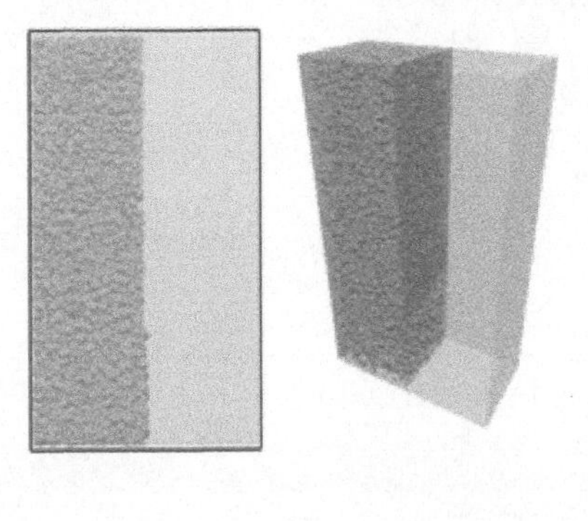

$t=0$ s

$t=1$ s

图 5.49　U 型箱实验模拟过程图

5.4.7　泵送系统数值模拟

图 5.50 为在不同泵送速度（v）下，混凝土在管道中泵送的情形。由图 5.50 可知，当 $v = 1.0$ m / s 时，泵送量小，混凝土在自重的影响下贴近管的下方，管的上方有不少空隙。当 $v = 3.0$ m / s 时，泵送压力较大，混凝土会在管的上方流动。在模拟过程中，弯道处的混凝土出现了堵塞的情况。混凝土聚集在管道转折处，后面泵送的混凝土无法通过，造成弯道处混凝土堵塞。

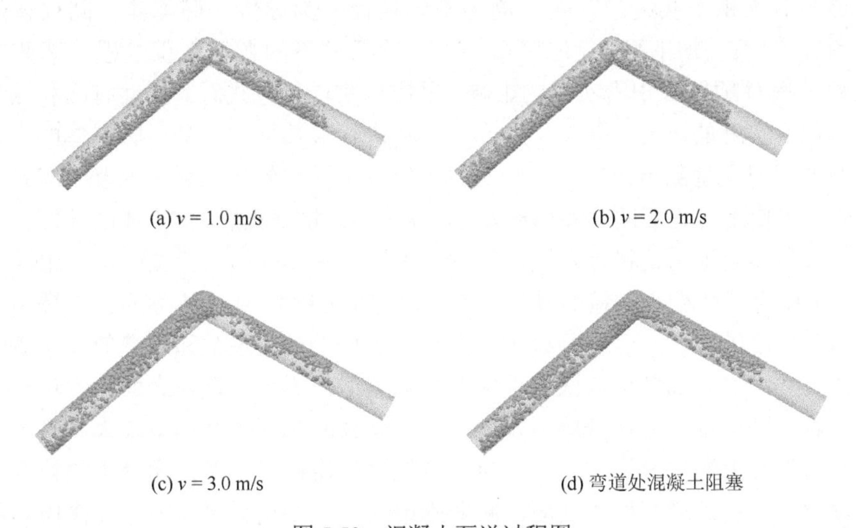

图 5.50　混凝土泵送过程图

由图 5.51 可知，管道中混凝土颗粒的运动速度分布比较均匀。在弯道前段，管壁边界相同，颗粒运动速度基本相同；而在弯道后段，颗粒运动速度有所下降，这是因为在拐弯处颗粒运动的动能有所消耗[11]。

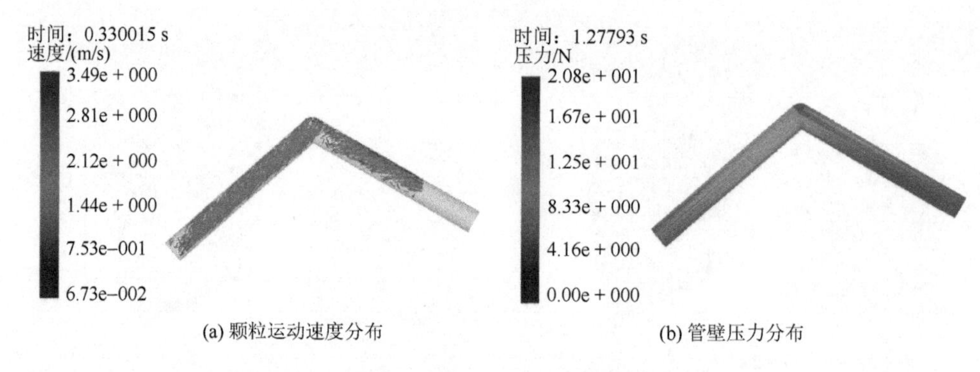

(a) 颗粒运动速度分布　　(b) 管壁压力分布

图 5.51　颗粒运动速度分布和管壁压力分布图

5.5　本 章 小 结

本章采用数值模拟方法研究了具有离散性特点的胶凝材料颗粒系统，优化了混合料颗粒堆积模型，模拟了新拌胶凝材料的流变行为，对基于最紧密颗粒堆积的低胶凝材用量自密实混凝土设计具有重要指导意义。本章主要研究内容与发现如下：

（1）基于颗粒堆积模型对堆积密实度进行了相关研究。主要内容有：①研究颗粒形貌对堆积密实度的影响。测定不同粒径的圆球体、椭球体、圆柱体的松装堆积密实度；使用离散元法模拟相同实验条件下的颗粒堆积过程。②研究颗粒堆积过程对颗粒堆积密实度的影响。采用振实堆积方式研究振动时间和振动频率对堆积密实度的影响。③使用二元混合料进行参数标定。基于圆球体的二元混合料的堆积密实度测定建立了形貌函数，修改了松动效应系数和附壁效应系数计算公式。④使用修正后的 CPM 研究三元混合料。将修正后的 CPM 的计算结果与三元混合料实验测量值进行对比，得到最大堆积密实度的三者颗粒含量比例。

（2）研究了团聚小颗粒的堆积状态，优化了 CPM。主要内容有：①提出了小颗粒相互作用函数 f_{int}，在此基础上分别优化了松动效应系数和附壁效应系数的计算公式。②定义了离散单元法软件中的接触模型，添加了颗粒表面力的相互作用函数。对大颗粒堆积结构分层后发现，尺寸比大的组别相互作用较大，最大堆积密实度出现在大颗粒含量较小时。对小颗粒进行模拟后发现，团聚小颗粒会黏附于大颗粒上，从而增强松动效应，减弱附壁效应。③结合表面力相互作用和压实作用发展了 CPM。

（3）本章建立了新拌自密实混凝土的离散元模型，并且使用拌和指数表征新拌自密实混凝土的拌和状态，根据手拌、机拌以及实验和数值模拟研究拌和指数，得到拌和指数随时间变化的关系。模拟了新拌自密实混凝土的坍落扩展度、L 型箱、V 型箱、U 型箱实验，模拟结果与实验结果基本吻合，验证了离散元模拟在新拌自密实混凝土流动性方面的可行性。模拟了新拌自密实混凝土在管道中的泵送过程，得到颗粒的分布情况、颗粒速度分布、管壁压力分布。

参考文献

[1] Gao T M，Shen L，Shen M，et al. Analysis on differences of carbon dioxide emission from cement production and their major determinants[J]. Journal of Cleaner Production，2015，103：160-170.

[2] Akhshik S，Behzad M，Rajabi M. CFD-DEM simulation of the hole cleaning process in a deviated well drilling: The effects of particle shape[J]. Particuology，2016，25：72-82.

[3] Long W J，Gu Y，Liao J，et al. Sustainable design and ecological evaluation of low binder self-compacting concrete[J]. Journal of Cleaner Production，2017，167：317-325.

[4] Cleary P W. A multiscale method for including fine particle effects in DEM models of grinding mills[J]. Minerals Engineering，2015，84：88-99.

[5] Suhendro B. Toward green concrete for better sustainable environment[J]. Procedia Engineering，2014，95：305-320.

[6] Blankendaal T，Schuur P，Voordijk H. Reducing the environmental impact of concrete and asphalt：A scenario approach[J]. Journal of Cleaner Production，2014，66：27-36.

[7] 龙武剑，周波，梁沛坚，等. 颗粒堆积模型在混凝土中的应用[J]. 深圳大学学报（理工版），2017，34（1）：63-74.

[8] Wen Y Y，Liu M L，Liu B，et al. Comparative study on the characterization method of particle mixing index using DEM method[J]. Procedia Engineering，2015，102：1630-1642.

[9] Long W J，Lemieux G，Hwang S D，et al. Statistical models to predict fresh and hardened properties of self-consolidating concrete[J]. Materials and Structures，2012，45：1035-1052.

[10] Long W J，Khayat K H，Yahia A，et al. Rheological approach in proportioning and evaluating prestressed self-consolidating concrete[J]. Cement and Concrete Composites，2017，82：105-116.

[11] Fan H J，Mei D F，Tian F G，et al. DEM simulation of different particle ejection mechanisms in a fluidized bed with and without cohesive interparticle forces[J]. Powder Technology，2016，288：228-240.

第 6 章　机器学习模型在低碳自密实混凝土设计及性能预测中的应用

6.1　引　　言

目前常用的 SCC 设计方法是根据规范和经验公式确定原料配合比，再通过实验不断调整和优化，最后得到满足目标性能要求的 SCC 设计参数。然而，传统的 SCC 设计方法存在如下主要问题：一方面，传统的实验设计方法通常需要大量试配以满足多性能目标，导致了过高的材料、时间和人力成本；另一方面，在传统 SCC 设计中水泥等胶凝材料的用量通常高于普通混凝土，造成了过高的碳排放和能源消耗。

近年来，随着大数据和机器学习模型等信息技术的迅猛发展，采用智能化手段准确预测 SCC 各项性能，并以性能为导向进行优化配合比设计展现出广阔的应用前景[1-3]。应用数据驱动的机器学习模型有望解决 SCC 传统设计方法中的这些问题，这是因为机器学习模型在多维非线性复杂问题（包括回归预测和目标优化）中表现出色。在混凝土领域，利用机器学习模型可以有效预测混凝土的力学和工作性能，从而减少和避免反复实验；此外，利用机器学习模型可以实现根据用户需求（包括碳足迹方面）优化混凝土的配合比。然而，尽管应用机器学习模型可以帮助工程师解决复杂的回归和优化问题，但机器学习模型通常被视为黑匣子，缺乏物理意义。在这种情况下，即使机器学习模型提供了令人满意的结果，但仍然难以让工程师在实践中建立足够的信心。

本章采用 SVM 和 RF 模型预测 SCC 的坍落扩展度和 28 天抗压强度[4]。在建模之前进行了特征工程，包括自动特征选择和异常值检测，以选择影响最大的特征、排除干扰特征并去除异常值。此外，对所有特征值均进行标准化处理，以消除不同范围和数量级数据对模型性能的影响。在特征工程完成后，确定了 9 个输入变量和两个输出变量，分别是 28 天抗压强度和坍落扩展度。在建模过程中，使用了 10 倍交叉验证来优化模型的超参数。采用 4 个统计参数对模型进行了评估，包括确定系数（R^2）、MAE、MSE 和 RMSE。在建立模型之后，采用 SHAP 来增强模型的可解释性。随后，将建立好的模型集成到遗传算法框架中，并确定了约束条件和目标函数，以实现自动化 SCC 配合比的优化，优化目标是最小化隐含碳排放[5]。此外，将 CPM 与微分进化算法相结合，引导机器学习模型优化骨料级配，以实现骨料的最紧密堆积。这种优化有助于提高胶凝材料的使用效率，进一步提高 SCC 的性能。最后，采用生命周期评估方法对采用所提出方法设计的低碳 SCC 的碳排放和能源消耗进行了分析。

6.2　基于机器学习模型的低碳自密实混凝土建模方法

本章基于可解释机器学习模型的现代混凝土性能研究分为 3 个主要阶段，如图 6.1 所示。第一阶段进行了系统的特征工程建设，其中包括自动特征选择、自动异常检测和标准化处理等步骤，以确保数据集的合理性[4]。通过可视化描述最终的数据集，以清晰呈现数据特征。在此阶段，通过系统的特征工程处理，获得结构良好的数据集，并建立具有良好泛化能力的 SCC 预测模型。第二阶段使用经过预处理的数据集训练了 10 种不同的机器学习模型，以探究其在预测 SCC 性能方面的潜力。第三阶段涉及从这 10 个训练模型中选择最佳模型，并使用 SHAP 方法对预测结果进行解释。建立该模型的初衷在于为 SCC 的智能设计提供指导。

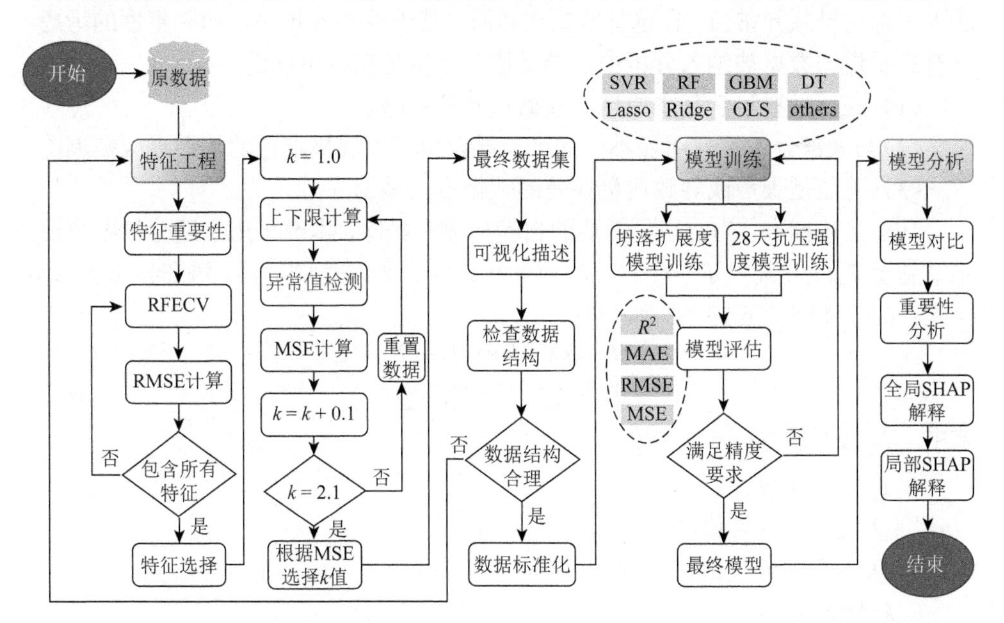

图 6.1　基于 SCC 抗压强度和流动性预测模型的可解释自动调优机器学习流程图

RFECV 为带交叉验证的递归特征消除法；GBM 为梯度提升机；DT 为决策树；Ridge 为岭回归；OLS 为普通最小二乘法

1. 自动化特征选择

原始数据集包含一些与目标无关、带有许多缺失值和异常值的无用特征，这可能会对模型性能造成负面影响。为了选择最具信息量和相关性的特征来预测SCC的性能，特征的确定应基于以下考虑。

（1）与目标相关性较低的特征应予以排除。

（2）具有较多缺失值或异常值的特征应予以排除。

（3）没有物理意义或没有理论依据的特征应予以排除。

（4）与其他特征高度相关的特征应予以排除。

然而，手动特征选择耗时且不可靠。为了辅助工程师完成这一烦琐的过程，需要一个准确的自动化系统。本章根据上述标准，采用RFECV来检测冗余特征。首先，利用学习器返回的feature_importances_属性确定每个特征的重要性。然后，从当前特征集中递归地删除最不重要的特征，直到预测误差最小化。此外，还采用交叉验证法来验证特征组合的有效性。

2. 自动化异常检测

异常值可能会干扰机器学习算法，并导致产生不准确的模型，这在工程应用中可能会引发严重的后果。因此，为确保模型的有效性，需要一种准确可靠的方法来识别和排除异常值。在选择数据集点时，基于数据的相关性和完整性的考虑，只有高质量的数据被纳入分析中。异常值的确定遵循以下标准。

（1）违反材料科学基本原理的数据点应被剔除。

（2）与大部分数据点明显不同或可能导致模型出现极端值的数据点应被剔除。

（3）可能是噪声或导致测量误差的数据点应被剔除。

基于上述标准，为实现异常值的自动检测和排除，本节采用了四分位距离法。本节基于Python开发了一个自动检测和排除潜在异常值的工具。潜在异常值可根据式（6.1）和式（6.2）进行识别：

$$L_l = Q_1 - k \times (Q_3 - Q_1) \tag{6.1}$$

$$L_u = Q_3 + k \times (Q_3 - Q_1) \tag{6.2}$$

式中，L_l为下限值；

L_u为上限值；

Q_1为下四分位值；

Q_3为上四分位值；

k为系数。

大于L_u或小于L_l的值被视为潜在的异常值。

3. 数据标准化

预测模型的准确性受到不同单位和数量级的显著影响，尤其是对于SVR模型而言。这是因为大多数机器学习模型基于欧氏距离，若数据集中某特征的值具有更大范围，则该特征将主导欧氏距离，导致误差增大。为解决此问题，有必要将特征值缩放至统一范围内，使其成为无量纲的纯数值，以便能够在不受单位或数量级影响下对其进行比较和加权。有多种数据缩放策略可选，其中机器学习研究领域常用的方法之一是标准化处理。标准化有效地减弱了数据范围对模型准确性的影响。本节采用式（6.3）对每一列特征数据进行标准化处理：

$$X_i' = \frac{x_i - \overline{x}}{\sigma} \tag{6.3}$$

式中，x_i 为特征 x 的第 i 个值；
$\overline{x}$ 为特征 x 的平均值；
σ 为特征 x 的标准偏差；
X_i' 为特征 x 的标准化值。

4. 数据集分组

通过进行特征工程建设得到有意义且可靠的数据集后，使用 Python 内置函数 train_test_split（）将数据随机分为训练集和测试集。训练集数据用于训练机器学习模型，而测试集数据用于评估提出模型的准确性。根据随机划分数据可以评估机器学习模型的泛化能力。此外，根据文献，合适的训练集和测试集比例可在 0.5∶0.5～0.9∶0.1 变化。较大的比例可能导致机器学习模型预测结果过于乐观，而较小的比例则可能导致机器学习模型学习不完整。本章采用 0.9∶0.1 的比例来划分数据集。

5. 交叉验证

交叉验证是一种被广泛用于调整机器学习模型超参数的高效方法。其算法流程如图 6.2 所示。具体而言，训练集被划分为 10 个子集，其中一个子集被用作验

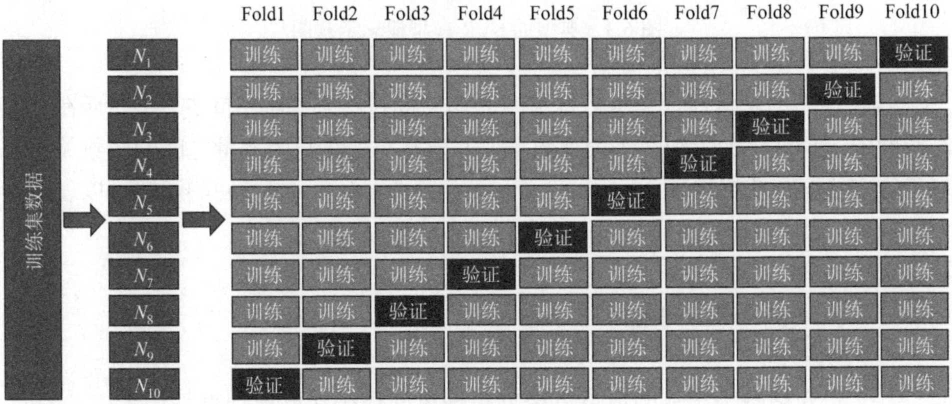

图 6.2　交叉验证算法图示

证集，剩余子集用于调整超参数。在每一轮中，不同子集被轮流选为验证集，而其他子集则用于训练模型并调整超参数。随后，根据各轮中模型的表现，比较不同超参数组合下模型的性能，选择具有适当超参数和最小预测误差的最佳模型。

6. 机器学习方法

在本节中，为预测 SCC，开发了 10 种不同的机器学习模型。由于篇幅所限，本节将重点详细介绍在比较中表现最佳的两种方法，即 SVM 模型和 RF 模型。

SVM 模型最初用于解决分类问题，随后扩展应用于解决回归问题。在回归问题中，其被称为 SVR 模型。SVR 模型遵循最小化结构风险的原则，在很大程度上优于传统的经验风险最小化（ERM）原则。该模型表现出学习速度快、泛化能力强和噪声容忍能力强等优势，适用于小样本和非线性问题。图 6.3 显示了典型的 SVR 模型概念示意图。

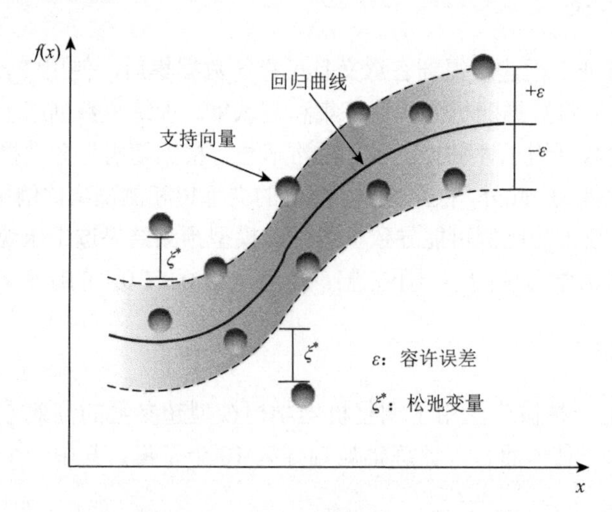

图 6.3　典型的 SVR 模型概念示意图

SVR 模型的基本原理是将数据 X 从真实空间投影到高维空间 F 中，然后在此高维空间中选择优化的超平面来处理数据，并建立自变量与因变量之间的函数关系。对于给定的 n 个数据样本（x_1，y_1），（x_2，y_2），…，（x_n，y_n），回归函数可以表示为

$$f(x)=\omega\cdot\phi(x)+b \tag{6.4}$$

式中，$\phi(x)$ 为一个映射函数；

ω 被命名为权重向量；

b 为偏差。

ω 和 b 这两个系数的值可以根据结构风险最小化的原理推导出来。

另一个主要的机器学习模型是 RF 模型，该模型是基于 Breiman 和 Cutler 于

2001 年提出的 Bagging 算法和决策树算法的集成学习模型。根据 RF 模型建立了非线性映射关系，代表了机器学习模型中一个强大且创新的分支。RF 模型适用于分类和回归问题。其原理是通过构建 N 棵树对部分数据进行分类，然后从数据集中选择数据和特征的多组子集，并多次执行此过程。最后，通过投票选择多组数据来获得预测结果。RF 模型适用于大数据，具有较高的预测准确性以及容忍异常值和噪声的能力。图 6.4 显示了 RF 模型的概念示意图。

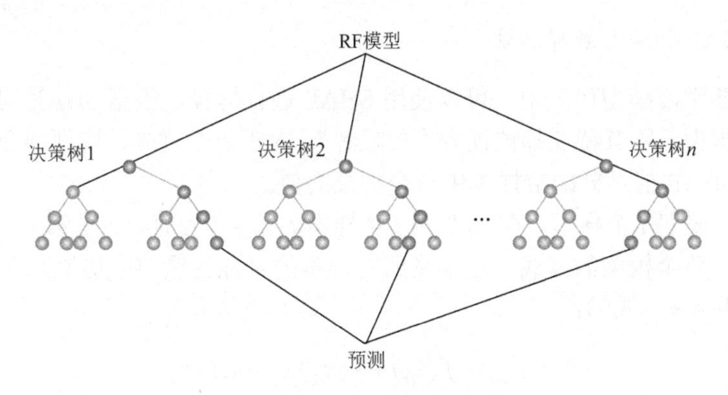

图 6.4　RF 模型的概念示意图

RF 模型的基本原理是利用 bootstrap 技术从原始样本中提取随机样本，构建单个决策树，并在决策树的每个节点处通过随机特征子空间选择分割点。然后将这些决策树组合起来，通过多数投票获得最终预测结果。假设数据集 Dn 包含 n 个样本（X，Y），其中 $X\in$ RD，Breiman 的方法是将许多独立训练的决策树组合成一个森林。每棵树的构建可以看作数据空间的分区，即叶节点代表超矩形数据空间单元。RF 模型的主要步骤包括样本引导抽样、随机特征子空间选择和多数投票。

7. 性能评估

本章使用了 4 个统计指标，包括 R^2、MAE、MSE 和 RMSE，以系统地检验所提出模型的预测性能。这些指标的计算公式如式（6.5）～式（6.8）所示：

$$R^2=\frac{\sum_{i=1}^{n}(y_i'-\overline{y}_i)^2}{\sum_{i=1}^{n}(y_i-\overline{y}_i)}\tag{6.5}$$

$$\text{MAE}=\frac{1}{n}\sum_{i=1}^{n}\left|y_i'-y_i\right|\tag{6.6}$$

$$\text{MSE}=\frac{\sum_{i=1}^{n}(y_i'-y_i)^2}{n}\tag{6.7}$$

$$\mathrm{RMSE}=\sqrt{\frac{\sum_{i=1}^{n}(y_i'-y_i)^2}{n}} \tag{6.8}$$

式中，n 为数据的总数量；

y_i' 和 y_i 分别为预测值和真实值；

$\overline{y}_i$ 为真实输出的平均值。

8. SHAP 加法可解释算法

在机器学习模型研究中，可以使用 SHAP 进行解释，根据 SHAP 构建了一个加法解释模型，所有特征都被视为“贡献者”。对于每个样本，模型都会生成一个预测值，SHAP 值是分配给样本中每个特征的值。

如果 x_i 是第 i 个样本，而 x_{ij} 是第 i 个样本的第 j 个特征，y_i 是第 i 个样本的模型预测值，整个模型的基线（通常是所有样本的目标变量的平均值）为 y_{base}，则 SHAP 值服从式（6.9）：

$$y_i=y_{\text{base}}+f(x_{i1})+f(x_{i2})+\cdots+f(x_{ik}) \tag{6.9}$$

$f(x_{ik})$是 x_{ij} 的 SHAP 值，通俗地说，$f(x_{i1})$是第 i 个样本中第一个特征对最终预测结果的贡献值 y_i。当 $f(x_{i1})>0$ 时，表明特征对预测结果产生积极贡献；相反，当 $f(x_{i1})<0$ 时，表明特征对预测结果产生负面影响。

6.3　基于机器学习模型的低碳自密实混凝土模型自动化特征工程

需要强调的是，本章所使用的数据集经过了精心的筛选。这些原始数据来自可靠的国际期刊，以确保数据的可靠性和可信度。虽然在选择过程中非常慎重，但数据集仍可能包含异常值。为了应对这一问题，本章开发了一个智能特征工程系统，结合了自动特征选择、自动异常值检测和自动标准化等方法。这些方法基于成熟的数理统计学原理，旨在将模型误差降至最低。这种自动化特征工程方法可以应用于不同性能属性的混凝土数据库。为了简洁明了，本节将以坍落扩展度和 28 天抗压强度为例进行说明。

特征工程旨在为特定项目确定最佳的数据表示方式，其对监督模型的性能影响甚至超过参数选择。本章采用数学统计方法进行特征选择、异常检测、数据可视化描述和数据预处理。然而，特征工程通常是耗时且复杂的任务。因此，本章开发了自动化程序以简化此过程，从而节省时间并提高数据集的效率。

6.3.1　数据收集

数据集在人工智能领域具有重要地位，因为一个合理准确的机器学习模型需要可靠的数据支持。SCC 的设计需要考虑多个方面。应用于高层建筑和大型基础设施项目中的 SCC 需要具备足够的抗压强度。除强度外，与普通混凝土相比，SCC 对工作性能的要求更高，包括流动性（坍落扩展度）、流动速度（V 型漏斗时间）、通过能力（L 型仪比值）和抗分离性（离析率）等。此外，在恶劣环境中使用的混凝土结构（如沿海地区）的耐久性指标（如 28 天快速氯离子渗透性、孔隙率和吸水性）也需要重视，以确保使用寿命。为此，本章编制了 8 个数据集，用于对不同 SCC 性能进行建模、预测和分析。

本节所使用的 SCC 数据集是根据国际公开发表的文献精心编制而成的。在选择数据点时，并非随机进行的，而是根据数据来源的可靠性及相关特征筛选的。本章总共收集了 604 组样本数据，其中包含 SCC 的配合比和性能信息，用于建模、预测和分析 SCC 的工作性能、抗压强度和耐久性。数据库中的特征包括 CG（水泥强度等级）、C（水泥）、FA、LP（石灰石粉）、S（砂）、CA（粗骨料）、MAXD（最大颗粒直径）、*W*/*B*、SP/*B*（减水剂与胶凝材料的比值）、MK（偏高岭土重量）、SLAG（矿渣重量）、SiF（硅灰重量）、*W*（水重量）及 SP（减水剂重量）等。其中，FA 作为常用的混凝土掺合料，在混合物的新拌性能改善中得到了广泛应用。LP 作为一种常见的可持续矿物掺合料，能够提升 SCC 的早期强度和工作性能。为确保数据集质量，在选择过程中采用了严格的标准剔除异常数据。表 6.1 展示了代表性数据样本。

6.3.2　自动化探索性数据分析

本节采用 RFECV 选择预测 SCC 性能的关键特征。使用 RMSE 评估不同特征组合下模型的表现。以 28 天抗压强度和坍落扩展度为例，图 6.5 展示了选择的特征数量对预测误差的影响。从图 6.5 中可以看出，对于抗压强度预测数据集，随着选择的特征数量从 1 增加到 9，RMSE 从 17 MPa 降至 8 MPa。对于坍落扩展度预测，使用 8 个特征时获得了最低的 RMSE。综合 RFECV 的结果，以及确保模型输入变量的一致性，最终选取了 9 个关键特征，分别为 CG、C、FA、LP、S、CA、MAXD、*W*/*B* 和 SP/*B*。

正如前文所述，本章使用箱线图（四分位距）方法检测和剔除异常数据。首先，使用袋外误差和基于树的重要性分析方法来评估特征的相关性。接着，从最具影响力的特征开始逐一检测和剔除异常值，并记录每次剔除后的预测误差。值

表 6.1 代表性数据样本

C/(kg/m^3)	CG/MPa	FA/(kg/m^3)	LP/(kg/m^3)	SLAG/(kg/m^3)	W/(kg/m^3)	W/B	S/(kg/m^3)	CA/(kg/m^3)	MAXD/mm	SP/(kg/m^3)	SP/B	28天 SC/MPa	SF/mm
290	42.5	100	0	0	253.5	0.65	709	837	19	0.78	0.0020	26.60	623
150	42.5	350	66.4	0	173.5	0.31	902	597	19	6.75	1.0019	34.40	725
200	42.5	0	0	300	183	0.37	867	773	19	1.10	0.0022	54.90	660
400	42.5	30	0	70	176	0.35	878	773	19	1.10	0.0022	53.50	700
350	42.5	0	175	0	143.5	0.41	1050	500	19	8.90	1.0070	60.10	699
350	42.5	0	175	0	178.5	0.51	1050	500	19	3.80	0.0072	49.50	580
300	52.5	0	300	0	180	0.30	850	693	16	1.20	0.0020	48.60	570
650	42.5	0	0	0	260	0.40	693	847	19	2.60	0.0040	47.65	540
720	42.5	0	0	0	278	0.39	655	785	19	2.65	0.0037	46.00	550
580	42.5	0	0	0	175	0.30	333	667	19	5.12	0.0088	55.42	705

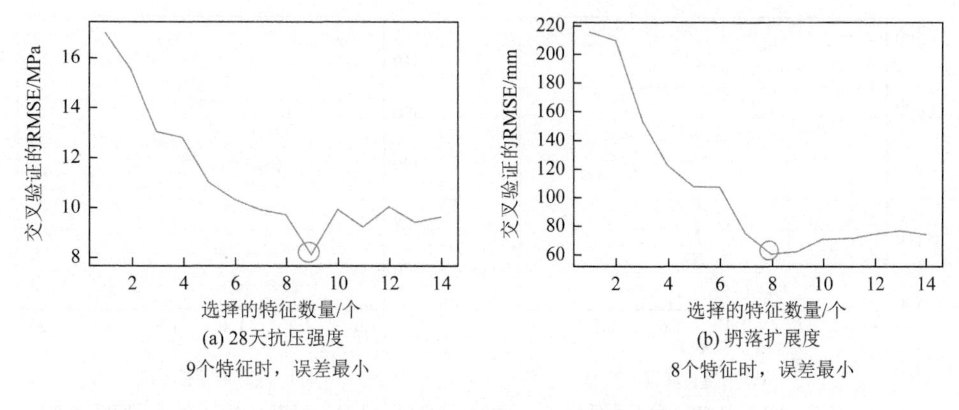

(a) 28天抗压强度
9个特征时，误差最小

(b) 坍落扩展度
8个特征时，误差最小

图 6.5　选择的特征数量对预测误差的影响

得注意的是，由于 CG 和最大粒径只包含有限几个值，因此它们没有参与该过程。鉴于数据库中 LP 特征参数存在较多零值，如果被检测为异常值，可能会导致有意义的数据被删除，因此 LP 特征也没有参与该过程。

图 6.6 显示了 K 对测试集 MSE 和数据量的影响。随着 K 的增大，数据库对异常值的容忍度增大。需要注意的是，低容忍度下获得的低误差模型不一定是稳健的，因为低容忍度可能导致数据集变小。如图 6.6 所示，对于抗压强度数据集，当 K 为 1.6 时，MSE 为 4.4 MPa，数据量为 219 组，获得了最佳的误差和数据量综合表现。对于坍落扩展度数据集，当 K 为 1.3 或 1.4 时，获得了最低的 MSE，为 107 mm，此时数据量为 290 组。

图 6.7 显示了异常值剔除顺序对模型误差的影响。可以观察到，剔除异常值显著降低了预测 MSE。正序表示根据特征重要性的顺序从最有影响的特征开始剔除异常值，逆序则相反，乱序表示随机逐一剔除异常值。如图 6.7（a）所示，对于 28 天抗压强度模型，通过正序剔除异常值后，在处理特征 W/B、C 和

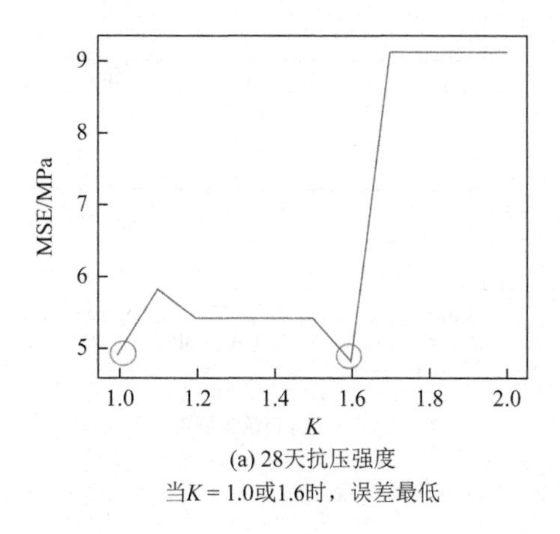

(a) 28天抗压强度
当$K = 1.0$或1.6时，误差最低

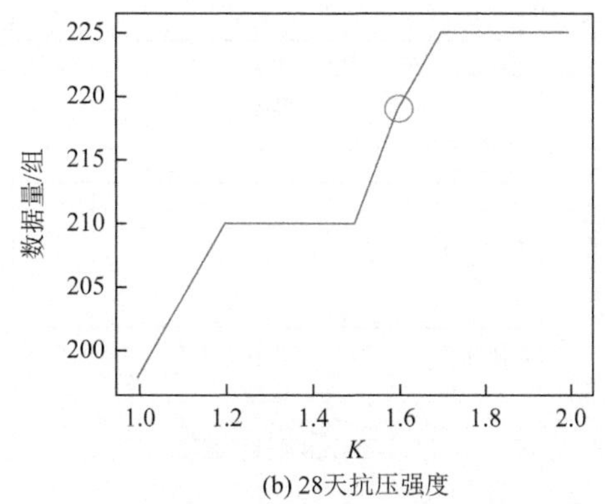

(b) 28天抗压强度
当$K = 1.6$时，保留了219组数据，多于$K = 1.0$时的数据量

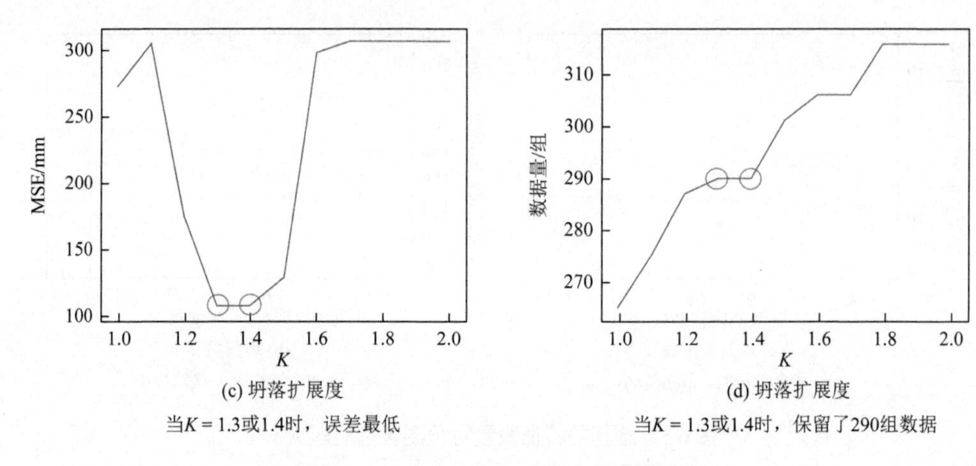

(c) 坍落扩展度　　(d) 坍落扩展度

图 6.6　*K* 对测试集 MSE 和数据量的影响

S 的异常值后，获得了最低的误差。对于逆序，在处理所有特征的异常值后也获得了较低的误差，与正序相比，剩余数据量减少了 23.1%。然而，如图 6.7（b）所示，对于坍落扩展度模型，在处理所有特征的异常值后，3 种异常检测顺序下的模型误差类似。根据上述结果，建议在对 SCC 数据集进行异常值检测时采用正序方式。

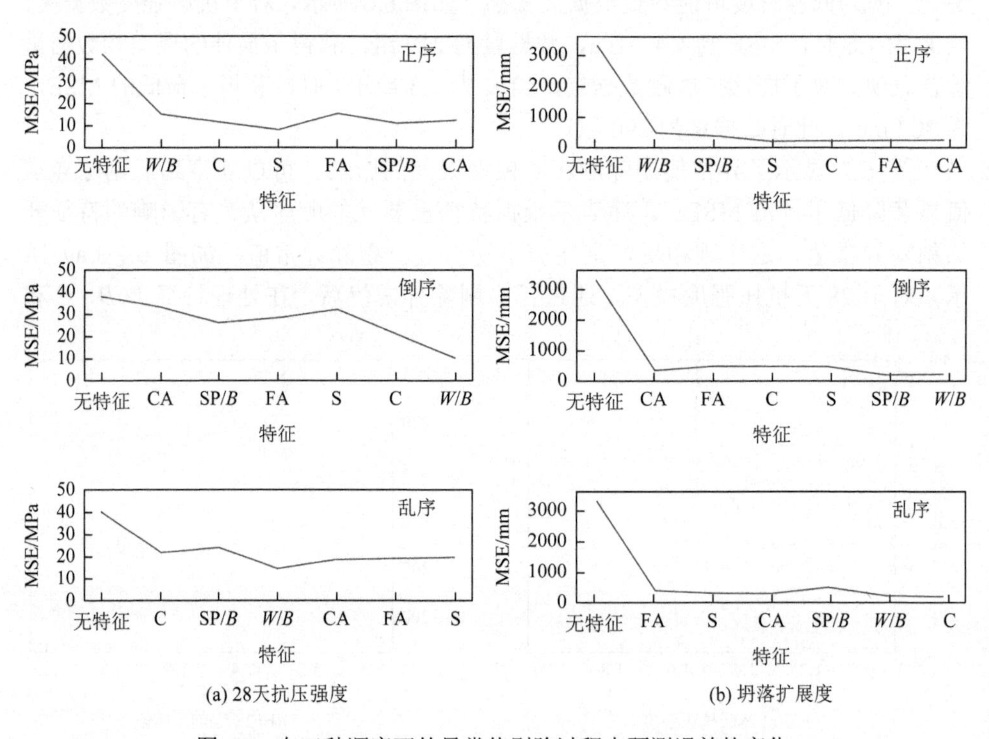

(a) 28天抗压强度　　(b) 坍落扩展度

图 6.7　在三种顺序下的异常值剔除过程中预测误差的变化

6.3.3　数据描述

表 6.2 和表 6.3 总结了经过自动化特征选择和异常值剔除后，最终用于预测 28 天抗压强度和坍落扩展度的数据变量统计值（包括标准差、最小值、最大值和平均值等）。

表 6.2　28 天抗压强度数据集的统计值

指标	C/ (kg/m^3)	CG/ MPa	LP/ (kg/m^3)	FA/ (kg/m^3)	S/ (kg/m^3)	CA/ (kg/m^3)	MAXD/ mm	SP/*B*	*W*/*B*	28 天 SC/ MPa
平均值	303.08	46.24	46.45	100.70	864.68	822.96	17.06	0.0097	0.42	48.50
标准差	76.38	4.85	83.62	92.43	101.22	121.67	3.42	0.0100	0.12	16.68
最小值	150.00	42.50	0.00	0.00	478.00	500.00	9.50	0.0000	0.23	10.20
25%	250.00	42.50	0.00	0.00	834.00	773.00	16.00	0.0030	0.33	34.65
50%	313.00	42.50	0.00	96.00	883.00	850.00	19.00	0.0058	0.38	50.00
75%	350.00	52.50	68.35	180.00	907.50	900.00	19.00	0.0127	0.49	61.95
最大值	500.00	52.50	330.00	350.00	1066.00	1171.00	20.00	0.0450	0.87	91.50

表 6.3　坍落扩展度数据集的统计值

指标	C/ (kg/m^3)	CG/ MPa	LP/ (kg/m^3)	FA/ (kg/m^3)	S/ (kg/m^3)	CA/ (kg/m^3)	MAXD/ mm	SP/*B*	*W*/*B*	SF/ mm
平均值	344.98	46.26	48.19	59.85	871.15	821.33	14.33	0.0121	0.39	676.18
标准差	96.46	4.85	79.48	81.10	91.91	113.65	3.72	0.0100	0.09	63.64
最小值	150.00	42.50	0.00	0.00	369.00	500.00	9.50	0.0004	0.23	520.00
25%	282.25	42.50	0.00	0.00	859.00	774.00	10.00	0.0053	0.33	650.00
50%	340.00	42.50	0.00	0.00	890.00	822.00	16.00	0.0100	0.37	660.00
75%	381.50	52.50	100.00	107.94	901.75	900.00	19.00	0.0148	0.44	720.00
最大值	579.00	52.50	330.00	350.00	1050.00	1171.00	20.00	0.0450	0.72	880.00

为了深入了解特征与目标变量（即 28 天抗压强度和坍落扩展度）的关系，本节进行了初步的探索性数据可视化分析，具体如图 6.8 和图 6.9 所示。鉴于多个特征可能同时对目标变量产生影响，确切地确定每个特征对目标的独立影响变得困难。然而，正如预期，图 6.8 和图 6.9 清晰地呈现了 28 天抗压强度与 *W*/*B*、S、C 等特征之间的合理关联。例如，随着水胶比从 0.23 增加至 0.87，28 天抗压强度从

71.2 MPa 合理地降至 19.6 MPa。此外，虽然进行了广泛的文献调研和数据收集，但某些特征值的范围在数据集中尚存在缺失现象。例如，CG 和最大粒径的数据在这两个数据集中并未完整收录。然而，通常使用的 CG 是离散的，如 42.5 MPa 和 52.5 MPa 等；用于制备 SCC 的 MAXD 通常也受限于几个特定值，如 16 mm 和 19 mm 等。尽管如此，这些特征与目标变量之间的相关性是合理的。此外，所收集的数据在每个特征上广泛分布，确保数据集能够充分代表整体样本空间。同时，图 6.8 和图 6.9 也提示了需要进一步实验和研究的特征值范围。研究人员可以通过识别数据集的缺失之处，补充缺失数据，并确保数据集能够充分代表整个样本空间，从而建立更具泛化能力的模型。

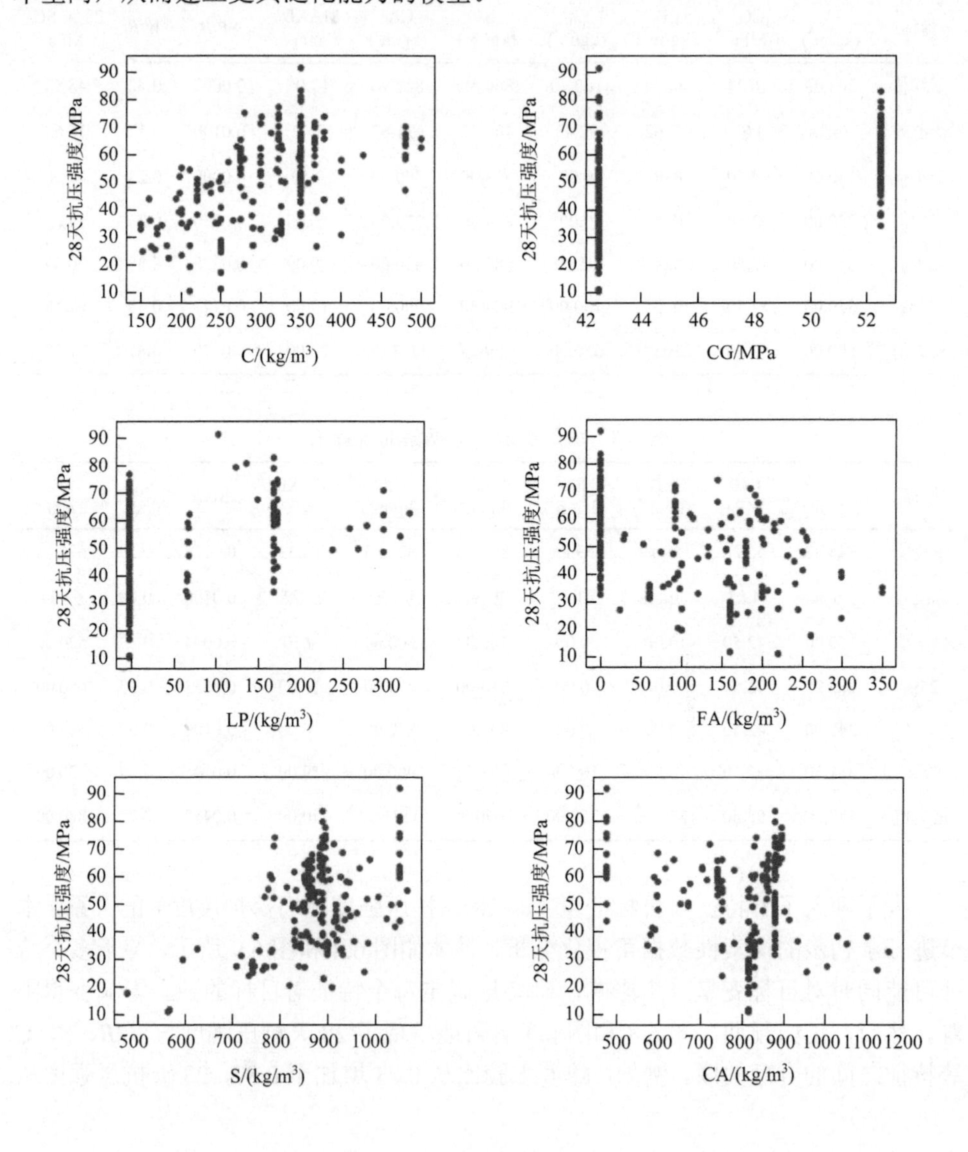

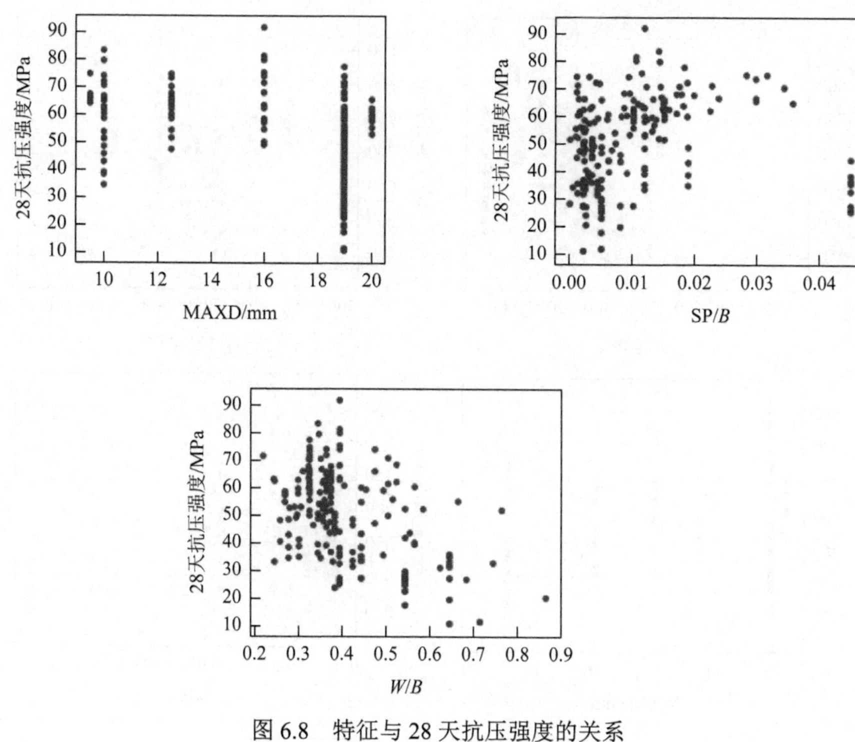

图 6.8　特征与 28 天抗压强度的关系

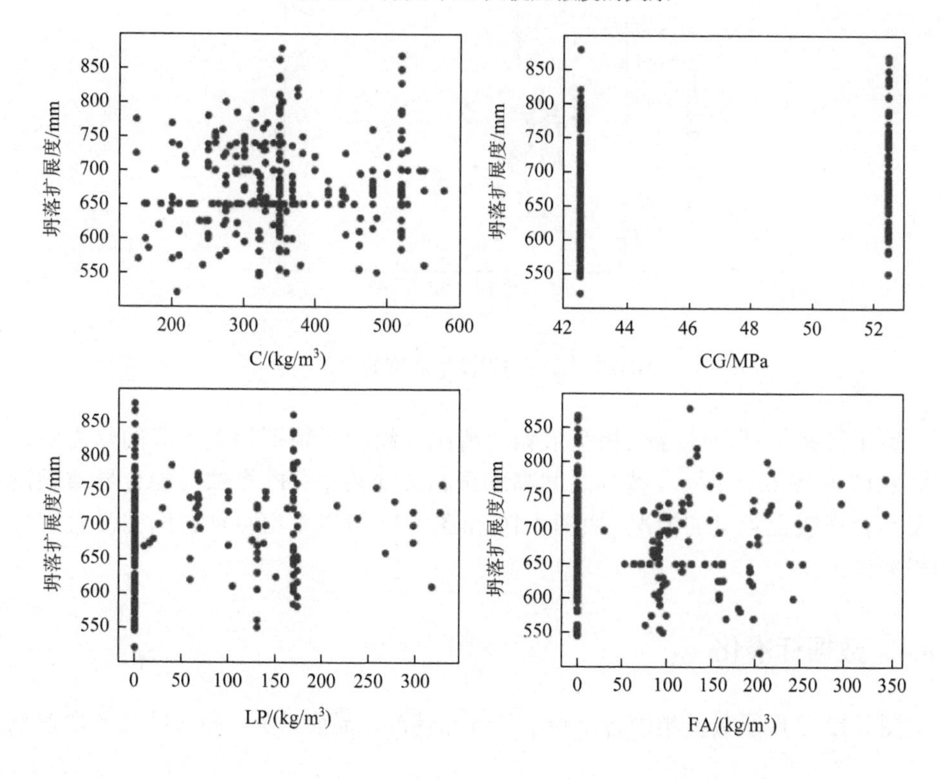

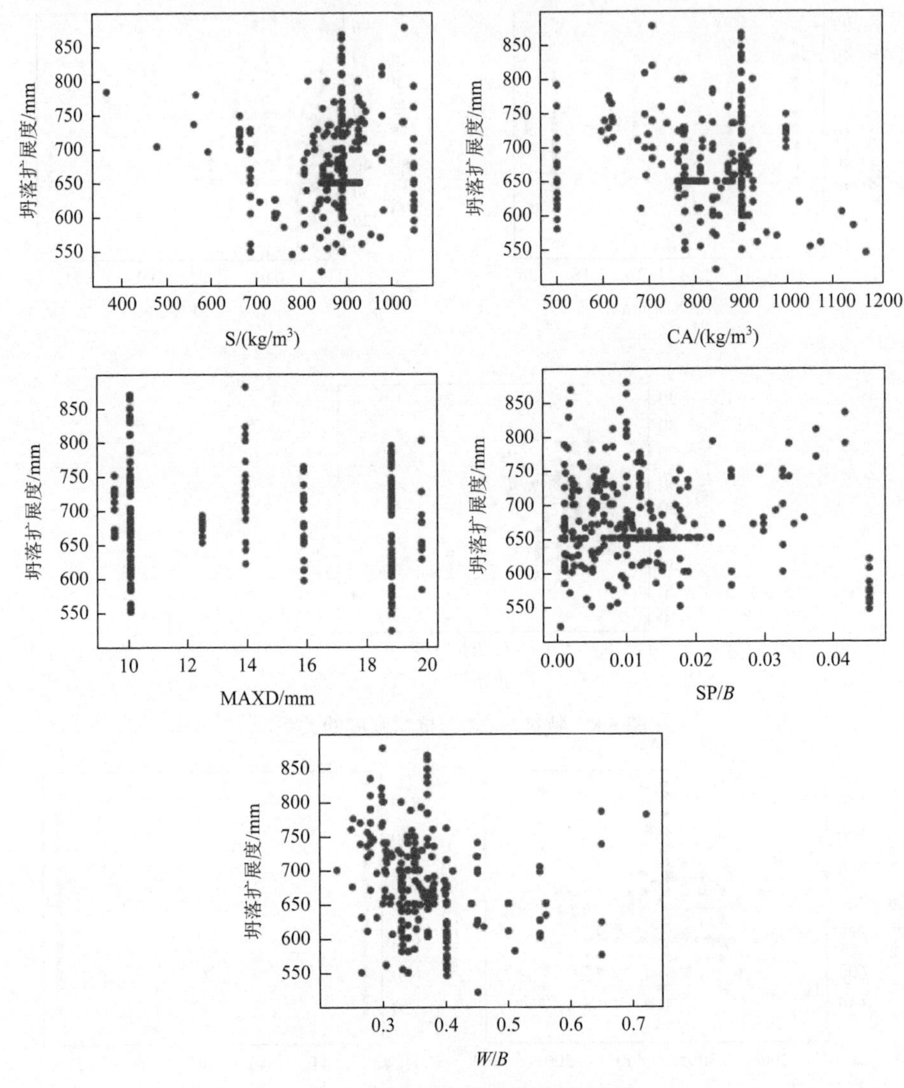

图 6.9 特征与坍落扩展度的关系

鉴于某些特征可能存在相互依赖的情况，绘制了特征相关矩阵的热力图，如图 6.10 和图 6.11 所示。特征之间高度正相关或负相关的系数可能会导致预测出现不合理或无意义的情况。由图 6.10 和图 6.11 可以看出特征之间并没有明显的相关性。

6.3.4 数据标准化

图 6.12 呈现了数据集中各个特征的分布情况。显而易见，每个特征的取值范

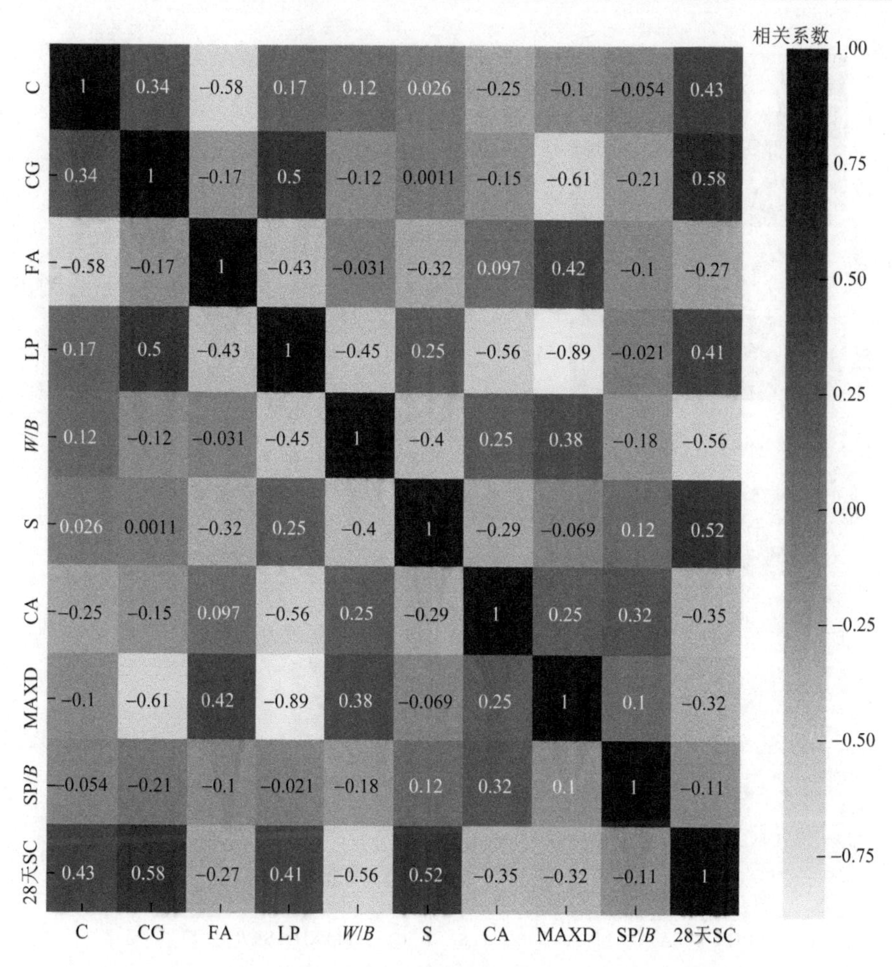

图 6.10　28 天抗压强度数据集输入变量的相关矩阵热图

围都各不相同，有时甚至存在数量级的差异。例如，S 的含量范围从 478 kg/m³ 到 1066 kg/m³ 不等，而 SP/*B* 的取值则在 0～0.045 变化。这些单位和数量级的差异显著地影响了预测模型的准确性，特别是对于 SVR 模型而言。因此，本节对特征数据的每一列进行了标准化处理。图 6.13 展示了经过标准化处理后的特征分布情况。正如预期，每个特征的取值都被缩放到均值为 0、标准差为 1 的统一范围内。

6.4　基于机器学习模型的低碳自密实混凝土模型与应用

6.4.1　抗压强度预测模型与应用

超参数惩罚系数 C 和高斯核参数 γ 在 SVR 模型建模过程中起着关键作用。当

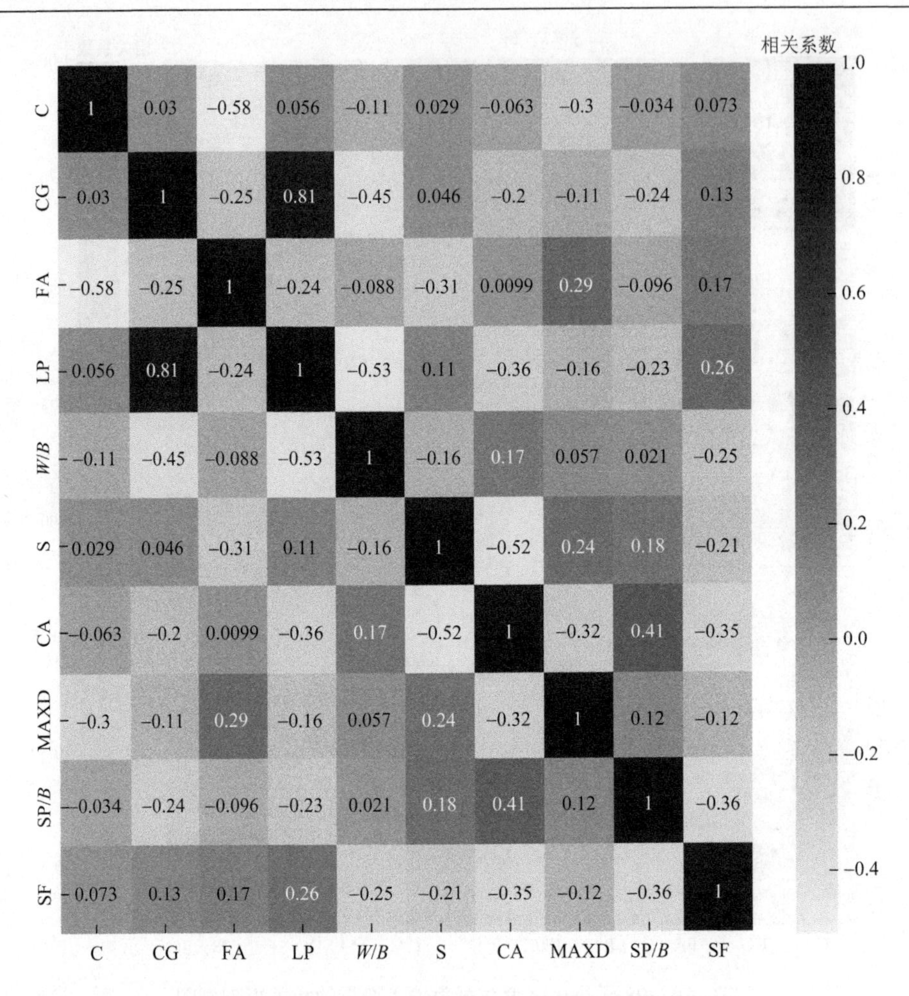

图 6.11　坍落扩展度数据集输入变量的相关矩阵热图

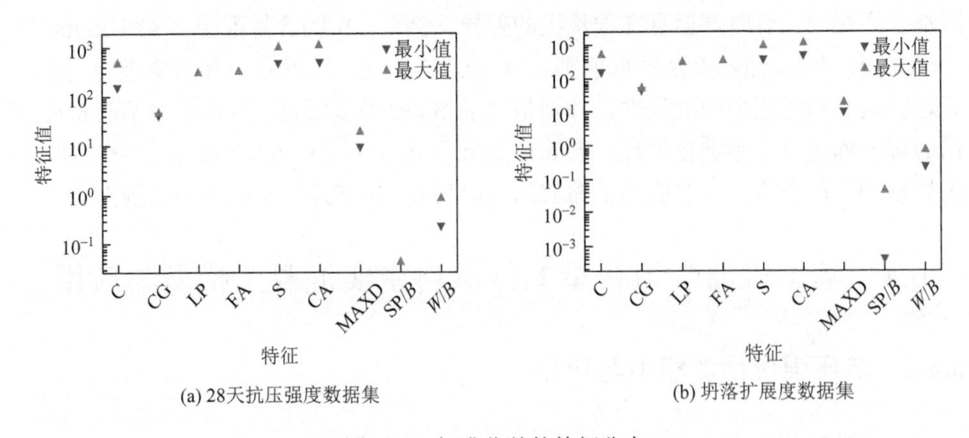

(a) 28天抗压强度数据集　　(b) 坍落扩展度数据集

图 6.12　标准化前的特征分布

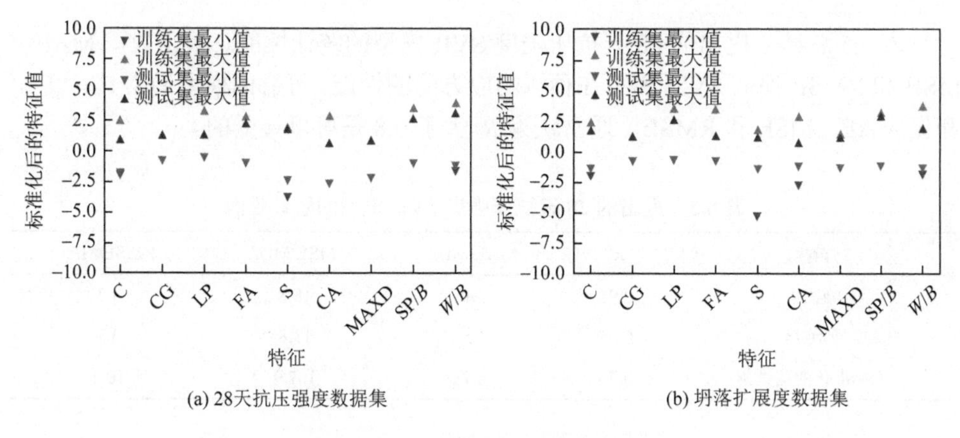

(a) 28天抗压强度数据集　　(b) 坍落扩展度数据集

图 6.13　标准化后的特征分布

C 较大时，可能导致过拟合，因为模型过度关注误差；而 C 较小时，可能导致拟合失败，因为模型容错能力过高。类似地，γ 较大会导致高狭长的高斯分布，也会导致过拟合。根据与混凝土性能预测相关的大部分文献，可知参数 C 的范围为 0.1～1000，而参数 γ 的范围为 0.001～100。然而，并不是所有 SVR 模型都适合这个范围内的参数。为了确定最佳值，本章采用了交叉验证方法。此外，在与其他函数比较后，选择 RBF 作为 SVR 模型的最佳核函数。

表 6.4 呈现了不同超参数组合的模型的统计性能。值得注意的是，过高或过低的 C 或 γ 可能导致过拟合或映射效率低下。$C=250$ 和 $\gamma=0.4$ 的最佳组合模型取得了令人满意的结果，R^2 相似。然而，当 γ 增加到 100 时，尽管训练集的 R^2 接近 1，但测试集的 R^2 降至 0.57，表明发生了过拟合。

表 6.4　28 天抗压强度 SVR 模型的统计模型性能（部分）

序号	C	γ	训练集 R^2	测试集 R^2
最优	250	0.4	0.95	0.95
1	250	0.001	0.68	0.85
2	250	0.01	0.77	0.91
3	250	1	0.96	0.93
4	250	10	0.99	0.74
5	250	100	0.99	0.57
6	0.1	0.4	0.07	0.02
7	1	0.4	0.49	0.44
8	10	0.4	0.89	0.91
9	100	0.4	0.94	0.95
10	500	0.4	0.96	0.94

表 6.5 总结了提出的 28 天抗压强度 SVR 模型的统计性能。采用 R^2、MAE、MSE 和 RMSE 评估 SVM 模型在预测响应方面的性能。可靠的模型通常具有高 R^2 和低 MAE、MSE 和 RMSE，通常认为 R^2 大于 0.8 是可以接受的。

表 6.5　提出的 28 天抗压强度 SVR 模型的统计性能

指标	R^2	MAE/MPa	MSE/MPa	RMSE/MPa
测试集	0.95	3.1	18.8	4.3
训练集	0.95	1.5	13.8	3.7
未标准化的测试集	0.70	6.7	107.9	10.4

图 6.14 呈现了 28 天抗压强度 SVR 模型预测结果与实验值的对比。正如图 6.14 和表 6.5 所示，大多数数据点位于它们的边界内，训练数据和测试数据的 R^2 均较高，分别为 0.95。这表明模型预测结果与实验值之间建立了良好的相关性。对于模型的性能评估，必须同时考虑训练数据和测试数据，因为如果训练集的分数（R^2）远高于测试集，通常认为模型过拟合。本节提出的 SVR 模型在两

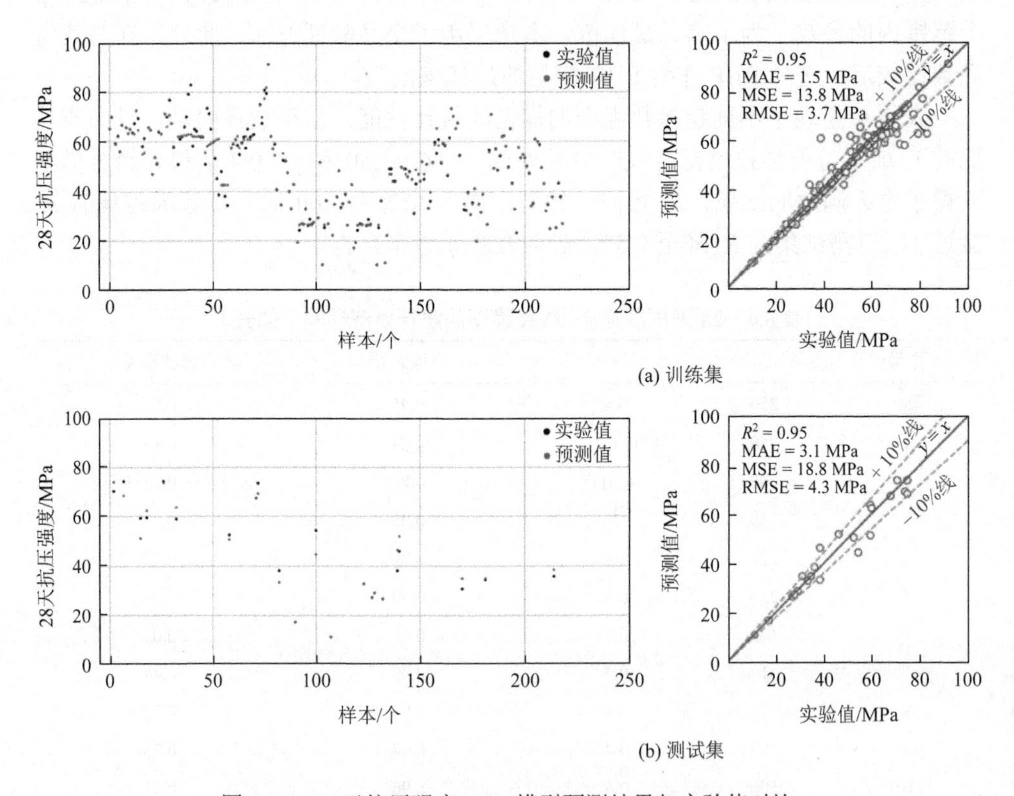

图 6.14　28 天抗压强度 SVR 模型预测结果与实验值对比

个数据集上获得了相似且令人满意的分数，表明该模型不仅有效地学习了上述特征与 28 天抗压强度之间的映射关系，而且具有令人满意的泛化能力。此外，值得注意的是，标准化过程显著提高了 R^2，从 0.70 提升至 0.95，这表明标准化过程有效地提高了 SVR 模型的准确性。

此外，图 6.15 显示了 28 天抗压强度 SVR 模型的预测误差分布。经过精心训练，得到了可接受误差的 SVR 预测模型。如图 6.15 所示，测试数据中 72%的相对误差在 10%以内，77%的绝对误差在 5 MPa 以内。对于训练集，95%的数据相对误差在 10%以内。尽管存在一些异常值（相对较大误差的数据点），但大多数数据点的小误差表明模型具有良好的性能。因此，提出的 SVR 模型可以有效地估算加入 FA 和 LP 的 SCC 的 28 天抗压强度。该模型可以帮助研究人员和工程师了解组分比例对 SCC 力学性能的影响，并进一步帮助在不同服务条件下确定 SCC 的配合比。

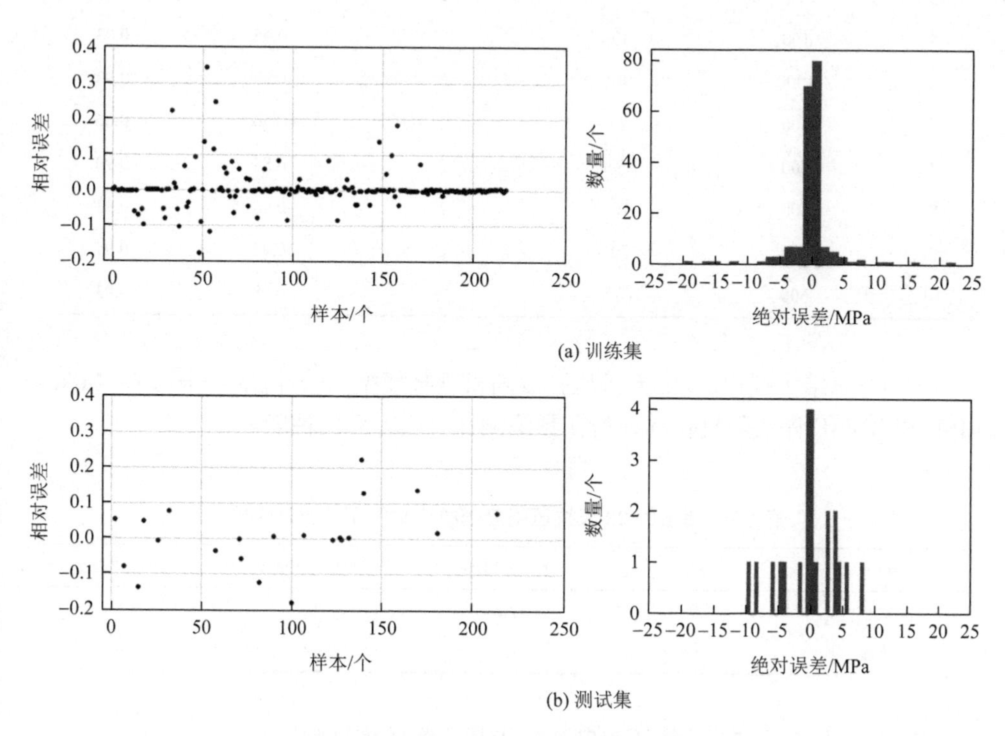

图 6.15　28 天抗压强度 SVR 模型预测误差分布

采用随机森林建模时需要确定 3 个重要的超参数：森林中决策树的数量（n_estimators）、每棵决策树中随机选择的特征数量（max_features）和树的最大深度（max_depth）。这些参数显著影响着随机森林模型的性能和效率。例如，随着参数 n_estimators 的增大，随机森林模型的准确性会提高，但计算效率则会降低。

因此，需要在效率和准确性之间取得平衡。本节采用交叉验证来调整这 3 个超参数。

表 6.6 展示了不同超参数组合的 28 天抗压强度随机森林模型的统计性能。所有模型在 R^2 方面表现良好。经过 10 折交叉验证，最终确定的 n_estimators、max_features 和 max_depth 的值分别为 600、2 和 40。

表 6.6　统计模型性能与 28 天抗压强度随机森林模型的不同超参数组合（部分）

序号	n_estimators	max_depth	max_features	训练集 R^2	测试集 R^2
最优	600	40	2	0.98	0.95
1	1	40	2	0.73	0.92
2	5	40	2	0.95	0.90
3	10	40	2	0.95	0.88
4	100	40	2	0.95	0.93
5	1000	40	2	0.97	0.93
6	600	1	2	0.50	0.66
7	600	5	2	0.87	0.90
8	600	10	2	0.98	0.93
9	600	50	2	0.98	0.94
10	600	100	2	0.98	0.93

表 6.7 总结了提出的 28 天抗压强度随机森林模型的统计性能。采用 R^2、MAE、MSE 和 RMSE 评估随机森林模型在预测测试响应方面的性能。

表 6.7　提出的 28 天抗压强度随机森林模型的统计性能

指标	R^2	MAE/MPa	MSE/MPa	RMSE/MPa
测试集	0.95	2.8	12.2	3.5
训练集	0.98	1.8	5.9	2.4

图 6.16 显示了 28 天抗压强度随机森林模型的模型预测与实验观测的比较。如图 6.16 和表 6.7 所示，大多数数据点再次位于其边界内，训练数据和测试数据的决定系数分别为 0.98 和 0.95，表明模型预测与实验观测之间建立了良好的相关性，适用于训练集和测试集。在两个数据集上获得的可比较和令人满意的结果表明，该随机森林模型不仅有效地学习了特征与 28 天抗压强度之间的映射关系，而且具有令人满意的泛化能力。

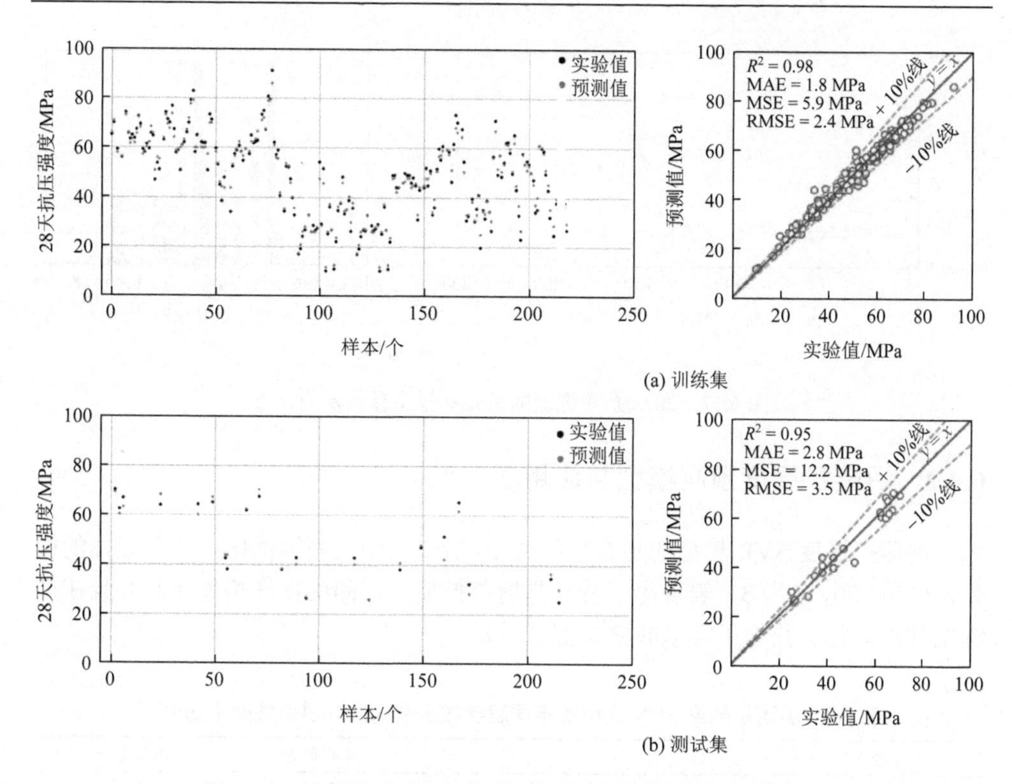

图 6.16　28 天抗压强度随机森林模型预测结果与实验值对比

此外，图 6.17 显示了 28 天抗压强度随机森林模型的预测误差分布，该误差分布是经过充分训练得到的，以开发具有可接受误差的随机森林预测模型。如图 6.17 所示，测试集中的大部分预测误差在 4.0 MPa 以内。具体而言，测试数据中有 50%的相对误差小于 5%，有 90%的相对误差小于 10%。尽管存在一些异常值，但大部分数据点的可接受误差表明随机森林模型表现良好。因此，提出的随机森林模型也能够准确预测加入 FA 和 LP 的 SCC 的 28 天抗压强度。

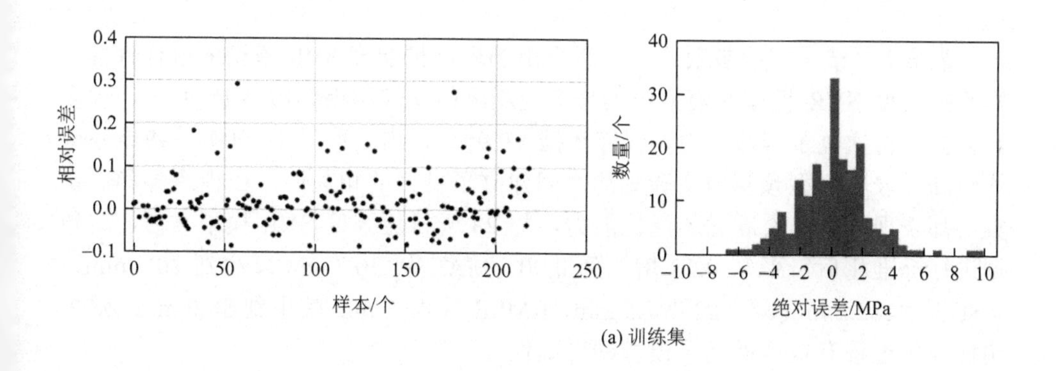

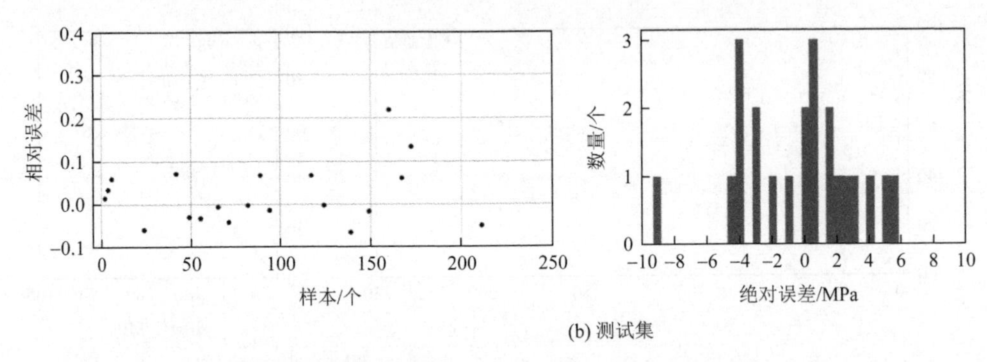

(b) 测试集

图 6.17 28 天抗压强度随机森林模型预测误差分布

6.4.2 坍落扩展度预测模型与应用

坍落扩展度 SVR 模型的超参数经过 10 折交叉验证而被优化。表现最佳的模型，C 为 900、γ 为 3，表现出了特征与坍落扩展度之间的良好相关性，并且在训练集和测试集上获得了类似的 R^2，见表 6.8。

表 6.8 坍落扩展度 SVR 模型的不同超参数组合的统计模型性能（部分）

序号	C	γ	训练集 R^2	测试集 R^2
最优	900	3	0.95	0.90
1	900	0.001	0.33	0.49
2	900	0.01	0.55	0.78
3	900	0.1	0.77	0.85
4	900	10	0.99	0.49
5	900	100	0.99	0.11
6	1	3	0.01	0.06
7	10	3	0.33	0.56
8	100	3	0.84	0.89
9	500	3	0.94	0.90
10	5000	3	0.99	0.86

表 6.9 总结了不同参数评估下所提出的坍落扩展度 SVR 模型的统计性能。坍落扩展度 SVR 模型的模型预测与实验观测的比较结果如图 6.18 所示。大多数数据点再次位于其边界内，训练数据（0.95）和测试数据（0.90）的决定系数均较高，表明模型预测与实验观测之间建立了良好的相关性，在训练集和测试集上都表现出了令人满意的泛化能力。与 28 天抗压强度 SVR 模型类似，对数据进行标准化后，R^2 从 0.28 增加到 0.90，MAE 从 36.7 mm 减小到 20.3 mm，MSE 从 2182.2 mm 减小到 897.5 mm，RMSE 从 46.7 mm 减小到 30.0 mm，这表明标准化过程有效地提高了模型的准确性。

表 6.9　提出的坍落扩展度 SVR 模型的统计性能

指标	R^2	MAE/mm	MSE/mm	RMSE/mm
测试集	0.90	20.3	897.5	30.0
训练集	0.95	4.0	200.7	14.2
未标准化的测试集	0.28	36.7	2182.2	46.7

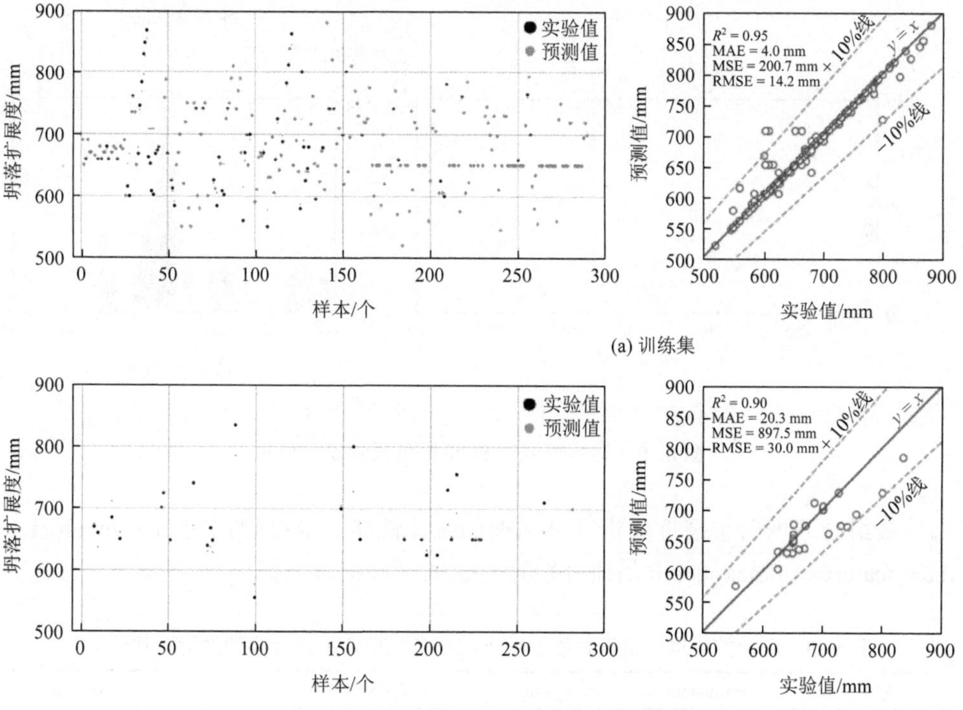

(a) 训练集

(b) 测试集

图 6.18　坍落扩展度 SVR 模型预测结果与实验值对比

此外，图 6.19 显示了坍落扩展度 SVR 模型的预测误差分布。经过精心训练，得到了一个具有可接受误差的 SVR 预测模型。在测试集中，大多数预测误差在 25.0 mm 以内，所有的测试和训练数据相对误差均在 10%以内。尽管存在一些误差相对较大的点，但对大部分数据点而言，模型的表现是良好的，这可以从大多数数据点的小误差中看出。因此，所建议的 SVR 模型能够准确预测加入 FA 和 LP 的 SCC 的坍落扩展度。该模型可以帮助研究人员和工程师理解成分比例变化对 SCC 流动性的影响，并进一步帮助其确定在不同服务条件下的 SCC 配合比。

采用交叉验证来调整坍落扩展度随机森林模型的超参数。表 6.10 展示了不同

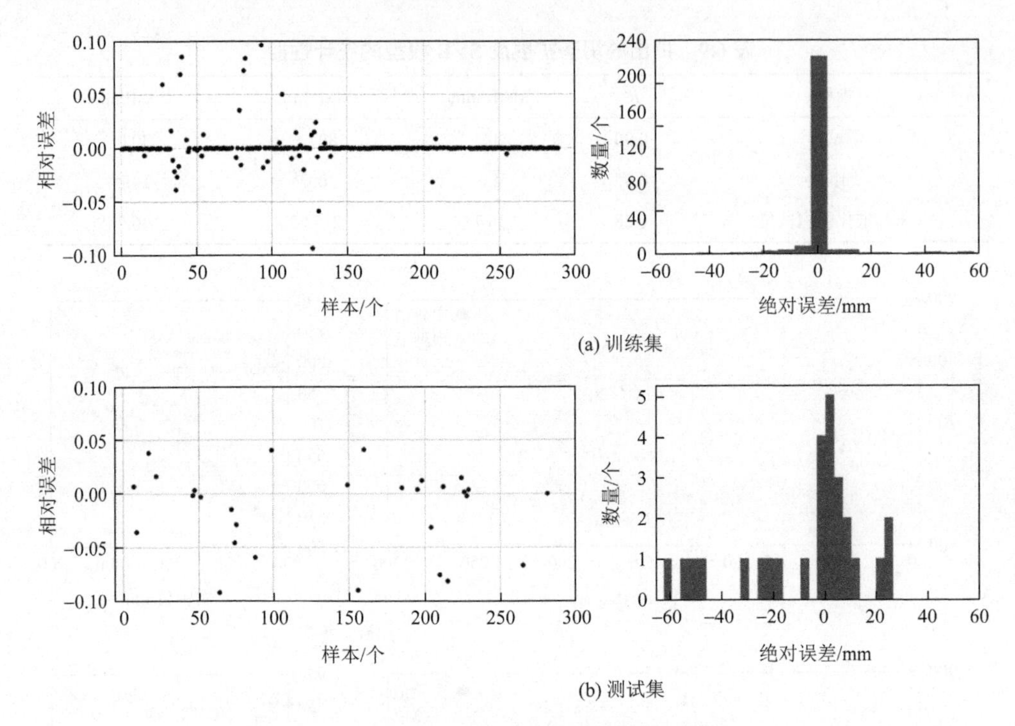

(a) 训练集

(b) 测试集

图 6.19 坍落扩展度 SCR 模型预测误差分布

超参数组合下坍落扩展度随机森林模型的统计性能。最终确定的 n_estimators、max_features 和 max_depth 的值分别为 590、2 和 80。

表 6.10 坍落扩展度随机森林模型的不同超参数组合的统计模型性能（部分）

序号	n_estimators	max_depth	max_features	训练集 R^2	测试集 R^2
最优	590	80	2	0.94	0.93
1	1	80	2	0.80	0.59
2	5	80	2	0.85	0.92
3	10	80	2	0.92	0.84
4	100	80	2	0.94	0.92
5	1000	80	2	0.94	0.92
6	590	1	2	0.22	0.41
7	590	5	2	0.76	0.92
8	590	10	2	0.92	0.92
9	590	50	2	0.93	0.92
10	590	200	2	0.93	0.92

表 6.11 总结了所提出的坍落扩展度随机森林模型的统计性能。图 6.20 展示了坍落扩展度随机森林模型的预测值与实验值的比较结果。如图 6.20 和表 6.11 所示，

训练集（0.94）和测试集（0.93）的决定系数均较高，表明预测值与实验值在训练集和测试集上都有良好的相关性。此外，训练集和测试集上类似且令人满意的得分表明了随机森林模型对特征与坍落扩展度之间的映射关系的有效学习，以及其良好的泛化能力。

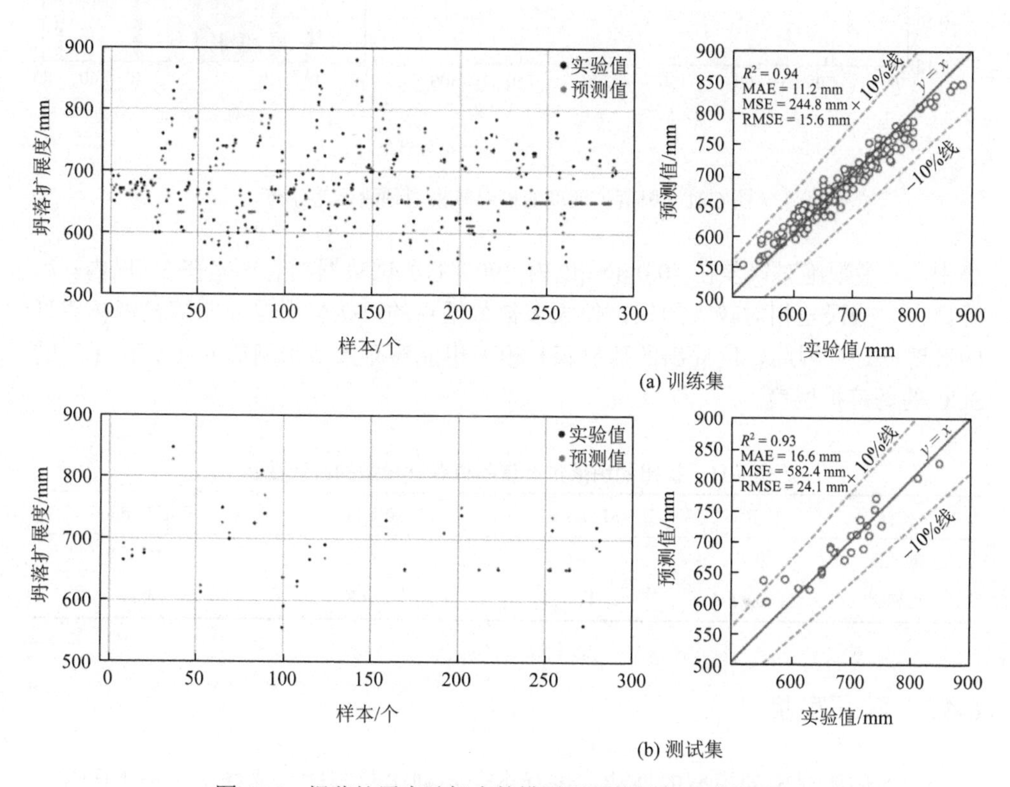

图 6.20　坍落扩展度随机森林模型预测结果与实验值对比

此外，图 6.21 展示了坍落扩展度随机森林模型的预测误差分布。经过精心训练，得到了一个可接受误差的随机森林预测模型。从图 6.21 中可以看出，在测试

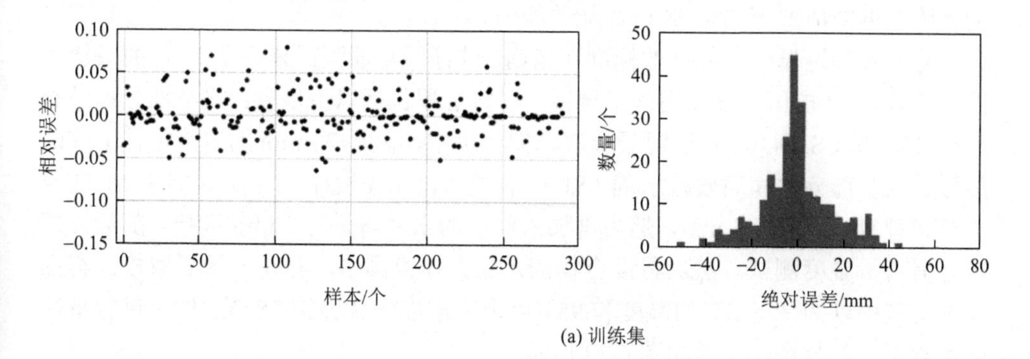

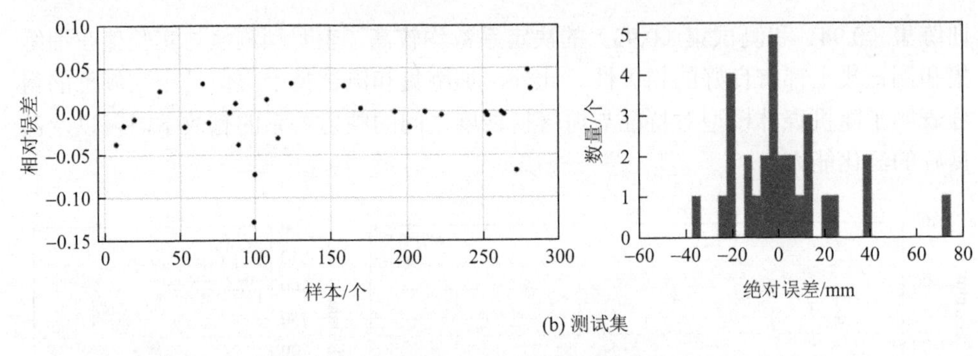

(b) 测试集

图 6.21 坍落扩展度随机森林模型预测误差分布

集中，大多数绝对误差在 40.0 mm 以内，90%的测试数据相对误差在 5%以内。尽管存在一些误差相对较大的点，但大多数数据点的可接受误差表明随机森林模型的表现良好。因此，所提出的随机森林模型也能够有效地预测加入 FA 和 LP 的 SCC 的坍落扩展度。

表 6.11 提出的坍落扩展度随机森林模型的统计性能

指标	R^2	MAE/mm	MSE/mm	RMSE/mm
测试集	0.93	16.6	582.4	24.1
训练集	0.94	11.2	244.8	15.6

6.4.3 验证实验

为评估所提出的模型的性能，进行了一系列实验测试。选择了三种不同强度等级（C45、C50、C55）的 SCC 进行了测试和预测。这些强度等级是根据实际应用选择的。为了进一步强调所提出模型的泛化能力，选择了三组验证实验中使用的配合比。这些特定的组合在现有数据集中并不可用，旨在验证模型在没有相应的训练数据的情况下预测 SCC 性能的能力。

验证实验遵循既定的行业标准和指南。进行了几项测试来评估 SCC 的关键性能，包括 28 天抗压强度和坍落扩展度。实验过程包括以下步骤：将半部分黏结材料和骨料加入 SJD-100 强迫混凝土双轴搅拌机中，并以 47 r/min 的速度搅拌 1 min。然后加入半部分水和高效减水剂（SP），再进行 2 min 搅拌。然后加入剩余的黏结材料和骨料，并搅拌 1 min，然后再加入剩余的水并再进行 2 min 搅拌。随后立即进行坍落扩展度测试。然后将混合物倒入立方体模具中，并在一天后取模。样品在湿度室中以 20℃±2℃的温度和 95%以上的湿度条件养护 28 天，然后进行抗压强度测试。部分实验步骤如图 6.22 所示。

对于坍落扩展度测试，混合物样品被倒入特定形状的锥形容器中。然后缓慢抬起容器，使混凝土自由流动直至停止。然后测量坍落扩展度，作为混凝土混合物两个垂直直径的平均值。这些步骤严格按照《自密实混凝土应用技术规程》（JGJ/T 283—2012）执行。

采用 200 t 电液伺服压力试验机测定样品的抗压强度。立方体试件尺寸为 100 mm×100 mm×100 mm。实验参数根据《混凝土物理力学性能试验方法标准》（GB/T 50081—2019）设置，加载速率为 0.5 MPa/s。试验仪在实验过程中自动记录负荷和位移数据。

图 6.22　实验过程

表 6.12 展示了预测和验证实验的结果。28 天抗压强度预测相对误差为 –13.5%～6.8%，而坍落扩展度预测相对误差为–2.8%～5.4%。这些误差在可接受范围内，表明所提出的模型在预测 SCC 性能方面是可靠的。总体而言，这个验证实验展示了所提出的模型在 SCC 设计和预测中的准确性和有效性。本节使用所提出的随机森林模型预测了 SCC 的性能。

表 6.12　预测和验证实验结果

SCC	C45	C50	C55
C/(kg/m^3)	270	390	330

续表

SCC	C45	C50	C55
CG/MPa	42.5	42.5	42.5
FA/(kg/m^3)	70	55	50
LP/(kg/m^3)	60	0	70
W/*B*	0.39	0.38	0.33
S/(kg/m^3)	850	850	799
CA/(kg/m^3)	933	890	938
MAXD/mm	20	16	20
SP/*B*	0.030	0.021	0.029
28 天抗压强度实验值/MPa	47.4	53.2	57.8
28 天抗压强度预测值/MPa	47.7	56.8	50.0
28 天抗压强度预测相对误差/%	0.6	6.8	−13.5
坍落扩展度实验值/mm	705	665	650
坍落扩展度预测值/mm	685	685	685
坍落扩展度预测相对误差/%	−2.8	3	5.4

6.5 基于机器学习模型的低碳自密实混凝土模型分析

6.5.1 基于机器学习模型的低碳自密实混凝土模型比较

为了深入探讨不同机器学习模型在预测 SCC 性能方面的表现，本节对 28 天抗压强度和坍落扩展度等指标进行了综合评估，对各类模型进行了全面的比较，涵盖了本节所提出的模型及已有的 SCC 抗压强度和坍落扩展度预测模型，具体信息详见表 6.13 和表 6.14。在现有模型中，ANN 模型被广泛用于预测 SCC 抗压强度和坍落扩展度，其中 11 项研究中有 8 项采用了该模型。虽然 ANN 模型作为一种传统机器学习模型在各个领域得到了广泛应用，但在小样本情况下，其泛化能力差、收敛速度慢及容易过拟合等局限性仍然存在。此外，ANN 模型的隐藏层结构选择也是一个复杂而耗时的任务。SVM 模型是另一种常见的模型，文献中有 7 项研究采用了 SVM 模型。SVM 模型专门为寻找全局最优解而设计，能够解决 ANN 模型中可能出现的局部极值问题，因此在某些情况下显示出优于 ANN 模型的泛化能力。然而，SVM 模型同样存在一些限制，如对缺失数据、参数和核函数的敏感性。为了克服这些局限，RF 模型作为一种集成模型被认为是一个潜在的解决方案，它在处理多特征问题和异常数据方面表现出色，同时具有良好的泛化能力。

然而，尽管如此，RF 模型在 SCC 领域中的应用仍相对较少。尽管如此，现有研究表明 RF 模型能够有效预测混凝土性能。

表 6.13　所提出模型和现有模型对 SCC 28 天抗压强度预测精度的比较

模型	R^2	MAE/MPa	MSE/MPa	RMSE/MPa
SVR	0.95	1.5	13.8	3.7
RF	0.98	1.8	5.9	2.4
ANN	0.87	5.4	40.8	6.4
SVM	0.79	5.0	48.8	7.0
GEP	0.90	3.7	29.2	5.4
SVM-指数径向基函数	0.96	—	14.3	3.8
SVM-径向基函数	0.28	—	228.7	15.1
ANN	0.88	—	38.5	6.2
MVR	0.83	—	63.7	8.0
ANN	0.92	—	—	—
ANN	0.95	—	—	—
ANN	0.90	1.6	5.3	2.3
ANN	0.45	—	—	—
GEP	0.45	—	—	—
RVM	0.98	—	—	—
ANN	0.96	—	—	—
ANN	0.92	2.8	13.6	3.7
RF	0.71	5.4	56.0	7.5
SVR	0.87	3.5	24.6	5.0

表 6.14　所提出模型和现有模型对 SCC 坍落扩展度预测精度的比较

模型	R^2	MAE/mm	MSE/mm	RMSE/mm
SVR	0.95	4.0	200.7	14.2
RF	0.94	11.2	244.8	15.6
SVM-指数径向基函数	0.93	—	136.4	11.7
SVM-径向基函数	0.59	—	889.8	29.8
ANN	0.62	—	696.4	26.4
MVR	0.14	—	2845.1	53.3
SVM-径向基核函数（训练数据）	0.97	—	725.2	26.9
SVM-多项式核函数（训练数据）	0.95	—	1346.1	36.7
SVM	0.91	—	1196.8	34.6

表 6.13 中的数据显示，本节提出的模型在准确性方面优于大多数现有模型。唯一一个 R^2（0.98）超过本章模型的是 Jayaprakash 等提出的模型，该模型有效地建立了 W/B、W/C 与 SCC 抗压强度之间的关联。然而，该模型并未考虑其他关键变量。Prasenji 等也开发了一个性能良好的模型，其 R^2 高达 0.96，可以有效预测传统 SCC 的抗压强度。然而，该模型的适用范围不包括添加辅助胶凝材料（如 FA 和 LP）的 SCC。此外，表 6.14 中显示，虽然有一些研究开发了预测 SCC 坍落扩展度的模型，但本章提出的模型在准确性和适用范围方面都有所提升。这主要得益于在建模之前进行的系统特征工程，包括特征选择、异常检测和数据标准化等。此外，本节所采用的输入变量还包括一些其他模型未考虑的关键特征，如 CG、MAXD 和辅助胶凝材料等。

此外，除了 SVR-RBF 和 RF 模型之外，本节还开发了其他 8 种不同的机器学习模型，以进行全面和客观的性能比较。图 6.23 和图 6.24 呈现了泰勒图，用于比较不同模型在 28 天抗压强度和坍落扩展度预测方面的性能。两图显示了每个模型的标准差（SD）、RMSE 和 R^2 等关键指标。图中模型点与实际点的接近程度反映了预测值与实验值的一致性程度。

从图 6.23 和图 6.24 中可以清晰地看出，RF 模型在预测这两个关键性能方面略优于 SVR 模型。然而，值得注意的是，只要进行适当的数据预处理、特征选择和精心的模型训练，SVR 和 RF 模型均能够展现出高度准确的预测能力。例如，所提出的 SVR 模型预测的 28 天抗压强度的 SD、RMSE 和 R^2 分别为 16.4MPa、4.34MPa 和 0.97，而 RF 模型预测的 28 天抗压强度的 SD、RMSE 和 R^2 分别为 15.1MPa、3.49MPa 和 0.97。

此外，需要指出的是，不同的 SVR 模型在预测 28 天抗压强度和坍落扩展度时呈现出不同的特性。具体而言，三种不同核函数的 SVR 模型在 28 天抗压强度预测方面表现良好（R^2 分别为 0.97、0.93 和 0.92）。然而，在坍落扩展度预测方面，线性核函数的 SVR 模型（$R^2=0.76$）表现较差，相比之下，RBF 核函数（$R^2=0.93$）和多项式核函数（$R^2=0.90$）的 SVR 模型表现更佳。此外，RF 模型和 GBM 模型都属于基于树的集成模型。值得注意的是，RF 模型（对于 28 天抗压强度模型：SD 为 15.1 MPa，RMSE 为 3.49 MPa，R^2 为 0.97；对于坍落扩展度模型：SD 为 68.8 mm，RMSE 为 24.1 mm，R^2 为 0.95）在预测这两个性能方面优于 GBM 模型（对于 28 天抗压强度模型：SD 为 13.9 MPa，RMSE 为 6.03 MPa，R^2 为 0.91；对于坍落扩展度模型：SD 为 41.2 mm，RMSE 为 32.7 mm，R^2 为 0.79）。

6.5.2　基于机器学习模型的低碳自密实混凝土模型参数分析

模型的性能受到高重要性特征的显著影响[6, 7]。通常，传统方法使用 RF 模型

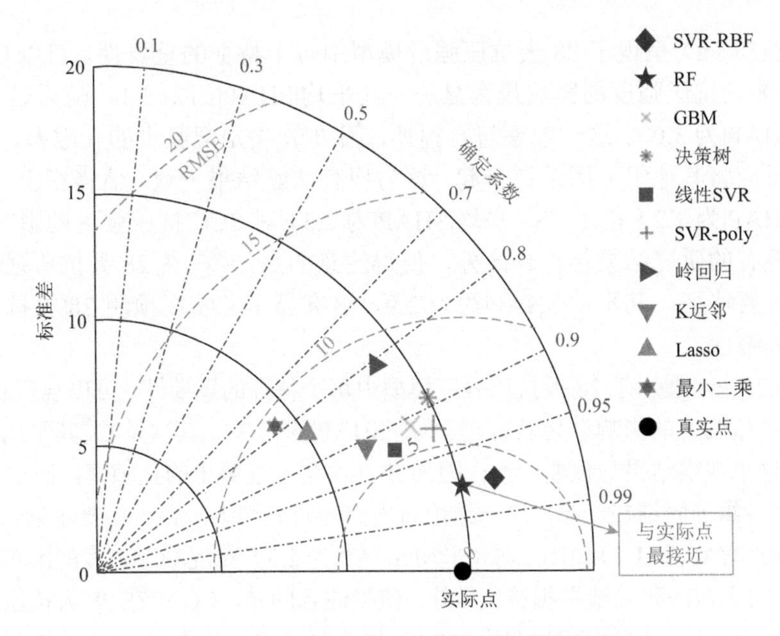

图 6.23　28 天抗压强度预测模型泰勒图比较

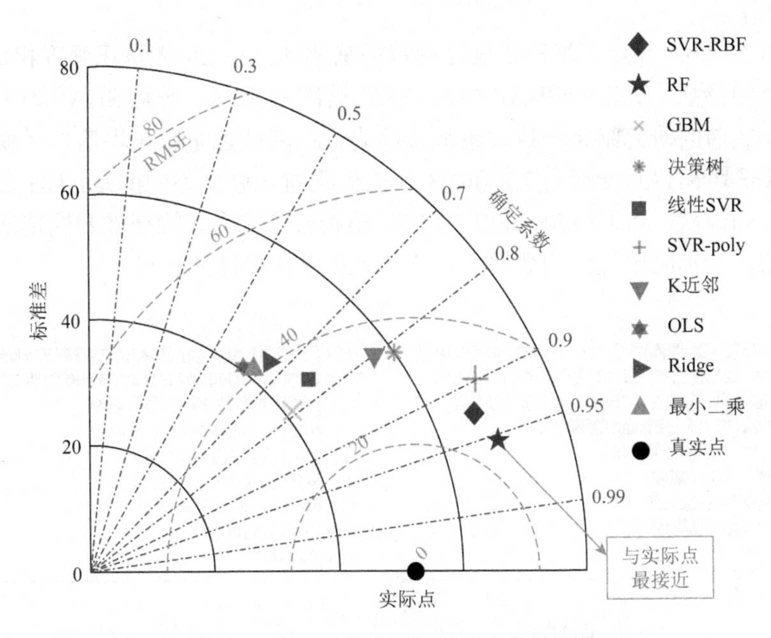

图 6.24　坍落扩展度预测模型泰勒图比较

计算各个特征对目标的重要性，该模型基于袋外数据进行训练。为了提供更易于理解且更优越的分析方法，本节引入了 SHAP 方法。应用 SHAP 方法计算每个特征的 SHAP 绝对值，并使用平均|SHAP|值来评估其重要性[8]。

图 6.25（a）呈现了 28 天抗压强度模型中每个特征的重要性。可以观察到，*W*/*B* 对 28 天抗压强度的影响最为显著，其平均|SHAP|约为 3.1；随后是 C 含量（平均|SHAP|为 3.0）。这一观察符合预期，因 *W*/*B* 决定混凝土的孔隙率，C 则通过水化反应将其他组分固结在一起，这与现有文献结果一致。值得指出，与 CA（平均|SHAP|为 1.2）相比，S（平均|SHAP|为 2.3）对 SCC 抗压强度的影响更大，这也与现有的研究结果相符。此外，值得注意的是，CG 在 28 天抗压强度预测中也是重要特征，其平均|SHAP|约为 2.9，这突显了 CG 在预测 28 天抗压强度方面的关键性。

图 6.25（a）展示了 28 天抗压强度模型中每个特征的重要性。可以观察到，*W*/*B* 对 28 天抗压强度的影响最为显著，其平均|SHAP|约为 3.1。其次是 C，其平均|SHAP|为 3.0。这个观察结果与预期一致，因为 *W*/*B* 决定了混凝土的孔隙率，而 C 通过水化反应将各组分固结在一起。这一结论与先前的研究结果一致。需要注意的是，与 CA（平均|SHAP|为 1.2）相比，S（平均|SHAP|为 2.3）对混凝土强度的影响更为显著，这也与之前的研究结果相符。另外，值得注意的是，CG 也在 28 天抗压强度预测中具有重要性，其平均|SHAP|约为 2.9，这突显了 CG 在预测 28 天抗压强度方面的关键作用。

图 6.25（b）显示了坍落扩展度的特征重要性，与 28 天抗压强度相似，*W*/*B* 是最重要的特征，其平均|SHAP|约为 12.0，其次是 SP/*B*，平均|SHAP|为 10.7，这个结果与之前的研究结果一致，也是合理的。S 和 C 也是影响坍落扩展度的重要特征，其平均|SHAP|分别为 7.2 和 6.3。与 28 天抗压强度不同的是，CG 在重要性排序中位列最后，其平均|SHAP|仅为 1.8。值得注意的是，特征重要性是基于数据集计算的，如果应用更大的数据集，将得到更具代表性的结果。

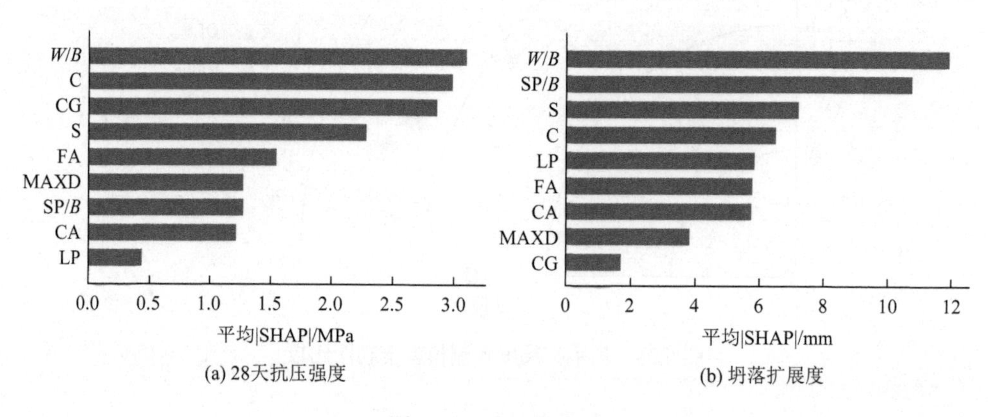

(a) 28天抗压强度　　(b) 坍落扩展度

图 6.25　重要性分析

为更好地理解机器学习模型的整体影响，图 6.26 采用 SHAP 全局汇总图描述每个特征的全局 SHAP。排名靠前的特征对预测值贡献较大。此外，暖色表示样本中特征较高的值，冷色表示较低的值。图 6.26 清晰显示了这 9 个特征对预测值产生的正负贡献。

图 6.26（a）和图 6.26（b）分别展示了 28 天抗压强度和坍落扩展度的全局 SHAP。可以看出，*W*/*B*、C 和水泥强度等级是 28 天抗压强度的主要贡献因素。类似地，*W*/*B*、SP/*B* 与 S 对坍落扩展度的贡献较大。这些结果是合理的，对于 28 天抗压强度，高 *W*/*B* 会带来负面贡献，而高 C 则对预测值产生正面贡献。高 *W*/*B* 导致混凝土孔隙率增加，从而对 28 天抗压强度发展不利。相反，对于坍落扩展度，高 *W*/*B* 或高 SP/*B* 会带来正面贡献。高 *W*/*B* 意味着水增加，形成较厚水膜，减少颗粒之间摩擦，提高 SCC 的流动性，因此坍落扩展度增大。SP 可以促进颗粒分散，减少颗粒间摩擦，增强润滑，从而提高流动性。然而，当 S 超过一定阈值时，骨料总表面积增加，覆盖骨料的水泥浆层变薄，降低内聚力和保水性，从而降低坍落扩展度[9]。这些结果验证了数据集和所建立模型的物理合理性，同时表明 SHAP 方法成功解释了数据集和模型的整体结构。

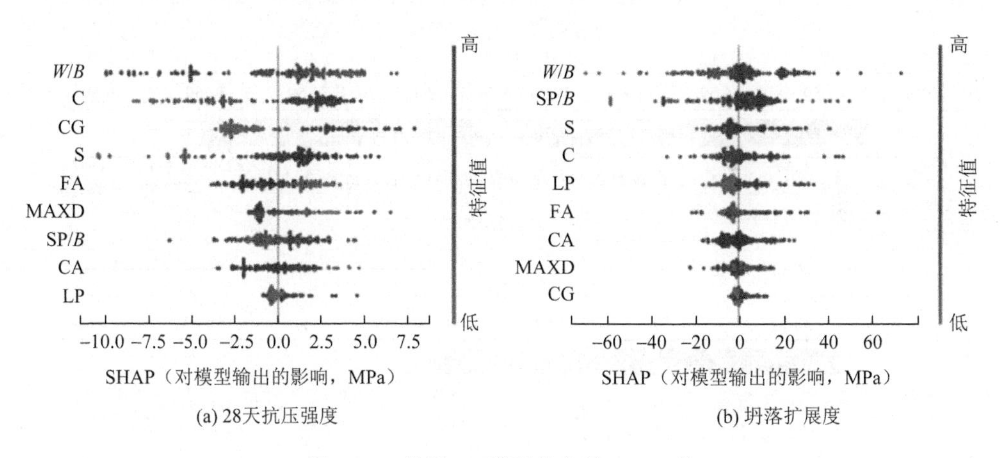

图 6.26　基于 RF 模型的全局 SHAP 值

局部 SHAP 解释了每组预测的结果，有助于用户对提出的模型产生信心，并理解各特征对目标的影响。图 6.27 展示了基于 28 天抗压强度 RF 模型的 3 个典型情景的局部解释。该图显示了每个特征对是如何影响预测结果的。值得注意的是，基准值是数据集中所有样本预测值的平均值，对于 28 天抗压强度 RF 模型，基准值为 48.6 MPa。

在场景 1 中，如图 6.27（a）所示，最终预测值为 63.94 MPa，高于基准值。这是因为大多数特征对 28 天抗压强度有积极的贡献。局部 SHAP 图显示，高砂含量（S = 1050 kg/m^3）是这个结果中最重要的因素，高砂含量使混凝土基质致密，从而对混凝土强度产生积极贡献。此外，小骨料直径（MAXD = 16 mm）增加了密实度，从而对 SCC 强度产生了积极贡献。此外，低 *W*/*B*、足够的 CA 和 C 支持了场景 1 中高强度的结果。然而，非常低的 SP/*B* 对强度产生负面贡献。

在场景 2 中，如图 6.27（b）所示，最终预测值为 47.86 MPa。此结果的主要贡献因素是低水胶比（*W*/*B* = 0.39）和高砂含量（S = 916 kg/m^3）。然而，较低的水泥强度等级（CG = 42.5 MPa）和水泥含量（C = 220 kg/m^3）对混凝土强度产生了负面影响。

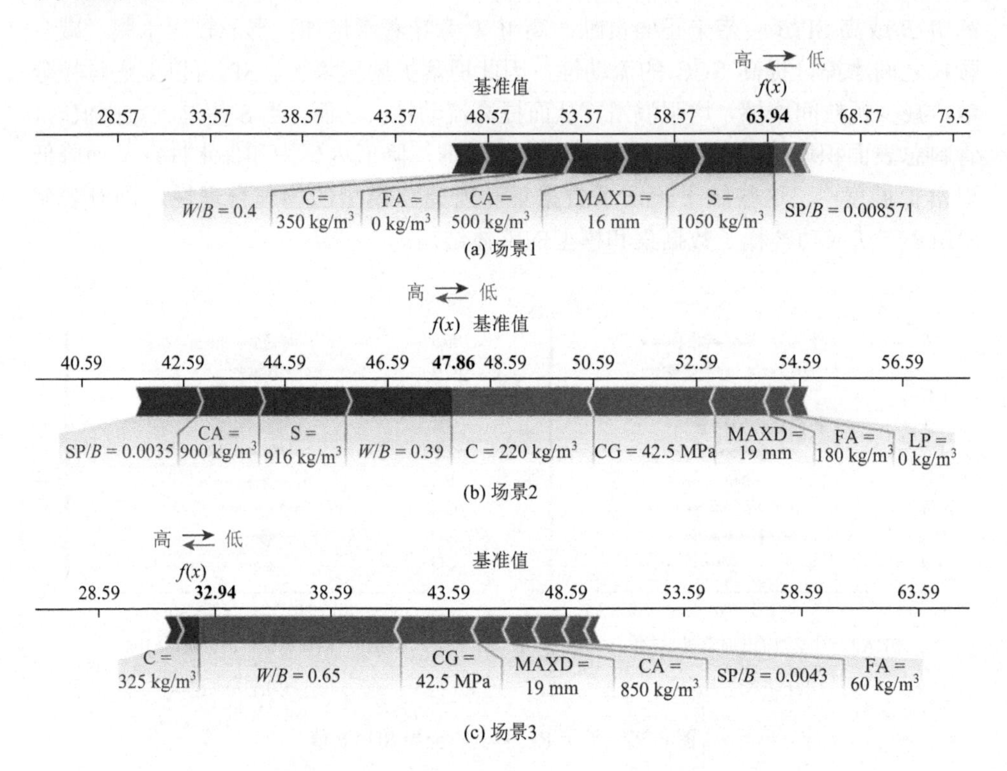

图 6.27　基于 28 天抗压强度 RF 模型的 3 个典型场景的局部解释

在场景 3 中，如图 6.27（c）所示，最终预测值为 32.94 MPa，低于基准值。高水胶比（*W*/*B* = 0.65）是主要的贡献因素，它在混凝土基质中引入了更多的孔隙，导致较低的强度。在这种情况下，只有 C 和 S 是对最终结果产生积极贡献的两个特征。

与图 6.27 类似，瀑布图也清晰地说明了特征的贡献。图 6.28 给出了基于坍落扩展度 RF 模型的局部解释示例。从图 6.28 中可以看出，预测值（699.137 mm）高于基准值（673.069 mm）。最重要且物理合理的贡献因素是高水胶比（*W*/*B* = 0.56）

和高砂含量（S = 921 kg/m³）。然而，低水泥含量（C = 264.5 kg/m³）且没有添加辅助胶凝材料（FA 和 LP）对坍落扩展度产生负面影响。

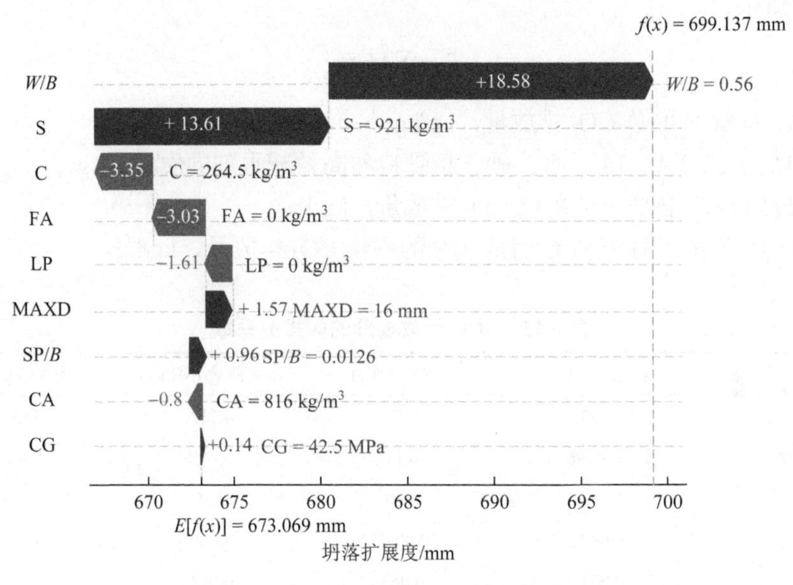

图 6.28　基于坍落扩展度 RF 模型的瀑布图

6.6　基于机器学习模型的低碳自密实混凝土设计方法与实例

6.6.1　低碳自密实混凝土设计方法

本节将上文建立的模型与搭建好的遗传算法框架相结合，以最小化碳排放为目标优化 SCC 配合比，如图 6.29 所示[9]。

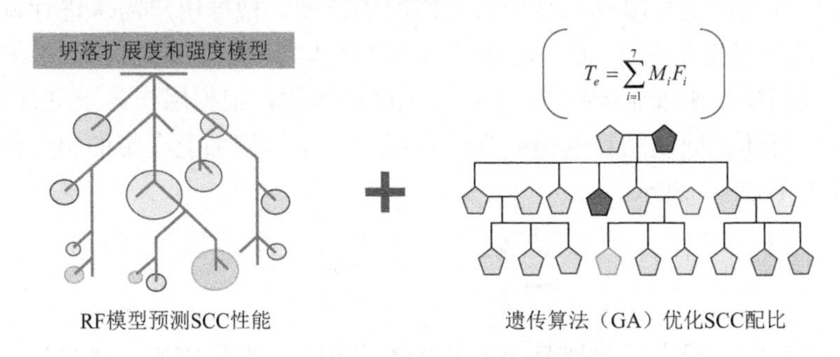

图 6.29　SCC 配合比优化示意图

1. 目标函数

本节研究的目的是设计一种低碳排放的可持续 SCC。在这种情况下，目标函数设定为 SCC 生命周期内的总 CO_2 排放量，包括原材料、制造加工和运输排放量。CO_2 排放量等于使用的每种原材料的质量乘以每种材料的单位 CO_2 排放量，如式（6.10）所示。

$$T_e = \sum_{i=1}^{7} M_i F_i \tag{6.10}$$

式中，T_e 为 SCC 的总 CO_2 排放量，kg/kg；

M_i 为 C、FA、LP、水、砂、粗骨料和高效减水剂的质量，kg；

F_i 为 SCC 各成分的单位 CO_2 排放量，kg/kg。

表 6.15 列出了每个 SCC 组成成分的单位 CO_2 排放量，kg/kg。

表 6.15　SCC 组成成分的碳排放系数

组成成分	CO_2 排放/(kg/kg)	成本/(元/kg)	隐含能量/(MJ/kg)	密度/(kg/m^3)
水泥	0.931	0.50	4.727	3150
粉煤灰	0.0196	0.13	0.1	2200
石灰石粉	0.017	0.60	0.35	2710
水	0.000196	0.0022	0.006	1000
砂	0.00260	0.063	0.022	2600
粗骨料	0.00750	0.053	0.113	2540
减水剂	0.250	5.63	18.3	1200

2. 约束条件

SCC 设计受到各种约束，包括抗压强度、坍落扩展度、绝对体积和特征范围。

坍落扩展度是评估 SCC 流动性的最重要属性之一。本节使用基于 RF 模型的坍落扩展度预测模型来限制所需坍落扩展度的范围，根据用户需求进行调整。

28 天抗压强度是表征 SCC 力学行为的最基本特性。本章使用基于 RF 模型的抗压强度预测模型来限制所需 28 天抗压强度的范围，根据用户需求进行调整。

设置绝对体积限制的目的是确保组成成分的总体积加上夹带的空气体积等于 1 m^3，用式（6.11）表示。

$$\sum_{i=1}^{7} \frac{M_i}{\rho_i} = 1 - V_{\text{air}} \times 0.01 \tag{6.11}$$

根据自密实混凝土相关规范 JGJ/T 283—2012，对于 SCC，建议空气含量为 1%～2%。

根据现有文献和建模数据集，每个成分的含量应在下限和上限之间的范围内，具体限制见表 6.16。需要注意的是，可以根据用户要求调整限制值。本节为了找到建议值之外的合理值，并在 SCC 设计中考虑环境因素，限制值并未完全遵循现有规范的建议值。

表 6.16　每个特征的范围要求

特征	描述	下限	上限
X_1	C	150 kg/m^3	500 kg/m^3
X_2	CG	42.5 MPa	52.5 MPa
X_3	FA	0 kg/m^3	350 kg/m^3
X_4	LP	0 kg/m^3	330 kg/m^3
X_5	W/B	0.25	0.65
X_6	S	550 kg/m^3	1000 kg/m^3
X_7	CA	710 kg/m^3	900 kg/m^3
X_8	MAXD	16 mm	19 mm
X_9	SP/B	0	0.017

此外，不同特征之间也应遵守特定规则。例如，根据现有文献，胶凝材料含量的总和应在 350～600 kg/m^3，骨料含量的总和应在 1400～2000 kg/m^3，砂率应在 0.35～0.65。具体规则用式（6.12）～式（6.14）表示。

$$350 \leqslant X_1 + X_3 + X_4 \leqslant 600 \tag{6.12}$$

$$1400 \leqslant X_6 + X_7 \leqslant 2000 \tag{6.13}$$

$$0.35 \leqslant X_6 \div (X_6 + X_7) \leqslant 0.65 \tag{6.14}$$

图 6.30 显示了低碳 SCC 配合比优化设计的概要图，本节开发了一个基于 Python 的程序来实现 SCC 的设计。

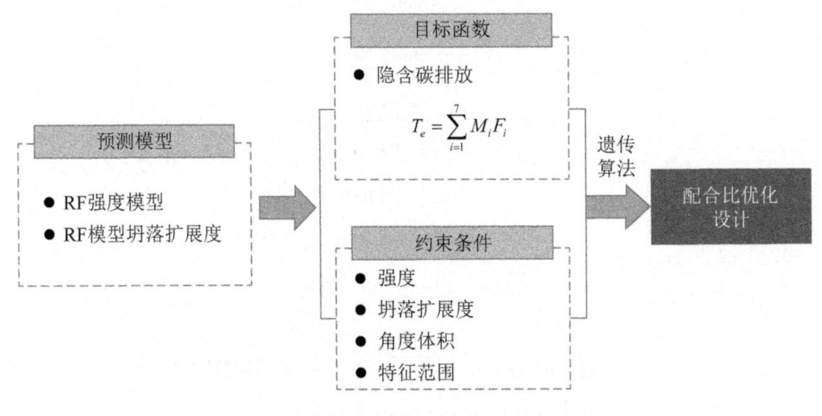

图 6.30　SCC 配合比设计概要

6.6.2　低碳自密实混凝土设计实例

本节通过几个 SCC 设计示例，展示了提出的人工智能（AI）方法，并将其与传统设计方法进行了比较。同时，还使用了许多重要指标，如性能指标（坍落扩展度和 28 天抗压强度）、胶凝材料指标（水泥含量和胶凝含量）和环境指标（隐含碳排放和隐含能耗），验证了提出的低碳 SCC 设计方法的可行性。

1. 高强 SCC 设计

一般情况下，28 天抗压强度超过 60 MPa 的混凝土被称为高强度混凝土，广泛用于大跨度桥梁和高层建筑。本节描述了如何使用提出的 AI 方法设计坍落扩展度大于 650 mm 且 28 天抗压强度大于 60 MPa 的高强度 SCC。配合比见表 6.17，图 6.31 比较了使用传统方法和使用 AI 方法设计的高强度 SCC 混合料。

表 6.17　用 AI 方法设计的高强度 SCC

SCC	C/ (kg/m^3)	CG/ MPa	FA/ (kg/m^3)	LP/ (kg/m^3)	W/B	S/ (kg/m^3)	CA/ (kg/m^3)	MAXD /mm	SP/B	SF/mm	28 天 SC/MPa
C60SF 650	311	52.5	50	170	0.28	908	747	16	0.0110	720	60.7

由图 6.31 可以看出，应用 AI 方法成功地创建了可持续的低碳 SCC，并有效

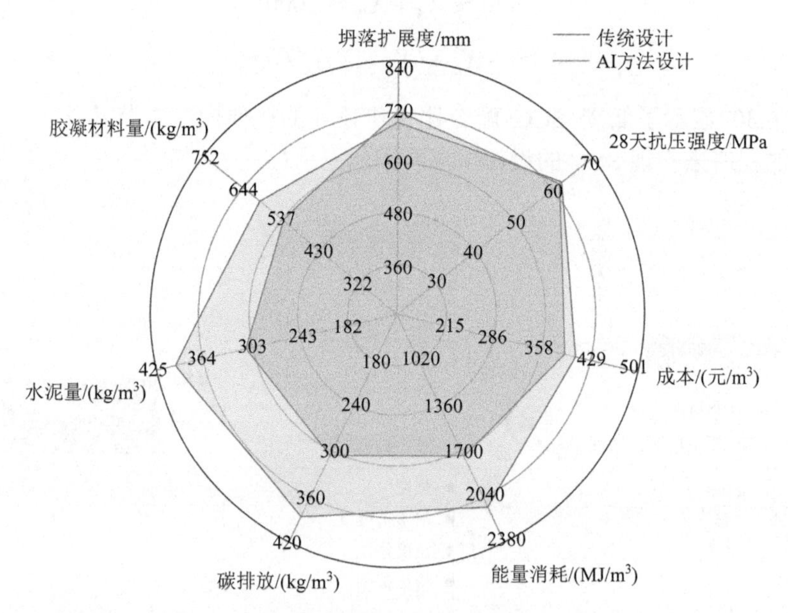

图 6.31　用传统方法与用 AI 方法设计的高强度 SCC 混合物（C60，SF：650～750 mm）的比较

减少了混凝土产品对环境的破坏。例如，在 SCC 性能相似的情况下，与传统设计相比，C60SF650 的胶凝材料消耗减少了 11.1%，尤其是水泥用量，显著减少了 22.3%。因此，碳排放和能量消耗分别减少了 21.2%和 18.1%。同时，成本也略有下降（–3.8%）。

2. 一般强度及流动度要求的 SCC 设计

在大多数情况下，普通 SCC 可以满足一般工程的要求。因此，我们还使用 AI 方法设计了用于一般 28 天抗压强度和坍落扩展度要求的 SCC。在该实例中，目标 28 天抗压强度大于 30 MPa，目标坍落扩展度大于 550 mm。表 6.18 给出了设计的配合比，图 6.32 中显示了应用传统方法和提出的 AI 方法设计的 SCC 混合物的比较。

由图 6.32 可以看出，AI 方法可用于开发一般工程应用的低碳和经济型 SCC。例如，与常规设计相比，在同等性能情况下，碳排放和能量消耗分别降低了 27.9%和 25%。此外，AI 方法的 SCC 成本也降低了 11.8%。这对于工程应用和可持续发展是值得的。这归因于用粉煤灰替代水泥，与传统设计相比，C30SF550 的水泥用量减少了 30.2%。

表 6.18　用 AI 方法设计的普通 SCC

SCC	C/ (kg/m^3)	CG/ MPa	FA/ (kg/m^3)	LP/ (kg/m^3)	*W*/*B*	S/ (kg/m^3)	CA/ (kg/m^3)	MAXD /mm	SP/*B*	SF/ mm	28 天 SC/MPa
C30SF550	156	42.5	250	0	0.40	734	862	19	0.0115	631	31.1

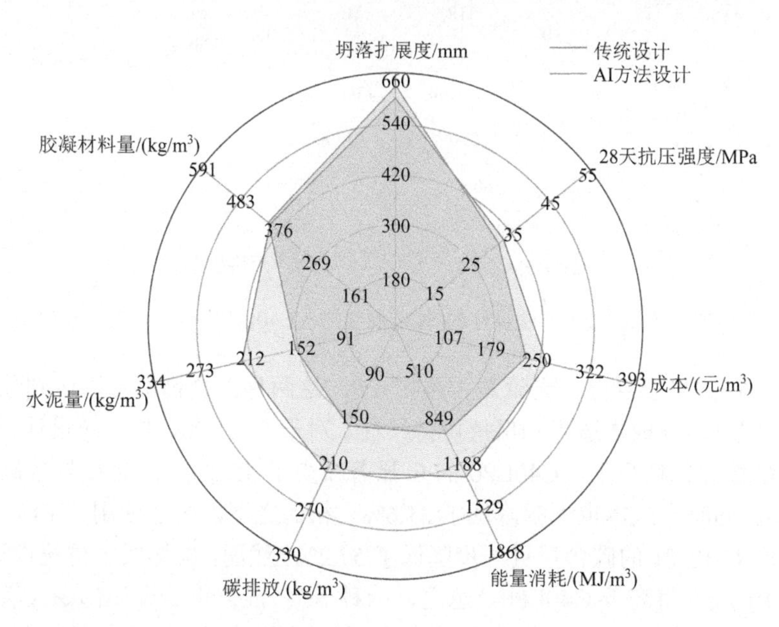

图 6.32　用传统方法和 AI 方法设计的 SCC 混合物（C30，SF：550～650 mm）的比较

3. 包含 LP 的 SCC 设计

由于石灰石粉的可持续性和广泛的应用潜力，本节考虑使用石灰石粉。在该实例中，所需的坍落扩展度超过 650 mm，而 28 天抗压强度超过 40 MPa。设计了两种混合物，其中一种含有 LP，另一种没有。表 6.19 显示了设计的配合比，图 6.33 显示了使用传统方法和 AI 方法设计的 SCC 混合物的比较。

表 6.19　使用 AI 方法设计的 SCC

SCC	C/ (kg/m^3)	CG/ MPa	FA/ (kg/m^3)	LP/ (kg/m^3)	*W*/*B*	S/ (kg/m^3)	CA/ (kg/m^3)	MAXD /mm	SP/*B*	SF/ mm	28 天 SC/MPa
C40LP0	204	42.5	234	0	0.37	936	855	19	0.0119	653	43.0
C40LP1	151	42.5	100	126	0.38	903	887	19	0.0143	675	43.4

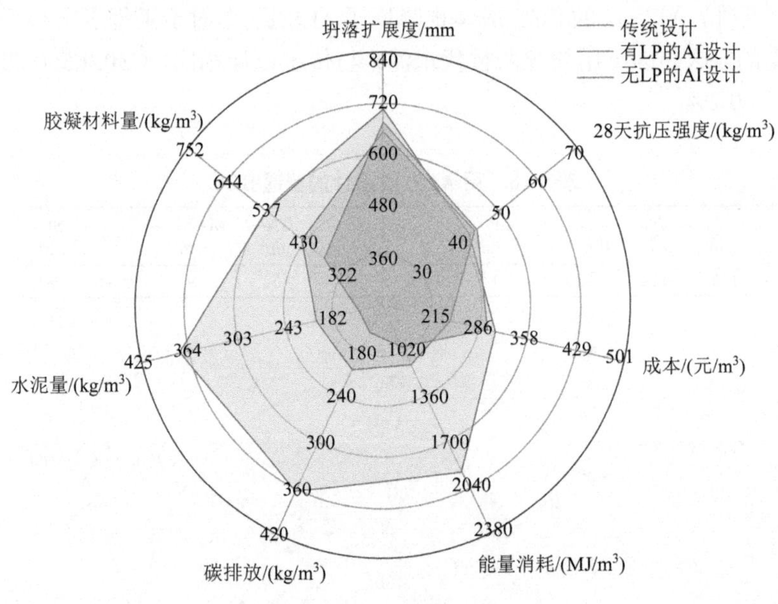

图 6.33　用传统方法与 AI 方法设计的 SCC 混合物（C40，SF：650～750 mm）的比较

从图 6.33 可以看出，无论是否添加 LP，这两种混合物都可以达到预期的性能水平，同时保证成本适当和保持可持续性。对于 C40LP0，与传统设计相比，在类似 SCC 性能的情况下，C40LP0 的 C 显著减少了 45.8%。这直接导致碳排放减少 43.8%。同时，成本也大幅降低了 21.6%。相比之下，由于使用了 LP，与传统设计相比，C40LP1 的碳含量进一步降低了 57.2%。然而，虽然低于传统设计指标，但 C40LP1 成本将高于 C40LP0。总之，两种 SCC 混合物的设计都令人满意，具体选择取决于用户是以成本为导向还是以可持续性为导向。

6.7 本章小结

本章介绍了一种基于 AI 的低碳 SCC 设计方法。首先，本章提出了可解释的 SVR 模型和 RF 模型用于预测 SCC 的坍落扩展度和 28 天抗压强度。随后，将 RF 模型与 GA 框架集成，以搜索具有最低隐含碳排放性能的最佳 SCC 设计参数。以下是主要研究结果。

（1）自动特征工程高效优化了数据结构。具体而言，通过自动化特征选择，确定了 9 个相关性高的特征作为模型的输入。排除异常值显著降低了预测误差。数据标准化将每个特征的值缩放到统一的范围，有效减少了数据范围对模型准确性的影响（标准化后的 R^2 从 0.70 增加到 0.95）。最终的数据集在每个特征上呈现广泛分布，确保了数据集充分代表整体样本空间。

（2）在经过精心训练后，SVR 模型和 RF 模型在预测 SCC 的 28 天抗压强度（$R^2 = 0.95$ 和 0.98）和坍落扩展度（$R^2 = 0.95$ 和 0.94）方面表现出高准确性。实验证明，所提出的模型可以准确地预测 C45、C50 和 C55 SCC 的性能，28 天抗压强度预测的相对误差分别为 0.6%、6.8%和−13.5%，坍落扩展度预测的相对误差分别为−2.8%、3%和 5.4%。这主要归因于在建模之前进行的系统的特征工程建设，从而选择了更加重要的特征并为所提出的模型建立了更合适的数据集。此外，训练集和测试集之间的相似准确性表明了所提出模型的良好泛化能力。

（3）对 SCC 的 28 天抗压强度和坍落扩展度影响最大的特征是 W/B，其平均|SHAP|分别为 3.1 和 12.0。此外，CA 也对 SCC 的 28 天抗压强度产生影响（平均|SHAP|为 2.9），但对坍落扩展度的影响较小（平均|SHAP|为 1.8）。SHAP 算法成功地解释了不同场景下的样本预测，并合理地分析了整体结构。将机器学习模型与 SHAP 算法相结合后所得到的模型具备物理合理性，使工程师能够更有信心地预测和设计 SCC。此外，这也为软件开发者提供了改进和调试模型的有力工具。

（4）应用所提出的方法可以高效地设计具有低碳排放、低能耗和低生产成本特征的 SCC 配合比。与传统方法相比，应用所提出的方法设计的 SCC 的碳排放可降低高达 57.2%。

（5）所提出的 SCC 设计方法为建筑行业的智能和可持续发展提供了一种新的途径。尽管在混凝土材料领域获得大量高质量的数据可能具有挑战性，但所提出的方法和模型仍具有重要意义。需要指出的是，本章提供的是一个设计框架，而不是具体的程序。随着更多高质量数据的加入，预训练模型可以进一步改进，增强泛化能力。此外，可以根据不同用户需求更新数据集、约束条件和优化目标函数，实现在不同场景下智能设计低碳 SCC 的目标。

以上研究成果为低碳 SCC 的设计和生产提供了一种先进而可行的方法，有望在建筑行业的可持续发展中发挥积极作用。

参 考 文 献

[1] Zhang L V，Marani A，Nehdi M L. Chemistry-informed machine learning prediction of compressive strength for alkali-activated materials[J]. Construction and Building Materials，2022，316：126103.

[2] Li W，Long L C，Liu J Y，et al. Classification of magnetic ground states and prediction of magnetic moments of inorganic magnetic materials based on machine learning[J]. Acta Physica Sinica，2022，71：060202.

[3] Kovacevic M，Lozancic S，Nyarko E K，et al. Modeling of compressive strength of self-compacting rubberized concrete using machine learning[J]. Materials，2021，14：4346.

[4] Long W J，Cheng B Y，Luo S Y，et al. Interpretable auto-tune machine learning prediction of strength and flow properties for self-compacting concrete[J]. Construction and Building Materials，2023，393：132101.

[5] Cheng B Y，Mei L，Long W J，et al. AI-guided design of low-carbon high-packing-density self-compacting concrete[J]. Journal of Cleaner Production，2023：139318.

[6] Long W J，Khayat K H，Lemieux G，et al. Factorial design approach in proportioning prestressed self-compacting concrete[J]. Materials，2015，8（3）：1089-107.

[7] Long W J，Lemieux G，Hwang S D，et al. Statistical models to predict fresh and hardened properties of self-consolidating concrete[J]. Materials and Structures，2012，45：1035-1052.

[8] Liang M F，Chang Z，Wan Z，et al. Interpretable Ensemble-Machine-Learning models for predicting creep behavior of concrete[J]. Cement and Concrete Composites，2022，125：104295.

[9] Cheng B Y，Mei L，Long W J，et al. Ai-guided proportioning and evaluating of self-compacting concrete based on rheological approach[J]. Construction and Building Materials，2023，399：132522.